Françoise Bourzat
mit Kristina Hunter

Psychedelische Medizin

Françoise Bourzat
mit Kristina Hunter

Psychedelische Medizin

Indigenes Wissen,
Entheogene und Bewusstseinserweiterung
als Weg zur Heilung

Vorwort von Ralph Metzner PhD

NACHTSCHATTEN
VERLAG

WÜRDIGUNG DER BEWUSSTSEINSMEDIZIN

»Françoise Bourzat ist auf einzigartige Weise qualifiziert, dieses Buch zu schreiben. Sie verfügt nicht nur über eine multikulturelle Ausbildung und eine tiefe und echte Verbindung zu traditionellen Heilmethoden der Ureinwohner, sondern sie hat diese Techniken jahrzehntelang angewendet, erprobt und erweitert, insbesondere für die Ausbildung westlicher Therapeuten. Ihre eigene westliche Ausbildung war hervorragend; vielleicht ist sie deshalb weder der Idealisierung oder der Überbewertung der westlichen psychodynamischen Therapien und der Forschung noch der älteren Systeme der indigenen Heilung verfallen. Sie hat keine ideologischen Vorurteile, sondern strebt nur nach einer wirksamen Praxis für Heiler und ihre Klienten.«

– James Fadiman, PhD, Psychologe und Autor von *The Psychedelic Explorer's Guide: Safe, Therapeutic, and Sacred Journeys*

»Françoise Bourzat ist seit über dreißig Jahren eine Schülerin und Freundin von mir. Wir haben gemeinsam für Gesundheit gebetet und uns gegenseitig durch unseren Lebensatem und unser tief empfundenes Streben nach einer gesünderen Welt unterstützt. Unsere Lebensweise als Ureinwohner Amerikas ist keine Religion, sondern ein ›Way of Life‹. Als ich Bourzat kennenlernte, lebte sie in den Bergen, in der Natur, und lehrte ihre Schüler, dass sie eins mit der Natur sind. Bourzat war bereits mit unserer Mutter Erde verbunden, und unser Lebensstil war kein Geheimnis oder schwer zu verstehen.«

– Marilyn Youngbird, Chief Woman Among Chiefs, Arikara Nation

»Bourzat hat einen umfangreichen Hintergrund als Lehrerin und Vermittlerin veränderter Bewusstseinszustände und nutzt dabei eine Vielzahl von Techniken, darunter Meditation, Visionssuche, Schwitzhütten und Entheogene. Was Entheogene, auch bekannt als Psychedelika und Halluzinogene, betrifft, hat Bourzat umfangreiche Feldforschung bei den indigenen Mazateken in Mexiko betrieben, die über eine lange Geschichte und ein umfangreiches Wissen über die spirituellen und heilenden Eigenschaften von Psilocybin-Pilzen und anderen psychotropen Pflanzen verfügen, die bis vor die europäische Eroberung des amerikanischen Kontinents zurückreichen. Durch ihre langjährige enge Zusammenarbeit mit diesen einheimischen Mazatec-Heilern hat Bourzat einen umfassenden Einblick in diese alten Praktiken gewonnen, den sie an die vielen zeitgenössischen Studenten und Suchenden weitergegeben hat, mit denen sie in den letzten fünfunddreißig Jahren zusammengearbeitet hat. Angesichts des zunehmenden Interesses an den vielfältigen Wirkungen und Anwendungen psychedelischer Pflanzen in der modernen Welt ist Bourzats Wissen über diese alten Praktiken für die heutige Welt von großer Bedeutung.«

– Charles S. Grob, MD, Professor für Psychiatrie, UCLA School of Medicine

»Françoise Bourzat hat sich viele Jahre lang mit der (Mazatec-)Tradition beschäftigt. Durch diese Studien und ihre persönlichen Erfahrungen hat sie ein Verständnis für die Traditionen unserer Vorfahren erworben und kann mit Respekt und der Klarheit dieser Verantwortung darüber sprechen. Ich unterstütze ihre Haltung und vertraue auf ihren Ansatz, ihre psychologische Sichtweise mit unseren alten Methoden der Ahnenmedizin unserer Mazatec-Tradition zu verbinden.«

– Eugenia Pineda Casimiro, Leiterin der heiligen Rituale im Mazatec-Gebiet, Oaxaca, Mexiko

»In ›Consciousness Medicine‹ fasst Françoise Bourzat geschickt einen praktischen Leitfaden für alle ernsthaften Reisenden des inneren Universums zusammen, der für diejenigen gedacht ist, die ihre Reisen mit dem Ziel der persönlichen und gesellschaftlichen Transformation optimal nutzen wollen. Sie schöpft aus ihrem tiefen Wissen über indigene Weisheit und Techniken zur Bewusstseinserweiterung und kombiniert dies mit ihrem umfassenden Wissen über zeitgenössische psychologische und spirituelle Praktiken und ihrer über dreißigjährigen Erfahrung in der Arbeit mit Menschen in erweiterten und außergewöhnlichen Bewusstseinszuständen, um einen vielfarbigen Mantel aus mitfühlender Führung und liebevoller Präsenz für jene mutigen Seelen zu weben, die es wagen, die entlegensten Winkel des Bewusstseins zu erkunden. In diesem Buch kommt Bourzats gelebte Erfahrung der inneren Landschaften, die sie selbst und mit ihren Klienten erforscht, in einer klaren, offenen und bescheidenen Sprache zum Ausdruck.«

– Gary Bravo, MD, Psychiater und Co-Autor von *Birth of a Psychedelic Culture*

»Eine wertvolle Lektüre für alle, die in ihrer psychotherapeutischen Praxis mit ›veränderten Bewusstseinszuständen‹ arbeiten. Françoise Bourzat ist nicht nur erfahren darin, wie man das in diesen Zuständen gewonnene Material in den Alltag integriert, sondern sie ist darüber hinaus eine erfahrene und einfühlsame Psychotherapeutin. Sie hat auch viele Jahre Erfahrung in der Ausbildung von Psychotherapeuten im Umgang mit schwierigen Situationen. Bourzats tiefes Verständnis ist in der Arbeit mit Psilocybin unübertroffen. Ihre langjährige Lehrzeit bei einem Mazatec-Heiler hat ihr sowohl eine tiefgreifende Erfahrung als auch eine Wertschätzung für die Ursprünge und den Zweck dieser Arbeit vermittelt. Dieses Buch ist klar geschrieben und enthält wertvolle konkrete Beispiele für die Arbeit und die Erfahrungen von Klienten, um wichtige Punkte zu veranschaulichen.«

– Padma Catell, PhD, Autorin von *Drugs and Clients: What Every Therapist Needs to Know* und Mitautorin von Ralph Metzner von *Through the Gateway of the Heart*

IMPRESSUM

Françoise Bourzat, Kristina Hunter
Psychedelische Medizin
Indigenes Wissen, Entheogene und Bewusstseinserweiterung als Weg zur Heilung

Nachtschatten Verlag AG
Kronengasse 11
CH-4500 Solothurn
www.nachtschatten.ch
info@nachtschatten.ch

Die Originalausgabe dieses Buches ist unter dem Titel »Consciousness Medicine - Indigenous Wisdom, Entheogens, and Expanded States of Consciousness for Healing and Growth« bei North Atlantic Books, Berkeley, California, erschienen.

Der Nachtschatten Verlag wird vom Bundesamt für Kultur mit einem Strukturbeitrag für die Jahre 2021 bis 2025 unterstützt.

Übersetzung: Chris Heidrich, Solothurn (www.raumresonanz.ch)
Lektorat/Korrektorat: Katharina Engelkamp, Solothurn (www.textengel.ch)
Grafik/Layout: Raphaël Picard, La Chaux-de-Fonds (www.quadraat.ch)
Umschlaggestaltung: Nina Seiler, Zürich

Druck: printed in EU
ISBN: 978-3-03788-696-0

Auslieferung EU:
Agorando Technologies GmbH
An der Südspitze 1–12
D-04571 Rötha
info@agorando.com

Für Jacqueline und Julieta

Ich bin eine Frau, die in die Tiefe der Dinge blickt, sage ich
Ich bin eine Frau, die nachforscht, sage ich
Ich bin eine Frau, die sich mit Medizin auskennt, sage ich
Ich bin eine Mutter, sage ich
Ich bin eine Frau, die sich mit Medizin auskennt, sage ich
– María Sabina

INHALT

VORWORT

Inmitten der aktuellen Fülle an Büchern über schamanische und entheogene Heilpraktiken ist »Consciousness Medicine« ein seltener und wertvoller Beitrag. Es ist das Buch einer Frau, das die uralte metaphorische Sprache des Webens verwendet. Es erzählt von der mehrjährigen Lehrzeit der Autorin bei der Mazatec-Medizinfrau Julieta Casimiro, die selbst ein einzigartiges Beispiel in einem von Männern dominierten Bereich ist. Julieta nennt Françoise »die Dolmetscherin«, deren Aufgabe es ist, die indigene Art der Heilerinnen in die moderne Welt zu übersetzen. Sie verwebt Geschichten über Heilungen in Mexiko mit Geschichten über die möglichen Anwendungen dieser Lehren in der heutigen Welt, und zwar unter Verwendung von erfahrungsbasierten Methoden wie Tanz und Bewegung, Schwitzhütte, Atemarbeit, Meditation, Sinneswahrnehmung, Hakomi-Therapie und anderen. In ihrem Buch betont Françoise die Notwendigkeit klarer Absichten und der Integration von Erfahrungen in veränderten Bewusstseinszuständen in den Alltag und gibt viele detaillierte Vorschläge für weiterführende Praktiken. Ich schätze besonders ihre bewusste Aufmerksamkeit, die sie zwei Faktoren widmet, die in Gruppen, deren Schwerpunkt auf individuellen Erleuchtungserfahrungen liegt, oft ausgelassen oder vernachlässigt werden: die Integration der neuen Erkenntnisse in das Gemeinschaftsleben und die Integration in ökologische Belange. Die Heilungsgeschichten, die in diesem Buch von Männern und Frauen erzählt werden, strahlen den ansteckenden Enthusiasmus und die Lebensfreude der Autorin aus.

Ralph Metzner, PhD
Psychotherapeut, emeritierter Professor am California Institute of Integral Studies und Autor von *The Unfolding Self und Allies for Awakening*
15. Oktober 2018

VORWORT

Wir befinden uns mitten in einer psychedelischen Renaissance, in der wir endlich das Potenzial bewusstseinserweiternder Substanzen in den Bereichen Medizin, Innovation und spirituelle Transformation erkennen. Wie wir jedoch allmählich feststellen, können leistungsstarke Technologien, die unsere Realität verändern können und weder mit Weisheit noch mit Gewissenhaftigkeit eingesetzt werden, sowohl die Kultur als auch die Natur zutiefst destabilisieren. Bei der Arbeit mit erweiterten Bewusstseinszuständen ist es vielleicht am wichtigsten, die Absicht, mit der wir sie angehen, zu verfeinern und einen gesunden Respekt für den Kontext zu entwickeln, in dem sie seit Tausenden von Jahren geschickt eingesetzt werden.

Ich traf Françoise Bourzat bei einem ihrer ersten öffentlichen Vorträge in San Francisco. Mit ihrer charakteristischen Lebhaftigkeit berichtete sie von ihren Erfahrungen mit der Heiltradition des indigenen Mazatec-Volkes, das seit Jahrtausenden Psilocybin-Pilze als ihr wichtigstes Sakrament in Rituale zu sich nimmt. Ihre Freude war ansteckend. Françoises Schwerpunkt, Erkenntnisse aus erweiterten Bewusstseinszuständen in den Alltag zu integrieren, sprach mich sehr an. Im Laufe der Jahre habe ich festgestellt, dass ihr Ansatz, der psychologisches Verständnis und das Wissen über Pflanzenmedizin vereint, sowohl lebensbejahend als auch zutiefst heilsam ist.

Dieses Buch entstand aus einem echten Bedürfnis unserer Gemeinschaft von Ärzten und Heilpraktikern nach einer umfassenden Informationsquelle und einem Leitfaden für die Arbeit mit der Vorbereitung und Integration erweiterter Bewusstseinszustände. Es war mir eine Ehre, meine Lehrzeit zu vertiefen und Françoise bei der Verwirklichung dieses Buches zu unterstützen. Wir begannen mit der Zusammenstellung von Transkripten und Notizen aus ihren Vorträgen, Interviews und Schulungen. Allmählich fand das Buch seinen eigenen Rhythmus und gab uns Anweisungen, wie wir vorgehen sollten.

Die praktische Weisheit, die in diesem Buch enthalten ist, stammt aus Françoises reicher Lebenserfahrung sowie aus ihrem engagierten Studium und ihrer Lehre bei ihren eigenen Lehrern und wiederum bei den Lehrern ihrer Lehrer.

Eine lebendige Abstammungslinie reist über die Generationen hinweg zu uns und manifestiert sich als die alchemistische Beziehung zwischen Lehrer und Schüler, die von Herz zu Herz weitergegeben und liebevoll über die Zeit bis in die Gegenwart gepflegt wird. Wenn wir von einer solchen lebendigen Abstammungslinie berührt werden, sind wir mit der ursprünglichen Quelle unseres gemeinsamen menschlichen Erbes verbunden.

Die Liebe und Kraft dieser alten Heilmethoden kommen jetzt zum Vorschein und weiten sich auf die breitere Gesellschaft aus. Was wir jetzt tun, wie wir das Geschenk dieser wertvollen Technologie bewahren und anwenden, ist von größter Bedeutung, wenn es uns und unsere Welt zu der dringend benötigten Rückverbindung, Regeneration und Wiedervereinigung mit uns selbst und allem Leben führen soll.

Kristina Hunter
1. Januar 2019
Berkeley, Kalifornien

EINFÜHRUNG
Welten weben

Es war an einem Morgen im Oktober 1976, als ich mit meinem Motorrad auf dem Campus der Universität Paris 8 ankam und dort ein heilloses Durcheinander vorfand. Hunderte von Studenten eilten im zentralen Innenhof umher, während andere hoch oben entlang eines schmiedeeisernen Zauns saßen. Einige hielten Schilder hoch, andere riefen uns über Megafone zu, wir sollten uns organisieren. Die Empörung und Euphorie in der Luft waren greifbar. Ich fragte eine vorbeikommende Studentin, was los sei, und sie erklärte mir, dass die Regierung ihre Vereinbarung gebrochen hatte. Die Mittel für unsere Universität waren drastisch gekürzt worden. »Wir wurden belogen! Die gesamte Fakultät streikt!«, rief sie aus und ging davon. Ich spürte den Schmerz dieses Verrats, fühlte mich aber gleichzeitig durch den kollektiven Eifer gestärkt, als ich im Hof stand, umgeben von einer Menschenmenge selbstbewusster junger Menschen, die ihre Rechte einforderten.

Ich war zwanzig Jahre alt und studierte Psychologie an der experimentellen Universität, die den Studenten nach der Französischen Sozialrevolution und der daraus resultierenden Reform vom Mai 1968 geschenkt wurde. Die Studentenproteste und der Lehrerstreik dauerten wochenlang an, sodass ich mein Studium nicht fortsetzen konnte. Zu dieser Zeit verließen viele junge Europäer ihre Heimat, um Nordafrika, Asien, Indien sowie Mittel- und Südamerika zu erkunden. Da wir inspiriert und neugierig waren und keine Schule hatten, in die wir zurückkehren konnten, beschlossen mein Freund und ich, die Gelegenheit zu nutzen, um die Welt zu bereisen. Wir suchten uns für ein paar Monate Jobs bei der Post, um für unsere Reise zu sparen, und wollten durch Nord- und Südamerika reisen, bis uns das Geld ausging.

Wir kauften uns Fahrkarten nach New York City und trampten neun Monate lang durch Nord-, Mittel- und Südamerika, begeistert von der Aussicht, neue Länder und Kulturen kennenzulernen. Im Frühjahr erreichten wir Tarabuco in Bolivien, ein kleines Andendorf in einem Hochtal in 3.350 Metern Höhe. Die Stadt war bescheiden, die Straßen gesäumt von niedrigen, einfachen Lehmhäusern. Die meisten Straßen waren unbefestigt, und die abendlichen Winde aus den Bergen bliesen wirbelnde Staubwolken über die Marktstände. Männer und Frauen trugen traditionelle gewebte Kleidung: farbenfrohe, gestreifte Ponchos und Kopfbedeckungen, die an das Spanien des 16. Jahrhunderts erinnerten. Zur Marktzeit versammelten sich alle auf dem mit Kopfsteinpflaster ausgelegten Platz, um ihre Erzeugnisse zu verkaufen. Oft legten sie dafür in ihren farbenfrohen Gewändern kilometerlange Fußmärsche von den Bauernhöfen ihrer Familien zurück. Ich verliebte mich schnell in die weite Hügellandschaft, das warme Wetter und das freundliche Volk der Yampara mit seiner Flöten- und Charango-Musik.

Wir waren zwei von nur wenigen Touristen in der Stadt und beschlossen, für zwei Monate ein Zimmer bei einer einheimischen Familie zu mieten. Auf dem Markt erkannten mich die Leute bald, wenn ich ein paar Tomaten oder ein Dutzend Eier kaufte. Morgens traf ich mich mit den Frauen auf dem Platz, die mir beibrachten, wie man Wolle spinnt. Ihr einheimischer Dialekt war für mich unverständlich, also sprachen wir einfach ein paar Worte Spanisch und lächelten uns an. Sie flochten mir Zöpfe und kicherten, wenn der mit Perlen besetzte Kopfschmuck, den sie mir aufzusetzen versuchten, herunterfiel. Sie lobten den langen Rock, den ich trug und den ich selbst aus afrikanischem Stoff genäht hatte. Ich war mir der kulturellen Unterschiede und Gegensätze zwischen uns bewusst, mit meinem europäischen Hintergrund und meiner Bildung, meinem ungewöhnlichen Aussehen und meinen Eigenheiten, und ich achtete darauf, höflich zu sein und ihr zurückhaltendes Wesen zu respektieren.

Eine Woche nach unserer Ankunft lernten wir beim Essen in einer örtlichen Cantina Rene kennen, einen jungen Mann indigener bolivianischer und spanischer Abstammung. Er war groß, hatte gewelltes Haar, ähnlich wie Che Guevara, und war in den Semesterferien von der Universität in La Paz zu Besuch bei seiner Familie. Eines Tages lud uns Rene zu einer ganztägigen Wanderung ein, um das jahreszeitlich bedingte Quinoa-Dresch-Ritual zu besuchen, das die Yampara in den Hügeln der Umgebung durchführten. Er schlug uns vor, etwas San-Pedro-Kaktus einzunehmen, um tiefer in die einheimische Tradition einzutauchen, und wir stimmten zu, obwohl keiner von uns zuvor eine so starke bewusstseinsverändernde Substanz eingenommen hatte und wir keine Ahnung hatten, was eine solche Erfahrung wohl mit sich bringen würde.

In den Anden Südamerikas wird der San-Pedro-Kaktus (Echinopsis pachanoi) seit über 3.000 Jahren als Sakrament verehrt, das durch das in seiner Haut enthaltene Meskalin-Alkaloid erweiterte Bewusstseinszustände hervorrufen kann. Die indigenen Völker der Anden nutzen den San-Pedro-Kaktus, um in außergewöhnliche Bewusstseinszustände einzutreten, um Zugang zu Wissen für Heilung, Führung und spirituelle Praxis zu erlangen und ihre Beziehung zur Natur zu pflegen.

Sobald wir die Stadt verlassen hatten, gab uns Rene jeweils ein Dutzend kleiner Kugeln aus einer bräunlichen Paste, die wir mit etwas Wasser schlucken sollten. Nach zwei Stunden Wanderung bemerkte ich, dass ich trotz der Höhe tief und leicht atmete. Mein Körper fühlte sich stark und vital an, und das Wandern schien mühelos zu sein. Alles um mich herum wurde lebendig und farbenfroh. Das Gras erschien üppiger, die Erde unter meinen Füßen fester. Der Himmel war so nah, als wäre ich in einen Mantel aus Azurblau gehüllt. Die Luft war rein und die Aussicht überwältigend. In meinem erweiterten Bewusstsein fühlten sich die Berge wie Lebewesen an. Ich konnte ihre Anwesenheit spüren. Ihre Kommunikation mit mir war so deutlich wie ihre runden Gipfel und geschwungenen Formen. Sie begegneten meinen neugierigen Augen, als wollten sie sagen: »Wir sehen, dass du uns siehst.«

Ich beschrieb Rene, was ich sah und fühlte. Er ging vor mir her und nickte in stillschweigender Zustimmung.

Als wir an unserem Ziel in den Bergen ankamen, trafen wir auf Dutzende Frauen in bunten Schichtenröcken, die Lama-Wolle sponnen und dabei über Töpfe mit kochenden Kartoffeln wachten. Ich erkannte einige von ihnen von unserem Wollspinnen auf dem Stadtplatz. Sie winkten mich zu sich, und ich näherte mich mit einem breiten Grinsen. Kaum hatte ich mich neben sie gesetzt, fingen die Frauen an, mir die Haare zu flechten, diesmal mit roten Satinbändern. Sie kicherten, und diesmal lachte ich fröhlich mit. Sie gaben mir eine Handspule und ein Vlies, und wir begannen, Garn zu spinnen, während wir die Kartoffeln kochten. Währenddessen bildeten die Männer zwei große konzentrische Kreise. Zwischen den beiden Kreisen galoppierten fünf Pferde über Quinoa-Haufen, während die Männer ihre Lederseile in der Luft knallen ließen. Ihre schrillen Rufe spornten die Pferde an, während der Wind die Spreu in weißen Wolken davonwehte. Die Männer legten weitere Quinoa-Bündel in den Kreis und der Prozess begann von vorne.

Die ganze Szene war erstaunlich. Ich hatte den Eindruck, mich in einem Gemälde zu befinden: die galoppierenden Pferde, der Wind, der die Spreu davonträgt, die Männer, die sich unterhalten, und die Berge, die uns in völliger Stille umgeben. Obwohl ich sprachlos und voller Ehrfurcht war, hatte ich das Gefühl, als sei dies alles völlig natürlich: mit diesen Menschen in ihrem Land zusammen zu sein und gemeinsam eine universelle Erfahrung des Menschseins zu teilen. An diesem Tag erlebte ich in meinem durch Meskalin erweiterten Bewusstseinszustand eine tiefe Verbindung zur lebendigen Welt, die einen bleibenden Eindruck auf meine junge Psyche hinterließ.

Trotz der inspirierenden Erfahrungen meiner Reisen kehrte ich zu den vertrauten inneren Qualen zurück. Mein Vater war im Jahr zuvor plötzlich an Krebs gestorben, kurz nachdem ich neunzehn geworden war, und mein Herz war voller Trauer, meine schwierige Beziehung zu ihm blieb unvollständig. Ich litt auch unter Angstzuständen, die ich erst später mit der Geschichte meiner Mutter in Verbindung brachte.

Mein Vater wurde 1924 in eine katholische Bauernfamilie geboren, die in einem abgelegenen Weiler namens La Rouchonie, »der Fels im Nest«, im ländlichen Südwesten Frankreichs in Armut lebte. Seine Familie lebte seit über zwanzig Generationen in der Region. Unser Familienname, Bourzat, bedeutet im regionalen Dialekt, der die Muttersprache meines Vaters war, »aus dem Dorf«. Zu den Dorfbewohnern von La Rouchonie gehörten Knochenheiler, Kräuterkundige und traditionelle Wünschelrutengänger, die Vieh züchteten und kleine Gärten bewirtschafteten. Gekocht wurde in Kesseln, die über dem offenen Feuer hingen, und die Milch wurde täglich beim Dorfhirten abgeholt, der sie frisch in unsere kleinen Blecheimer schöpfte.

Als ich jung war, verbrachte unsere Familie jeden Sommer einen Monat im Dorf meines Vaters. Jeden Tag machte meine Großmutter frischen Käse, und der Bäcker kam mit einem großen Laib Brot und schnitt für jede Familie ein Stück davon ab. Meine Schwestern und ich fischten im Fluss nach Elritzen, sammelten wilde Haselnüsse am Rande der Felder und gingen durch die Straßen des Dorfes, um getrockneten Kuhdung zu sammeln, der als Dünger für den Garten meiner Großmutter diente.

Obwohl meine Kindheit in vielerlei Hinsicht idyllisch war, hatte meine Familie auch eine dunkle Seite. In ländlichen Gegenden Frankreichs, wie dem Dorf, in dem mein Vater aufwuchs, bestraften Erwachsene ihre Kinder regelmäßig mit körperlicher Züchtigung. Über unserer Küchentür hing eine Rute mit Holzgriff, und mein Vater betrachtete dies als normalen Bestandteil der Kindererziehung. Trotz seiner tiefen Hingabe und Liebe für seine Familie verwandelten sich seine Wutausbrüche oft in Tobsuchtsanfälle, die mich aufgrund der Intensität seines Ausdrucks und der darauffolgenden körperlichen Gewalt beängstigten. Selbst als ich älter wurde und die Gewalt nachließ, passte seine strenge Lebenseinstellung nie zu meinem temperamentvollen Naturell.

Meine Mutter wurde 1920 in eine ganz andere Lebenswelt hineingeboren, hatte aber auf ihre eigene Weise gelitten. Ihre kosmopolitische Familie lebte am Stadtrand von Paris und war recht wohlhabend, gehörte aber nicht zum aristokratischen Milieu des späten 19. Jahrhunderts. Meine Großmutter, die im selben Jahr geboren wurde, in dem der Eiffelturm gebaut wurde, starb kurz nach der Geburt meiner Mutter an der Spanischen Grippe, die Millionen Menschen in Europa das Leben kostete. Als junge Frau überlebte meine Mutter den Zweiten Weltkrieg und war gezwungen, ihre Heimat im Rahmen des Pariser Exodus zu verlassen. Sie lief mit ihren Geschwistern und Tausenden anderen Flüchtlingen kilometerweit, während Bomben auf die lange Schlange von Menschen abgeworfen wurden, die aus der vom Krieg zerrütteten Stadt flohen. Die schwierige Kindheit meiner Mutter wurde durch die schmerzhafte Ablehnung, die sie von ihrer oft grausamen Stiefmutter erfuhr, noch verschlimmert.

Als meine Mutter meinen Vater kennenlernte und sie sich 1950 für eine Heirat entschieden, missbilligten einige ihrer Familienmitglieder dies. Sie stammte aus einer wohlhabenden Pariser Familie; mein Vater war vier Jahre jünger als sie. Jeder hatte auf seine Weise gelitten: Er durch die Armut seiner Kindheit und sie durch den Verlust ihrer Mutter und die Not des Krieges. Meine Mutter war dreißig Jahre alt – ein für die damalige Zeit höheres Heiratsalter – und war entschlossen, eine solide Ehe zu führen und eine Familie zu gründen. Sie bekamen drei Töchter – ich war die jüngste.

Die Kombination aus der Depression nach dem Tod meines Vaters und dem, was ich heute als eine von meiner Mutter geerbte Angststörung erkenne, trug dazu bei, dass ich mich ziemlich verloren fühlte. Mit einundzwanzig Jahren zog ich nach meiner Rückkehr von einer Amerikareise mit einem neuen Freund, der sich als heroinabhängig herausstellte, nach Norditalien. Um mich von meiner eigenen Verwirrung zu befreien, schloss ich mich schließlich seinem rücksichtslosen Drogenkonsum an und schnupfte täglich das verführerische weiße Pulver. Bald darauf kauften und verkauften wir Heroin und hielten uns in abscheulichen Umgebungen unter menschenunwürdigen Bedingungen auf. Zu dieser Zeit war ich völlig von meinen Gefühlen abgeschnitten, da unser Leben, das sich um Heroin und Sucht drehte, für mich zur Normalität geworden war. Im Nachhinein sehe ich, dass ich in einem traumatisierten Zustand war und meine unbewältigte Trauer betäubte, wo immer ich konnte. Glücklicherweise kam eines Tages, fünf Monate nach Beginn meines zerstörerischen Lebensstils, ein guter Freund und befreite mich physisch aus meiner gefährlichen Situation, brachte mich zurück nach Südfrankreich und unterstützte mich dabei, von den Drogen loszukommen.

Als ich nüchtern und stabil genug war, zog ich in die Schweiz, und nach einigen Monaten mit Gelegenheitsjobs beschloss ich, wieder zu reisen. 1979, drei Jahre nach meiner Reise durch Amerika, ging ich für vier Monate nach Thailand – diesmal allein. Auf dieser Reise erlebte ich ein Trauma, das sich tiefgreifend auf den Rest meines Lebens auswirkte.

Bei meiner Rückkehr aus dem Norden des Landes nach Bangkok beschloss ich, die buddhistischen Tempel von Sukhothai zu besuchen. An meinem ersten Tag dort traf ich einen jungen Mann aus Südindien namens Ramesh. Er war am Ende seines Vertrags als Bauingenieur in Thailand und genoss einen letzten Besuch der Tempel, bevor er zu seiner Familie nach Hause zurückkehrte. Obwohl wir uns gerade erst kennengelernt hatten, beschlossen wir, die nahe gelegenen Tempel gemeinsam zu erkunden. Als wir einen breiten Feldweg entlang zu einem etwas abgelegeneren Tempel gingen, wurde mir unbehaglich zumute, als ich bemerkte, dass uns zwei junge Männer folgten. Ich überlegte, ob ich weglaufen sollte, aber nur Sekunden später hatten sie uns eingeholt und tippten mir auf die Schulter. Von Angst überwältigt, drehte ich mich zu ihnen um.

Plötzlich fielen Schüsse, und die Zeit schien stillzustehen. In diesem Sekundenbruchteil sah ich die Qual und Verzweiflung meiner Mutter über das unerwartete Verschwinden ihrer Tochter. Ich dachte daran, wie sinnlos es war, dass ich in diesem Moment sterben und so jung aus dem Leben verschwinden würde. Ich war noch nicht bereit zu sterben. Dann spürte ich, wie die Kugel in meinen Körper eindrang, obwohl ich nicht sagen konnte, wo. Im Bruchteil einer Sekunde warf ich meine Tasche hinter mich und ließ mich in einen Graben fallen, wo ich völlig still dalag und den Atem anhielt. Ich hörte, wie die Männer auf mich zukamen. Als ich ihre Anwesenheit spürte und mir sicher war, dass sie mich jetzt töten würden, schrie ich aus voller Kehle. Ein Schrei nach Leben. Ich spürte, wie ihre Hände nach meinem Handgelenk griffen, um mir meine Uhr abzunehmen, und hörte dann, wie sie wegliefen und uns beide zum Sterben zurückließen.

Ich dachte, ich sei in den Bauch getroffen worden, und hielt meine Hände fest an den Körper gepresst, weil ich mir meines bevorstehenden Todes sicher war, bis ich merkte, dass das Blut aus meinem Oberschenkel kam. Ich kroch zu Ramesh hinüber und sah, dass er in die Stirn getroffen worden war. Überall um ihn herum waren Blut, Knochen, Gehirn und Haare. Er atmete kaum noch, während ich verzweifelt überlegte, wie ich ihm helfen könnte. Ein paar Minuten später kam ein Bauer auf seinem Fahrrad vorbei und bedeutete mir mit einer eindringlichen Geste, mich hinter ihn zu setzen, und brachte mich zur Hauptstraße. Mir war heiß, mein Bein brannte, und ich hatte schreckliche Angst, dass die Banditen in den nahen Büschen auf mich warten würden, um mich erneut zu erschießen. An der Hauptstraße angekommen, winkte mein Retter ein Auto heran, das mich zum nächsten Krankenhaus brachte. Ich wurde in den Operationssaal gebracht, und gerade als der Arzt begann, die Kugel aus meinem Bein zu entfernen, wurde mein indischer Freund in den gleichen Raum gebracht und starb direkt neben mir.

Ein paar Tage später berichtete der Polizeichef, dass sie einige unserer gestohlenen Habseligkeiten gefunden hatten. Er fragte mich, ob ich kommen, mir mögliche Verdächtige ansehen und denjenigen identifizieren würde, der auf uns geschossen hatte. Ich betrat einen Raum, in dem sechs Männer mir gegenüber an einer Wand standen. Ich konnte sie sehen, und sie konnten mich sehen. Ich schaute jeden von ihnen genau an. Dann entdeckte ich ihn, denjenigen, der auf mich geschossen hatte; sein Bild war in meinem Kopf eingebrannt. Mein Blick verweilte auf ihm, dann wandte ich mich dem nächsten Mann zu. Ich schaute jeden von ihnen an und kehrte dann zu den Augen meines Angreifers zurück. Wir starrten uns gegenseitig an. Ich sah Verzweiflung und Angst in seinen Augen, und in diesem Moment wurde mir klar, dass mein Wort über Leben und Tod entscheiden würde. Ich stellte mir seine Mutter und seine Familie vor. Ich dachte an mein Leben, das noch vor mir lag. Ich wollte nicht die Last seines Todes auf meiner Seele tragen. Ich wollte nicht noch mehr Leid verursachen. Etwas in mir wurde weich, und ich schüttelte den Kopf. Ich benannte ihn nicht.

Erst als ich später nach Europa zurückkehrte, kamen tiefgreifende, existenzielle Fragen in mir auf.

Ich war nicht wütend, sondern fühlte eher eine tiefe Traurigkeit. Wie konnten die jungen Männer, die Ramesh getötet und mich fast getötet hatten, uns nicht als Mitmenschen sehen? In einem einzigen Augenblick hatten sie meinem Freund das Leben genommen und meines für immer verändert. Es war so schnell und gedankenlos geschehen. Ich war untröstlich, als ich mir vorstellte, wie abgestumpft diese jungen Männer sein mussten, dass sie jeglichen Respekt vor dem menschlichen Leben verloren hatten. Gleichzeitig wurde mir klar, wie zerbrechlich das Leben ist. Die Tragödie in Thailand riss mich aus meiner Trance des ziellosen Dahintreibens. Ich fragte mich, wie ich meine kostbare menschliche Existenz am sinnvollsten gestalten könnte. Ich war von einem Gefühl furchtloser Entschlossenheit durchdrungen, fest gewillt, ein bedeutungsvolles und erfülltes Leben zu führen.

Die nächsten Jahre verbrachte ich in der Schweiz, erholte mich von meinen Reisen, arbeitete in einem Restaurant und kehrte, sobald mein Bein geheilt war, zu meiner Leidenschaft, dem Studium des modernen Tanzes, zurück. Während dieser Zeit lernte ich einen hervorragenden Physiotherapeuten kennen, der mir half, chronische Rückenschmerzen aufgrund einer Skoliose aus meiner Kindheit zu heilen. Von seinen Fähigkeiten inspiriert, beschloss ich, das Handwerk zu erlernen. Einige befreundete Tänzer, die in Kalifornien lebten, erzählten mir, dass es in San Francisco viele Massageschulen gab. Da ich unbedingt ein neues Leben für mich aufbauen wollte, sparte ich mein Geld, packte meine Koffer und zog ans andere Ende der Welt.

1981, im Alter von fünfundzwanzig Jahren, kam ich in San Francisco an. Nachdem ich mich in meinem neuen Leben eingerichtet hatte, war ich sehr aktiv, lernte neue Leute kennen und machte eine Ausbildung zur Masseurin. Doch unter der Oberfläche hatte ich noch nicht mit den emotionalen Schwierigkeiten meiner Vergangenheit abgeschlossen. Meine schwierige Beziehung zu meinem Vater, sein plötzlicher Tod, meine Tage des Heroinkonsums und meine schrecklichen Erfahrungen in Thailand blieben unerforscht und ungelöst. Da mir die Sprache oder die Mittel fehlten, um mich selbst zu heilen, erlebte ich eine Reihe instabiler Beziehungen. Im Nachhinein betrachtet, benutzte ich Aktivität und Geschäftigkeit als Mittel, um tiefere Schichten des Traumas in meinem Körper und Geist zu vermeiden. Langsam hatte ich genug und sehnte mich nach Erleichterung von meiner inneren Unruhe. Obwohl ich entschlossen war, einen ehrlichen Blick auf mein Leben zu werfen, wusste ich nicht, wo ich anfangen sollte.

Vier Jahre nach meinem Umzug nach San Francisco war ich eines Nachmittags mit Freunden auf einer Party am Baker Beach, als ich den Mann traf, der mein zukünftiger Ehemann werden sollte. Als ich ihn kennenlernte, war es sein Interesse an Psychologie und Spiritualität, das mich ansprach. Ich erzählte ihm von meinen Reiseabenteuern, und er zeigte sich beeindruckt und angetan von meinem frühreifen französischen Stil! Nachdem wir eine Weile miteinander ausgegangen waren, stellte er mich seinem Mentor vor, mit dem er seit zwei Jahren psycho-spirituelle Arbeit machte. Pablo Sanchez war in seinen Sechzigern, ein Medizinmann der Chicanos von den amerikanischen Ureinwohnern mit Tiwa- und Navajo-Vorfahren, der Dekan der neu gegründeten Fakultät für Sozialarbeit an der San Jose State University in Kalifornien war. Vor seiner Tätigkeit im akademischen Bereich hatte er als Sozialarbeiter für das Bureau of Indian Affairs gearbeitet und in Navajo- und Ute-Reservaten in New Mexico, Colorado und Utah gelebt und gearbeitet. Als junger Mann war Pablo im Zweiten Weltkrieg im Fotokorps der Army Air Force und hatte während seiner Stationierung in Europa die herzzerreißende Aufgabe, ein Konzentrationslager unmittelbar nach der Befreiung zu dokumentieren. Er berichtete später, dass die Schrecken, die er in diesem Konzentrationslager miterlebt hatte, ihn auf seinem Lebensweg angetrieben hätten, sich der menschlichen Transformation und Heilung zu widmen. Jahre später freundete sich Pablo mit Dr. Salvador Roquet an und wurde sein Schüler. Dr. Roquet war ein renommierter mexikanischer Psychiater, der von María Sabina, der bekannten mazatekischen curandera aus Mexiko, in die Welt der traditionellen Pilzrituale eingeweiht worden war.

Bei meiner ersten Sitzung mit Pablo unterhielten wir uns ein paar Minuten lang, bevor er aufstand und zu seinem Bücherregal schlurfte. Vor kurzem war ihm ein Tumor aus der Hirnanhangdrüse entfernt worden, weshalb er nun unter Sehstörungen litt. Er kramte in Büchern und Unterlagen und murmelte vor sich hin, während ich mich fragte: »Was macht er da drüben? Was für ein Therapeut ist denn das? Ich bin hier DEFINITIV am falschen Ort!« Er kam mit einem verschmitzten Lächeln im Gesicht zu mir zurück und reichte mir ein kleines Buch mit dem Titel The Greatest Salesman in the World (Der größte Verkäufer der Welt). Er zeigte auf ein bestimmtes Kapitel und wies mich an, es laut vorzulesen. Er lächelte, als ich las: »Seit Anbeginn der Zeit hat es nie jemanden mit meinem Verstand, meinem Herzen, meinen Augen, meinen Ohren, meinen Händen, meinen Haaren, meinem Mund gegeben. Keiner, der vor mir kam, keiner, der heute lebt, und keiner, der morgen kommt, kann genau wie ich gehen, sprechen, sich bewegen und denken.«

Nach zwei Zeilen im Text schluchzte ich und spürte, wie ich mich in einer seltsamen Mischung aus Trauer, Angst, Mut und Hoffnung auflöste. Ich las weiter: »Alle Menschen sind meine Brüder, und doch bin ich anders als jeder von ihnen. Ich bin ein einzigartiges Geschöpf. Ich bin das größte Wunder der Natur.« Als ich in seinem Büro saß, spürte ich in meiner Verzweiflung einen Funken Optimismus, und in mir erwachte der Wunsch, mich selbst zu heilen und mein menschliches Potenzial zu entfalten.

Pablo unterstützte und begleitete seine Klienten auf kreative und vielfältige Weise. Neben den individuellen Beratungen auf Stundenbasis bot er auch Einzel- und Gruppenheilungssitzungen an, in denen er verschiedene psycho-spirituelle Methoden wie geführte Atemübungen, Zeichnen oder das Lesen bestimmter Bücher einsetzte. Außerdem schickte er die Menschen in die Natur, zum Tanzen oder zum Aufenthalt in einem Schwebetank. Wenn er es für angebracht hielt, führte er seine Klienten mit bewusstseinserweiternden Substanzen wie MDMA, MDA, LSD, Pilzen oder Ketamin auf innere Reisen. Pablo ließ sich von seiner Intuition und seiner persönlichen Verbindung zum Klienten leiten und wählte die Vorgehensweise, die seiner Meinung nach am besten zu dessen Heilung passte. Diese Reisen waren keine hedonistischen Abenteuer, sondern wurden mit der Intention durchgeführt, psychologische Arbeit im Rahmen eines heiligen Rituals zu leisten.

Pablo legte großen Wert auf die Treffen unmittelbar nach einer Reise. Er wollte die Art und Weise unterstützen, wie diese Erfahrungen das Leben der Menschen verändern können, und ermutigte seine Klienten, Rituale in ihre täglichen Aktivitäten einzubauen. Pablo lehrte mich, jeder Geste eine Absicht zu verleihen, um ihr Präsenz und Bedeutung zu geben. Wenn ich ein Blatt von einem Baum für meinen Altar pflücken wollte, wies er mich an, mit dem Baum zu sprechen, bevor ich es nahm, um das Opfer des Blattes für meine Heilung bewusst zu würdigen. Einmal wies er mich an, einen kleinen Zweig als Symbol für mein Streben nach Heilung und zur Vorbereitung auf eine Pilzritual in der Gruppe zu zerbrechen. Ich spürte die Ernsthaftigkeit des Augenblicks, als ich einen kleinen Zweig vom Boden aufhob, mein Gebet sprach und ihn in zwei Teile zerbrach, um den Moment zu bekräftigen. Diese beiden kleinen Holzstücke befinden sich bis heute in einem kleinen Stoffbeutel auf meinem Altar und ehren mein langjähriges Bemühen um den Weg der Heilung.

Als Maler ergänzte Pablo seine psychologische Intelligenz durch die Kreativität, die er in die von ihm gestellten Aufgaben einbrachte. Die Welt mit den Augen eines Künstlers zu betrachten, war das Herzstück seines Ansatzes. Um die Integration von Material zu unterstützen, das auf meinen Reisen auftauchte, wies er mich an, mit Ton zu arbeiten, Tanzimprovisationen zu machen und meine Beziehung zur Natur stets zu würdigen. Während ich diese praktischen Aufgaben erfüllte, fühlte ich mich inspirierter und bewusster und bemerkte spürbare Veränderungen in meinem Leben. Pablo freute sich, von meinen Erfolgen und den Veränderungen zu hören, über die ich berichtete. Gab es auf meiner Seite Widerstand, forderte er mich auf liebevolle Weise dazu heraus. Rückblickend war es ein großer Teil des Erfolgs, dass es jemanden gab, der sich wirklich für meine Entwicklung und Heilung interessierte.

Nach einigen Monaten der Zusammenarbeit lud mich Pablo dazu ein, ihm bei seiner Arbeit zu helfen. Seine Vorgehensweise bestand darin, seine Klienten nach einer kurzen Zeit als Teilnehmer in seinen Gruppen dazu einzuladen, als Assistenten mitzuwirken. So hatten alle die Möglichkeit, von beiden Seiten zu lernen. Ich begleitete ihn zu individuellen medizinischen Sitzungen mit anderen Klienten und half ihm auch bei der Organisation von Gruppenreisen. Zur gleichen Zeit hatte ich die Gelegenheit, an einigen der convivials von Dr. Salvador Roquet teilzunehmen, intensiven Retreats, in denen die Teilnehmer durch eine Reihe psycho-spiritueller Prozesse geführt wurden, darunter Kunst, Bewegung, Psychodrama, Schlafentzug und konfrontative Experimente. Das Ziel von Salvadors Arbeit war es, Menschen mit den tiefsten Ebenen der Angst und des Schattens in ihrer Psyche zu konfrontieren, um ihrer psychologischen und spirituellen Entwicklung zu dienen. Ich begann auch, an Schwitzhütten teilzunehmen, die von Richard Deertrack, einem Ritualleiter aus Taos, geleitet wurden, und wurde schließlich eine Langzeitschülerin von Marilyn Youngbird, einer Arikara-Hidatsa-Lakota-Lehrerin und Schwitzhüttenleiterin. Als ich mich mehr und mehr mit diesen heilenden Erkundungen beschäftigte und meine Massagekunden begannen, mir während der Sitzungen ihre persönlichen Lebensgeschichten anzuvertrauen, beschloss ich, ein Graduiertenprogramm in somatischer Psychologie zu absolvieren, gefolgt von einer Ausbildung in der Hakomi-Methode der körperzentrierten Psychotherapie. Ich wollte mir zusätzlich zu meinem Hintergrund als Tänzerin und Körpertherapeutin eine solide psychologische Ausbildung aneignen, um eine ausgewogenere Grundlage zu haben, von der aus ich anderen helfen könnte. Zur gleichen Zeit wurde ich Ehefrau und Mutter.

Einige Jahre nach meiner Mutterschaft und nachdem ich begonnen hatte, als somatisch orientierte Beraterin Einzelklienten zu betreuen, wurde ich einem Mann namens Juan vorgestellt. Juan hatte zehn Jahre in Huautla de Jiménez verbracht, einer kleinen Stadt hoch in den Bergen der Sierra Madre in Mexiko, wo er an geführten Rituale mit einer indigenen Mazatec-Ältesten namens Julieta Casimiro teilgenommen hatte. Julieta hatte schon früh in ihrem Leben das Wissen über die heilige Pilzritual erlernt, eine Tradition, die in ihrer Region seit Tausenden von Jahren lebendig gehalten wurde. Da wir bei unseren Rituale mit Pablo Pilze verwendet hatten, war ich begeistert von der Möglichkeit, mich mit den Wurzeln der Tradition zu verbinden. Juan war der Meinung, dass Julietas und mein Schicksal miteinander verbunden seien und dass es notwendig sei, dass wir uns treffen. Er erzählte ihr von meinem Interesse an der Arbeit, und sie lud uns zu einem Besuch ein.

An einem klaren Herbsttag trafen Juan und ich uns in Oaxaca, Mexiko, für die gefährliche sechsstündige Fahrt in die Berge. Zu dieser Zeit waren die meisten Straßen in Huautla de Jiménez voller Schlaglöcher und unbefestigt, und Flüsse aus schlammigem Wasser flossen daran entlang. Nur sehr wenige Busse schafften es bis in die Stadt, und es verkehrten nur wenige andere Autos. Händler zogen durch die Straßen und verkauften ihr Obst und Gemüse, und alte Frauen liefen in traditionellen Huipil-Kleidern herum, die handbestickt und mit rosa und blauen Bändern verziert waren. Es gab ein paar Telefonzellen in den Straßen, kein Internet und niemand hatte ein Handy.

Endlich erreichten wir unser Ziel: ein zweistöckiges Gebäude aus Betonblöcken und verputzten Lehmziegeln. Mir war angst und bange, und ich zitterte beinahe am ganzen Körper. Es war, als würden die Pilze bereits meine Psyche und meinen Körper aktivieren und seltsame Empfindungen von Besorgnis und Freude auslösen. Julieta öffnete die Tür, reichte uns die Hand, stellte sich vor und bat uns herein. Sie trug ein bedrucktes Kleid und einen roten Pullover, ihre beiden langen schwarzen Zöpfe hingen zu beiden Seiten ihrer Brust. Sie hatte ein warmes Lächeln und ein verspieltes Funkeln in den Augen.

Als ich drinnen war, sah ich, dass das Anwesen um eine Außenküche und eine Terrasse herum gebaut war. Auf dem Boden verteilt standen Eimer, in denen Regenwasser gesammelt wurde, und andere mit überbordenden Blumensträußen. Später erfuhr ich, dass täglich frische Blumen geliefert wurden, die dazu bestimmt waren, Julietas riesigen Altar zu schmücken oder an den Familiengräbern auf dem Friedhof niedergelegt zu werden. Wir wurden in Julietas Wohnzimmer geführt, dessen Wände mit Fotos ihrer Enkelkinder bedeckt waren sowie mit Fotos von ihrem Ehemann Lucio beim Herstellen von Bienenwachskerzen. Auch fand sich dort ein verblasstes Schwarz-Weiß-Foto von ihrer Hochzeit, auf dem ihre Mutter Maria Petra und ihre Lehrerin und Schwiegermutter Regina Carrera zu sehen waren, während sie eine rituelle Prozession durch die Straßen anführten.

Julieta sprach mit Juan, während ich auf der Couch saß und das Lachen und die Gesten dieser Frau auf mich wirken ließ. Ich fühlte mich unglaublich beglückt, dass ich überhaupt mit ihr in einem Raum sitzen durfte, und spürte, dass dies ein Neuanfang für mich war und sich mein Leben und meine Arbeit auf eine Weise verändern würden, die ich noch nicht in Worte fassen konnte.

Julieta und ich verbrachten mehrere Tage miteinander. Sie nahm mich mit aufs Land, auf den Markt, in die Kirche, zu heiligen Stätten in der Umgebung und zu ihrem Geburtsort. Wir aßen traditionelle Gerichte und tranken ihren selbst angebauten Kaffee. Sie erzählte mir, dass sich das Volk der Mazateken, Nachfahren der Maya, selbst als Volk des Adlers bezeichnet. Sie nannte die heiligen Pilze liebevoll los niños santos und erklärte, dass es sich dabei um die heiligen Kinder von Mutter Erde handelt. Sie beschrieb, inwiefern der Akt des Verzehrs ein heiliger Moment der Gemeinschaft ist.

Während meines Aufenthalts bei ihr führte Julieta mich durch drei Pilzrituale. Wie ein Nachtvogel in höchster Wachsamkeit saß sie liebevoll neben mir, beobachtete und lauschte mit voller Aufmerksamkeit. Julieta hielt meinen Körper, während er alte Verletzungen ausschüttelte, und wies mich an, meine Traurigkeit an Mutter Erde abzugeben, die mitfühlend annehmen würde, was ich nicht länger tragen wollte. Sie sprach zu den Pilzen und wies sie an, mich innerlich zu reinigen und nur Licht und die Kraft der Schöpfung zu hinterlassen. Denn auch ich sollte andere auf dem Weg der Welt führen und war doch zugleich mit dem einfachen, bodenständigen Leben auf dem Land vertraut, da die Familie meines Vaters und meine Vorfahren seit Hunderten von Jahren auf demselben Land gelebt hatten. Meine tiefe Liebe für erdverbundene Lebensweisen hat mich im Laufe der Jahre dazu geführt, andere indigene Völker zu besuchen und von ihnen zu lernen.

Ich habe mit den Otavalas und Huaorani in Ecuador, den Aymara am Titicacasee in Bolivien und den Maya in Guatemala Zeit verbracht. Meine Reisen führten mich zu den Raramuri im Copper Canyon im Norden Mexikos, zu den Ureinwohnern Usbekistans, zu den Hamar und Afar in Äthiopien und zu tibetischen Gemeinden in Nordindien. Ich bin viele Jahre hintereinander zurückgekehrt, um die Mosetén-Gemeinde zu besuchen, die im Madidi-Nationalpark in Bolivien lebt. Doch es ist die kleine Stadt Huautla de Jiménez in den Bergen Mexikos, die mich Jahr für Jahr zurückgerufen hat. Ich tauche in die Lebensweise der Mazateken und all die subtilen Nuancen ihrer einzigartigen Kosmologie ein und pflege vor allem meine wertvolle Beziehung zu Julieta und ihrer Familie.

Während einer bestimmten Nacht des Rituals, fünf Jahre nach Beginn meiner Ausbildung bei Julieta, waren wir zusammen in ihrem Ritualeraum. Sie sprach ein Gebet für meine Familie und mich, als sie mich als die »Dolmetscherin« bezeichnete. Ich erinnere mich, dass ich ihre Worte hörte und verstand, dass dies tatsächlich meine Rolle war. Als ich sie später fragte, ob sie näher darauf eingehen würde, was sie damit meinte, antwortete sie: »Du kennst unsere Bräuche. Du weißt, was dein Volk hören kann. Du weißt, was du ihnen über unsere Tradition erzählen kannst.« Sie sah mich als Bindeglied zwischen ihren Bräuchen und meinen eigenen.

Mit Julietas Erlaubnis und ihrem Segen habe ich versucht, mein Verständnis ihres Heilungsansatzes mit meinem Verständnis der menschlichen Psyche und Psychologie zu verbinden. Als Person europäischer Abstammung, die in den Vereinigten Staaten lebt, ist es mir wichtig, die Gefahr der kulturellen Zweckentfremdung in meiner Beratungspraxis anzuerkennen. Manchmal reicht es nicht aus, demütig zu handeln. Eine lebendige Beziehung des gegenseitigen Respekts zu meiner Lehrerin, die meinen Kurs korrigieren könnte, falls ich vom Weg abkommen sollte, war von entscheidender Bedeutung.

Ich verstehe, wie wichtig es ist, diese Welten miteinander zu verbinden. Im letzten Jahrhundert haben sich zwar ein umfassendes Gebiet der Psychologie und verschiedene fachkundige psychotherapeutische Ansätze entwickelt, aber wir brauchen mehr als ein intellektuelles Verständnis unserer Psyche, um uns wirklich zu heilen und zu wandeln. Durch meine jahrzehntelange Arbeit als Beraterin habe ich erkannt, dass Menschen in industrialisierten Gesellschaften sich nach dem alten Wissen indigener Völker sehnen. Sie suchen insbesondere nach der Art von Heilung und Lehre, die durch Rituale wie die Mazatec-Pilzritual zugänglich ist.

Ohne diese Traditionen und ihre Weisheit vollständig zu verstehen, nehmen Außenstehende oft heilige Sakramente wie Pilze ein, ohne Rituale oder geschulte Anleitung. Ich halte es für einen Fehler, ein Sakrament zu konsumieren, ohne seinen kulturellen Kontext zu verstehen. Diese Sakramente können Erfahrungen auslösen, die verwirrend oder überwältigend sind, und der Mangel an sachkundiger Unterstützung kann jemanden desorientiert oder sogar traumatisiert zurücklassen. Außerdem verblassen die inneren Reichtümer an Einsicht und Verständnis, die man in diesen Räumen erfahren kann, oft schnell, wenn man keine Unterstützung hat, um sie zu integrieren, da das »Leben wie gewohnt« schnell wieder zurückkehrt. Rituale und Rituale jeglicher Art gehören zu bestimmten kulturellen Philosophien und einzigartigen geografischen Umgebungen. Sie sind integraler Bestandteil einer ganzen Lebensweise.

Daher ist es zu meiner Lebensaufgabe geworden, die heilenden Methoden indigener Rituale für Menschen in industrialisierten Gesellschaften zugänglich zu machen. Ich glaube, dass Erfahrungen mit erweiterten Bewusstseinszuständen allein nicht ausreichen, und bringe daher meine psychologische Ausbildung ein, um die Integration dieser Erfahrungen in das tägliche Leben auf praktische Weise zu unterstützen. Da ich diese Arbeit möglichst vielen Menschen zugänglich machen möchte und die Verwendung des heiligen Pilzes in dem Land, in dem ich lebe, illegal ist, habe ich alternative Methoden entwickelt, um meine Klienten effektiv in erweiterte Bewusstseinszustände zu führen. Durch meine langjährige Beschäftigung mit der Mazatec-Tradition konnte ich die Weisheit ihrer Medizin durch Rituale, Lieder und Gebete weitergeben, die Menschen in ähnlich kraftvolle Räume der Heilung und des Wachstums versetzen.

Nachdem ich meine Klienten in den letzten dreißig Jahren in erweiterte Bewusstseinszustände geführt habe, haben sich meine Beobachtungen geschärft, meine Arbeit hat sich weiterentwickelt, und meine Zusammenführung von Methoden hat sich zu einem Ansatz herauskristallisiert, den ich an dieser Stelle jetzt unbedingt teilen möchte. In der wissenschaftlichen Welt nennt man das anekdotische Daten. In der Welt der Ureinwohner nennt man es Weisheit.

Ich nenne meine Arbeit »Bewusstseinsmedizin«. Bewusstseinsmedizin ist die Kunst und Wissenschaft der Erforschung der unendlichen Dimensionen und Erscheinungsformen des Bewusstseins – der Grundlage des Lebens. Die Bewusstseinsmedizin nutzt verschiedene Theorien, Werkzeuge und Techniken, um Zugang zu bestimmten Zuständen eines erweiterten Bewusstseins zu erhalten. Diese Erfahrungen und die daraus gewonnenen Erkenntnisse bieten, wenn sie in das eigene Leben integriert werden, einen Weg der Transformation und Heilung. Wenn unser Bewusstsein wächst, werden wir uns unserer selbst, der anderen und der Welt, zu der wir gehören, bewusster. Mit zunehmendem Bewusstsein werden wir gesünder und erfüllter. Es ist das Bewusstsein, das uns heilt. Deshalb betrachte ich das Bewusstsein als die letztendliche Medizin.

Ich habe die indigenen Methoden zur Annäherung an erweiterte Bewusstseinszustände in einen dreiteiligen Prozess umgewandelt, der aus der Vorbereitungsphase, der Reise und der Integrationsphase besteht. Wenn ich im Laufe der Jahre das Gefühl habe, dass meine Klienten bereit sind und davon profitieren würden, lade ich sie ein, mit mir zu Julietas Haus in Huautla de Jiménez zu reisen, um an dem dort legalen Pilzritual teilzunehmen. Vor jeder Reise nach Mexiko achte ich sehr darauf, die Bereitschaft meiner Klienten auf psychologischer Ebene durch regelmäßige Beratungsgespräche vor der Reise zu unterstützen, und stelle sicher, dass ich so gut wie möglich über ihre Vergangenheit und das, was durch die Arbeit hervorgerufen werden könnte, informiert bin. Ich sorge auch dafür, dass sie bei ihrer Rückkehr ein fürsorgliches Umfeld vorfinden. Nach der Rückkehr unterstütze ich aktiv ihren Integrationsprozess, indem ich mich regelmäßig mit ihnen treffe, um ihnen dabei zu helfen, die Erkenntnisse, die sie aus ihren Erfahrungen bei den Rituale gewonnen haben, in ihr Leben zu integrieren.

Dieser Ansatz der spirituellen Reise, der besonderen Wert auf Vorbereitung und Integration legt, bringt erweiterte Bewusstseinszustände mit dem täglichen Leben in Verbindung. Um den Ansatz, den ich hier vorstelle, zu verstehen, sollte man sich entscheidende Initiationsmomente im Leben wie Geburt, Heirat und Tod vergegenwärtigen. Dies sind besondere Ereignisse in unserem Leben, die uns aufgrund ihrer Intensität in einen erweiterten Bewusstseinszustand versetzen. Idealerweise sollten diese Ereignisse gründlich vorbereitet und anschließend angemessen integriert werden. In unserer Kultur beispielsweise beinhaltet die Vorbereitung auf eine Hochzeit – die Monate dauern kann – die Auswahl des Ortes, der Kleidung, des Essens und das Einladen der Gäste. Dann findet die eigentliche Ritual statt, bei der ein Geistlicher das Ritual des Gelübdeaustausches leitet. Das Abendessen und die Feier bringen die Familien und die Gemeinschaft zusammen. Zur Integration gehören die Flitterwochen, das Erstellen des Fotoalbums, das Auspacken der Geschenke und das Versenden von Dankeskarten an alle Gäste.

Ein weiteres Beispiel wäre ein meditativer Rückzug. Vorbereitung und Integration sind von größter Bedeutung, und der Praktizierende könnte bestimmte Bücher lesen, einen bestimmten Ort auswählen und sich mit einem Lehrer in Verbindung setzen, um seine Ziele und Absichten zu besprechen. Der Praktizierende beginnt dann den Rückzug unter der Leitung eines Lehrers, entweder mit einer Gruppe oder in Einsamkeit. Sobald der Praktizierende die Klausur abgeschlossen hat, führt er Abschlussrituale durch, bricht sein Schweigen und bereitet seine Rückkehr in das normale Leben vor. Der Praktizierende kehrt in die Gemeinschaft zurück, beobachtet, wie er sich verändert hat, und bindet diese Veränderungen in sein tägliches Leben ein. Gezielte Reisen in erweiterte Bewusstseinszustände sollten auf die gleiche Weise angegangen werden.

Dieses Buch bietet einen Fahrplan für Reisen in erweiterte Bewusstseinszustände, sei es ein Ritual mit einem entheogenen oder psychedelischen Sakrament, eine Visionssuche, ein Trommelritual, eine Schwitzhütte oder ein Tanzretreat. Unabhängig davon, ob wir diese erweiterten Bewusstseinszustände durch ein Sakrament erreichen oder nicht, ist es wichtig, wie wir uns diesen Zuständen nähern. Wir können viel mehr erreichen, wenn wir uns auf das Wissen verlassen, das indigene Kulturen seit Tausenden von Jahren über die beste Herangehensweise und die Integration dieser Erfahrungen in unser Leben bewahrt und weitergegeben haben.

Der Anstoß für dieses Buch war eine Reihe von Vorlesungen, die ich im Rahmen von Universitätskursen, Seminaren und Konferenzen gehalten habe. Aus dieser Zusammenstellung von Wissen und Weisheit ist dieser Leitfaden für Praktizierende entstanden – ob als Ritualleiter, Betreuer, Therapeut oder Teilnehmer. Er bietet Therapeuten und Betreuern die notwendigen Werkzeuge und Techniken, um ihre Klienten oder Ritualteilnehmer bei der Förderung von Heilung und Wachstum anzuleiten und zu unterstützen. Dieses Buch bietet den Teilnehmern auch Informationen, die ihnen bei der Vorbereitung und Integration ihrer inneren Reisen in ihr tägliches Leben helfen. Ich teile das, was ich aus meiner Erfahrung heraus für wahr halte, und die Techniken und Praktiken, mit denen ich persönlich vertraut bin.

Da sich die natürliche Umgebung und die Kultur heute in einem äußerst unausgewogenen und krisenhaften Zustand befinden, bete ich dafür, dass jeder von uns die notwendige innere Arbeit leistet, damit wir unser persönliches Leid überwinden und zu einem Ort größerer Kreativität, Klarheit und Mitgefühl gelangen können. Unser Leben in der industrialisierten Welt unterscheidet sich sehr von dem Leben derer, die nach ursprünglichen Praktiken und ungebrochenen Traditionen leben, die in einer starken Verbindung zur Erde verankert sind. Das Leben in dieser Welt wird von Technologie und dem irrigen Glauben beherrscht, dass wir der Erde nach Belieben und ohne Gegenleistung Ressourcen entziehen können. Dieses Verhalten schadet allem Leben auf dem Planeten. Außerdem sind die meisten Menschen, die so leben, von ihren überlieferten Wurzeln und Traditionen abgeschnitten, haben wenig Gemeinschaft und wissen nicht, wie oder wo ihre Lebensmittel angebaut werden. Das führt zu einer tiefen Entfremdung von sich selbst, die sich in Depressionen, Angstzuständen, einem negativen Selbstbild, zwanghaftem und suchtartigem Verhalten und Handeln, Krankheit usw. äußert. Das grundlegende Ungleichgewicht besteht meiner Meinung nach in der Illusion der Trennung, die sich auf alle Lebensbereiche in der modernen Welt auswirkt.

Es spielt keine Rolle, wo auf der Erde wir uns befinden. Ob im Norden, Süden, Osten oder Westen – meiner Erfahrung nach hat jeder Suchende im Kern seines Wesens einen ähnlichen Wunsch: unsere Beziehung zu unserem Partner, unseren Eltern, unserer Familie, unserer Gemeinschaft, unseren Vorfahren und letztlich zu uns selbst und der ganzen Welt, zu der wir alle gehören, zu heilen. Industrielle Gesellschaften können viel von der Weisheit der Erde und den Praktiken indigener Kulturen lernen, die glücklicherweise auch heute noch existieren. Natürlich wäre das Thema nicht erschöpfend behandelt, wenn nicht auch die Art und Weise zur Sprache käme, wie die industrialisierte Welt den Völkern der Ureinwohner gegenüber äußerst aggressiv und ausbeuterisch aufgetreten ist. Wenn wir jedoch Frieden und weltweite Heilung schaffen wollen, müssen wir Brücken zwischen den Kulturen bauen. Es stimmt allerdings auch, dass einige technologische Entwicklungen für Menschen in Entwicklungsländern lebensrettend sein können. Die Technologie zur Wasseraufbereitung kann Leben retten. Indigene Gemeinschaften im Amazonasgebiet konnten ihr Land mithilfe der Kartentechnologie von Google Earth vor Ölbohrungen schützen. Durch einen gegenseitigen und respektvollen Austausch von Wissen und Technologie können wir voneinander lernen und uns gegenseitig helfen.

Das Streben, die Welt zu einem harmonischeren Ort zu machen, und zwar für jeden Einzelnen, steht im Mittelpunkt meines Lebenswerks und ist meine Hauptmotivation, das, was ich gelernt habe, weiterzugeben. Ich habe unzählige Menschen dabei begleitet, alte Wunden zu heilen und aktuelle Beziehungen zu verbessern, sich wieder mit der Natur zu verbinden, Selbstachtung und Selbstliebe zurückzugewinnen und

Gemeinschaft zu schaffen. Es war die Einbeziehung erweiterter Bewusstseinszustände als Heilmethode, die es meinen Klienten ermöglichte, auf eine viel größere Intelligenz zuzugreifen, als es ihre begrenzte Ego-Identität je hätte ermessen können.

Möge dieses Buch dir Werkzeuge für deine eigene Ermächtigung an die Hand geben und dir den Mut verleihen, deinen einzigartigen Weg der Transformation zu beschreiten. Mögen deine Neugier und sogar dein Leid der Treibstoff für dein Bemühen um Heilung und Wachstum sein. Mögest du dich in deinem Streben bestätigt fühlen, die unendliche Fülle an Geheimnissen und Schönheit zu erforschen, die direkt hinter deiner Ego-Identität und deinem Bewusstsein liegt. Mögest du deine kreative Energie freisetzen, um eine dynamische Kraft zu sein, die aktiv zur Entwicklung und Erneuerung unserer kostbaren Welt beiträgt. Mögest du das Leben erfüllen, für das du auf die Erde gekommen bist.

1

URSPRÜNGLICHE RITUALE

Erweiterte Bewusstseinszustände für Heilung und Wachstum

> Wie alle Entdecker zieht es uns hinaus in die Welt, um zu erforschen, was es dort gibt, ohne zu wissen, ob wir den Mut haben, uns dem zu stellen.
>
> PEMA CHÖDRÖN[1]

Über viele Jahrtausende hinweg haben Menschen die Weiten unseres Planeten erforscht: seine Wüsten, Ozeane, Gebirgsketten und Wälder. Im Laufe unserer Evolution haben wir zahlreiche Zivilisationen, Kulturen, Sprachen, Waffen und Nahrungsmittel entwickelt. Wir haben Tiere, Pflanzen, Pilze und Mineralien entdeckt und erforscht. Während wir unsere äußere Welt erforschten, haben wir uns auch mit den ebenso faszinierenden Bereichen unserer inneren Welt beschäftigt. Es gibt Belege dafür, dass Menschen seit Tausenden von Jahren das Bewusstsein erforschen.[2] Doch trotz jahrhundertelanger Spekulationen und Untersuchungen über die Ursprünge und die Natur des Bewusstseins bleibt diese innerste Grundlage unseres Seins für die moderne Wissenschaft schwer fassbar.

Viele zeitgenössische Philosophen und Wissenschaftler vertreten die Ansicht, dass das Bewusstsein im Gehirn entsteht, irgendwann im Mutterleib beginnt und mit dem Tod endet. Diese Anschauung betrachtet unser Bewusstsein als Ergebnis von Chemikalien und elektrischen Impulsen, die auf innere und äußere Einflüsse reagieren.[3] Nach einer anderen Auffassung dienen das Gehirn und das Nervensystem als organische Antennen, die Informationen wie ein Radioempfänger aufnehmen, während wir uns durch einen Ozean des Bewusstseins bewegen.[4] In östlichen Traditionen wird angenommen, dass das Bewusstsein aus einem leeren, aber erkennenden Feld des Gewahrseins entsteht, das die Quelle aller Phänomene ist.[5] Es mag überraschen, dass auch der Physiker Max Planck in gewisser Weise an dieser Überzeugung festhielt und bekanntlich sagte: »Ich betrachte das Bewusstsein als grundlegend. Ich betrachte die Materie als Ableitung des Bewusstseins. Wir können nicht hinter das Bewusstsein gelangen. Alles, worüber wir sprechen, alles, was wir als existent betrachten, setzt Bewusstsein voraus-«[6]

Unser Bewusstsein hat Zugang zu einem breiten Spektrum an spezifischen Erfahrungen, die von unserem jeweiligen Zustand abhängen. Meistens fühlt sich jeder von uns auf zufriedenstellende Weise getrennt, als wären wir einzelne Organismen, die sich durch den Raum bewegen – abwechselnd zufrieden, unzufrieden oder gelangweilt, je nachdem, ob wir uns in diesem Moment angezogen, abgestoßen oder gleichgültig fühlen. Manchmal fühlen wir uns eingeengt in unserem Körper, geistig zusammengezogen, unfähig, uns mit anderen oder sogar mit uns selbst zu verbinden. Wir fühlen uns vielleicht von anderen Menschen isoliert, selbst von denen, die uns nahestehen. Zu anderen Zeiten fühlen wir uns offen und voller Liebe und können uns leicht mit anderen Menschen, Tieren, Pflanzen und unserer natürlichen Umgebung verbinden. Wir empfinden ein Gefühl der Mühelosigkeit und des Fließens und erhalten Verständnis und Einsichten, wobei wir die Wärme des Mitgefühls für alles Leben spüren. Wir befinden uns in einem ständigen Tanz der Erfahrung, je nach unserem Zustand. Kein Wunder, dass sich die Menschen seit Jahrtausenden mit dem Bewusstsein – und mit den Möglichkeiten, es zu verändern – beschäftigen.

In dem eher archaischen Bestreben, das Bewusstsein zu erforschen, entwickelten die Menschen Wege, um ihren Bewusstseinszustand durch verschiedene Techniken und Praktiken zu verändern. Wahrscheinlich trommeln, rasseln und singen Menschen seit Jahrtausenden zusammen, schaffen Kunst, fasten, schwitzen und reinigen sich, meditieren, erforschen Schlafentzug, begeben sich auf Visionssuche, verbringen längere Zeit allein in der Abgeschiedenheit, tanzen und singen gemeinsam bei Ritualen, Übergangsriten und spirituellen Anlässen. Die berühmten Höhlen von Lascaux im Südwesten Frankreichs, die weniger als vierzig Kilometer von meinem Elternhaus entfernt liegen, stellen anscheinend Menschen dar, die vor 17.000 Jahren an schamanischen Ritualen teilnahmen.[7] Dieser Entdeckergeist war vermutlich die Inspiration der Menschen, Früchte und Getreide zu Alkohol zu vergären und Pflanzen und Pilze mit psychotropen Verbindungen in ihren Samen, Rinden, Blättern, Blüten, Wurzeln und ihrem Fleisch zu verzehren. Bewusstseinsverändernde Verbindungen wurden sogar im Gift und in den Ausscheidungen bestimmter Amphibien gefunden.[8] Die Menschen erforschten alles, was in ihrer Umgebung wuchs. Meskalinhaltige Kakteen wachsen in großer Zahl in heißen, trockenen Klimazonen. Ayahuasca-Reben und Blattpflanzen wachsen in großer Zahl im Dschungel, während Psilocybin-Pilze in feuchten oder bewaldeten Klimazonen wachsen.

Es gibt Belege für den rituellen Verzehr psychoaktiver Pflanzen und Praktiken auf Pilzbasis an fast jedem Ort, an dem Menschen auf diesem Planeten gelebt haben. In ganz Mexiko und Mittelamerika wurden geschnitzte Steinpilz-Abbilder gefunden, die auf das Jahr 1000 v. Chr. zurückgehen.[9] In Algerien, Spanien und Bulgarien gibt es Höhlenmalereien, die Psilocybin-Pilze darstellen und laut ethnobotanischer Forschung aus der Jungsteinzeit stammen.[10] Der Gebrauch des Fliegenpilzes, Amanita muscaria, wurde als Teil der indigenen schamanischen Traditionen des alten Sibiriens, Litauens und des nördlichen skandinavischen Lapplands dokumentiert.[11] In Afrika gibt es viele einheimische psychoaktive Pflanzenheilmittel, die noch erforscht werden müssen. Die bekannteste, Iboga, wird in Zentralafrika wahrscheinlich schon seit Tausenden von Jahren für Initiationen verwendet, zuletzt auch von der Bwiti-Gesellschaft in Gabun.[12] Obwohl niemand weiß, wie lange Ayahuasca bereits ein zentraler Bestandteil der Heiltraditionen der Ureinwohner und Mestizen Südamerikas ist, reichen die archäologischen Beweise für die Verwendung von DMT – einem Tryptaminderivat, das in vielen Pflanzen und Tieren natürlich vorkommt – bis ins Jahr 2000 v. Chr. zurück.[13] Meskalinhaltige Kakteen werden seit der präkolumbianischen Zeit in ganz Südamerika und Mexiko verwendet[14], während die dokumentierte Verwendung von Cannabis in Indien bis ins Jahr 2000 v. Chr. zurückreicht.[15] Im mittelalterlichen Europa wurden Bilsenkraut, Tollkirsche und andere psychotrope Pflanzen von Kräuterkundigen und Medizinfrauen für Wahrsagerei und Astralreisen genutzt.[16] Es gibt zwar keine formellen Untersuchungen, doch Anthropologen haben gemutmaßt, dass es in europäischen Kirchen der Renaissance Buntglasfenster gab, die Jesus und Heilige mit Pilzen darstellten, von denen angenommen wurde, dass sie zur Gattung *Psilocybe* gehören.[17] Die Einbeziehung psychotroper Pflanzen in die Erforschung des Bewusstseins ist also allen Kulturen und Gesellschaften schon immer immanent.

Darüber hinaus gibt es zahlreiche Methoden zur Bewusstseinsveränderung, die nicht von Pflanzen abhängig sind. Das Volk der Lakota praktiziert seit Jahrtausenden Schwitzhütten.[18] Schwitzhütten werden in einer Gruppe durchgeführt, die sich in einer kuppelförmigen, auf der Erde errichteten Hütte aus Zeltplanen oder Stoffdecken und Ästen versammelt. Steine werden in einem Feuer im Freien erhitzt, dann hereingebracht und in eine Grube in der Mitte gelegt. Der Eingang der Zeltkuppel wird geschlossen, und Wasser wird über die heißen Steine gegossen, während der Leiter die Gruppe durch Lieder und Gebete führt. Gelegentlich wird die Klappe geöffnet, um frische Luft hereinzulassen, und Wasser wird herumgereicht, damit alle etwas trinken können. Die physische Intensität der Hitze, die Orientierungslosigkeit in der Dunkelheit und die Kraft der Gebete lösen einen Zustand innerer Erweichung und emotionaler Hingabe aus, der die Teilnehmer über ihre gewohnten Handlungsmuster hinausführt.

Musik wird seit langem eingesetzt, um erweiterte Bewusstseinszustände zu erreichen. In Europa wurden Flöten gefunden, die über 30.000 Jahre alt sind, während das Trommeln weltweit eine lange Geschichte hat.[19] Afrikanische Trommel- und Tanzrituale sind eine uralte Form der Gruppenreise. Eine große Gruppe von Menschen tanzt zu Rhythmen, die von mehreren Trommlern gespielt werden. Wenn sich die Rhythmen langsam beschleunigen, beginnen die Menschen nach einer gewissen Zeit des Tanzens, in Trance zu verfallen. In bildgebenden Untersuchungen des Gehirns bei Langzeitmeditierenden haben Forscher Merkmale veränderter Bewusstseinszustände festgestellt, darunter Veränderungen in der Wahrnehmung von Raum und Zeit und spontane Lichtvisionen.[20] Diese verschiedenen Techniken verändern, wenn sie gezielt und über einen längeren Zeitraum hinweg praktiziert werden, die Gehirnaktivität – einige setzen bestimmte Chemikalien im Gehirn und im Körper frei – und verändern vorübergehend die Aktivität des Nervensystems. All dies zusammen wirkt sich direkt auf die innere und äußere Erfahrung sowie auf die Wahrnehmung des Praktizierenden aus. In diesen physiologischen Zuständen erweitert sich das Bewusstsein, das Gewahrsein nimmt zu und Heilung kann spontan oder unter Anleitung erfolgen.

Diese spezifischen Techniken, Werkzeuge oder Praktiken sind erforderlich, um in erweiterte Bewusstseinszustände zu gelangen und über den gewöhnlichen Seinszustand hinauszugehen. Mit diesen Zuständen und dem Wissen, das sie verfügbar machen, verbinden sich indigene Gemeinschaften mit der spirituellen Welt und ihren Vorfahren, regeln ihre Beziehungen untereinander und zu ihrer Umwelt und treffen wichtige Entscheidungen, die sich langfristig auf die Gesundheit und das Glück der Gruppe auswirken. Sie werden für divinatorische Zwecke, für Übergangsrituale, zum Auffinden von Wasser und zur Entscheidung über den Ort der Weiterwanderung eingesetzt. Durch die Kraft erweiterter Bewusstseinszustände stärken die Ureinwohner ihre Verbindung zu den einheimischen Pflanzen und Tieren, die sie zum Überleben brauchen. Von besonderer Bedeutung für unsere Zwecke ist in diesem Buch, wie erweiterte Bewusstseinszustände die Heilung und das Wachstum eines Einzelnen oder einer ganzen Gemeinschaft unterstützen.

Indigene Kulturen, die diese Bewusstseinszustände einbeziehen, neigen zu animistischen, erdverbundenen spirituellen Praktiken, mit denen die örtliche Umgebung und die Elemente geehrt werden. Dieser erdverbundene »Schamanismus« ist älter als die organisierte Religion und damit der früheste Ausdruck von Spiritualität.[21]

Tragischerweise wurden in den letzten fünf Jahrhunderten viele indigene Völker auf der ganzen Welt, die das Wissen um diese ursprünglichen, erdverbundenen Rituale und Traditionen besaßen, getötet oder kolonisiert. Obwohl es die Kolonisierung und die Herrschaft durch expandierende Königreiche und Imperien schon seit Tausenden von Jahren gibt, wurden in den letzten fünfhundert Jahren die Lebensweisen der Ureinwohner in allen Teilen der Welt auf brutalste Weise zerstört. Diese Kolonisierung wurde durch die Anhäufung von Landbesitz durch europäische Königreiche angeheizt, deren Einflussbereich sich durch die Ausbeutung von Ressourcen in Form von Gegenständen, Edelmetallen, Gummi und am schlimmsten – Menschen als Sklaven – auf die ganze Welt ausdehnte. Gleichzeitig trafen christliche Missionare in den neu kolonisierten Ländern ein. Unter dem Deckmantel von Bildung und Gesundheitsversorgung zerrütteten sie die Traditionen der Ureinwohner und zwangen den Einheimischen ihr Glaubenssystem auf. Diese Missachtung der indigenen Traditionen und die eklatante Zerstörung der naturverbundenen Lebensweisen dauern bis heute an, durch das ungezügelte Wachstum des Kapitalismus und die daraus resultierende Zerstörung von Wäldern, Flüssen und Bergen, in denen viele indigene Völker leben. So wurden viele Menschen von ihren ursprünglichen Lebensweisen, ihrer Verbindung untereinander, ihrer Gemeinschaft und der lebendigen Erde abgeschnitten.

Obwohl ursprüngliche, naturverbundene Praktiken in der industrialisierten Kultur größtenteils aufgegeben wurden, haben wir als Menschen alle indigene Wurzeln, die uns von innen heraus beeinflussen. Durch unsere Beziehungen zu den Menschen um uns herum, zu unserer Umwelt und zum Göttlichen begegnen wir unweigerlich Leid und Zwietracht. Jedes Problem im Leben scheint uns herauszufordern, eine Lösung zu finden. Wir streben von Natur aus nach Heilung, da wir auf einer bestimmten Ebene wissen, dass unsere Herausforderungen für uns ein Lernpotenzial bergen. Dennoch fragen wir uns, wie wir das Gesamtbild unseres Lebens aus einer mitfühlenderen Perspektive betrachten können. Um es in der Sprache der Psychologie auszudrücken: Wir streben nach geistigem und emotionalem Wohlbefinden. Wir streben nach der Bewältigung der Traumata, die wir in unserem Leben erlitten haben, sowie nach der Heilung alter Familienwunden und geerbter generationsübergreifender Traumata aufgrund von Krieg, Sklaverei, Völkermord, Hungersnot usw.[22] Ironischerweise sehnen sich viele Nachkommen der europäischen Kolonisatoren auf ihrer verzweifelten Suche nach Heilung und Sinn nun danach, sich wieder mit den Lebensweisen der Ureinwohner zu verbinden.

Tatsächlich wurde die Entwicklung der menschlichen Zivilisation jedoch von Erkenntnissen geprägt, die aus erweiterten Bewusstseinszuständen durch mystische Zustände von Propheten, aus der Kunst und aus spirituellen Praktiken gewonnen wurden – obwohl die Geschichte dieser Praktiken in vielen Teilen der Welt ausgelöscht und ihre Methoden in Vergessenheit geraten sind. Anstatt nur Anleihen bei anderen Kulturen zu machen oder sie zu kopieren, können wir uns von noch lebendigen Traditionen inspirieren lassen, um in die Ahnenreihen unserer eigenen Herkunft zurückzureichen und zu sehen, was wir finden können.

Mit dem Aufkommen der westlichen Psychologie und Psychiatrie im 19. Jahrhundert begannen Psychologen und andere Wissenschaftler wieder, sich mit erweiterten Bewusstseinszuständen zu beschäftigen. William James, der als Vater der amerikanischen Psychologie gilt, war dafür bekannt, mit verschiedenen bewusstseinserweiternden Substanzen zu experimentieren, und beschäftigte sich unter anderem mit der Erforschung »mystischer Zustände«.[23] In den 1960er Jahren führte der Psychologe Abraham Maslow den Begriff »Gipfelerfahrung« ein, der die religiösen Untertöne beseitigte und darauf hindeutete, dass jede Person Zugang zu diesen transzendenten, egolosen, Ehrfurcht gebietenden Zuständen haben könne.[24] In den späten 1960er Jahren prägte Maslow zusammen mit Stanislav Grof und Anthony Sutich den Begriff »Transpersonale Psychologie«, der eine Disziplin vorschlug, die jene Zustände und Erfahrungen einbeziehen sollte, die jenseits der quantifizierbaren Realität unserer Biologie und Biografie existieren.[25] Die transpersonale Psychologie schöpft aus der Traumarbeit, interkulturellen Mythen und Archetypen, östlichen Weisheitspraktiken und indigenen Heiltraditionen.

Heutzutage ist es einfach, unzählige Bücher, Websites und Kurse zu Yoga, Meditation, Hypnotherapie, schamanischen Praktiken oder geführter Imagination zu finden. Stress und Anspannung wurden als Ursache vieler Krankheiten erkannt, und die Menschen sind immer mehr bereit, neue und alte Heilmethoden zu erforschen, auf der Suche nach Linderung von unangenehmen Symptomen. Entspannungs- und Heilpraktiken sind so gefragt, dass sie inzwischen einen eigenen Wirtschaftszweig haben: die Wellness-Branche.

Es mag an dieser Bereitschaft liegen, dass die moderne Psychologie und Psychiatrie seit Anfang der 1990er Jahre ein weit verbreitetes Wiederaufleben des Interesses am Heilungspotenzial erweiterter Bewusstseinszustände erlebt, die durch psychedelische Medikamente erreicht werden, nachdem diese nach den 1960er Jahren jahrzehntelang verboten waren.

Die medizinische Forschung wurde nach einer langen Unterbrechung wieder aufgegriffen, viele große Universitäten untersuchen die Nützlichkeit von Psilocybin-Pilzen, MDMA, Ketamin und anderen Verbindungen zur Behandlung von Angstzuständen, Depressionen, Sucht und posttraumatischer Belastungsstörung sowie die Frage, wie diese Medikamente Menschen mit Sozialphobie unterstützen können.[26] Es wurden auch Untersuchungen mit gesunden Freiwilligen, Meditierenden und Geistlichen durchgeführt, um zu erforschen, wie durch Psilocybin hervorgerufene mystische Zustände die Qualität von Beziehungen, die Kreativität und die spirituelle Praxis verbessern.[27] Es ist eindeutig, wie sehr das Interesse gestiegen ist, wenn man bedenkt, dass die Multidisciplinary Association for Psychedelic Studies (MAPS) 2017 über 3.000 Menschen zu ihrer Jahreskonferenz nach San Francisco lockte. Auch andere Organisationen, die sich für den therapeutischen Nutzen psychedelischer Substanzen und deren Legalisierung interessieren, führen Forschungen durch, während in immer mehr Artikeln, Studien und Büchern über das heilende Potenzial psychedelischer Verbindungen und entheogener Pflanzenarzneimittel berichtet wird.[28]

Wie verändern diese Methoden also das Bewusstsein und aktivieren die Heilung? Wie oben beschrieben, beginnen die Veränderungen damit, dass der Körper aus seiner normalen Homöostase gebracht wird. Psychedelika und entheogene Pflanzenheilmittel können diese Veränderungen schnell und direkt einleiten. MDMA erhöht die Aktivität von Serotonin, Dopamin und Noradrenalin im Gehirn und verringert nachweislich die Aktivität in der Amygdala, der Gehirnregion, die mit Angst und der physiologischen Verarbeitung traumatischer Erinnerungen in Verbindung gebracht wird.[29] Psychoaktive Pilze enthalten Psilocybin, das im Körper in Psilocin umgewandelt wird und an Serotoninrezeptoren bindet, was wiederum den Dopaminspiegel erhöht.[30] Ayahuasca enthält DMT, das Psilocin strukturell ähnelt und sich ebenfalls an Serotonin- und Dopaminrezeptoren im Gehirn bindet. Bildgebende Verfahren des Gehirns haben gezeigt, dass sowohl Psilocin als auch DMT die Kommunikation zwischen Gehirnregionen erleichtern, die normalerweise nicht miteinander kommunizieren, und die Aktivität in der Region des Default-Mode-Network (Ruhezustandsnetzwerk) des Gehirns dämpfen[31] (Psilocin und Psilocybin sind DMT-Derivate, nämlich 4-Hydroxy-DMT und 4-Phosphoryloxy-DMT). Dies ist eine Gehirnregion, von der angenommen wird, dass sie das Gefühl eines getrennten Selbst aufrechterhält, und eine Region, die, wenn sie übermäßig aktiv ist, mit Depressionen, Grübeleien und zwanghaften Denkmustern in Verbindung gebracht wird. Wenn die Aktivität im Default-Mode-Netzwerk reduziert wird, berichten viele Menschen von einem verminderten Gefühl der abgetrennten Ich-Identität und einem verstärkten Gefühl der Einheit mit ihrer Umgebung. Sie berichten von neuen Erkenntnissen, einer Fähigkeit, bisher nicht wahrgenommene Zusammenhänge zu erkennen, und einem besseren Zugang zu emotionalen Urzuständen und Erinnerungen, ohne die übliche Tendenz, diese zu analysieren.

Techniken, die keine Psychopharmaka einschließen, funktionieren ähnlich. Meditationspraktiken beinhalten in der Regel eine Verlangsamung der Atmung, was die

Herzfrequenz verlangsamt und die Gehirnaktivität und die Biochemie im Körper beeinflusst. Gehirnscans bei erfahrenen Meditierenden zeigten auch eine verringerte Aktivität des Default-Mode-Netzwerks; gleichzeitig verdeutlichten sie ein erhöhtes Wachstum im Hippocampus, dem Lern- und Gedächtniszentrum des Gehirns, sowie ein verringertes Gehirnzellvolumen in der Amygdala, dem Teil des Gehirns, der mit der Angstreaktion Kampf, Flucht oder Erstarrung verbunden ist.[32] Das Trommeln wurde untersucht, und es wurde nachgewiesen, dass es die Gehirnchemie verändert, indem Adrenalin freigesetzt, der Blutzuckerspiegel gesenkt und Adrenochrom ausgeschüttet wird. Dabei werden Endorphine freigesetzt, wodurch die Alphawellen im Gehirn verstärkt werden und eine synchrone Gehirnaktivität induziert wird, bei der die Gehirnströme in einen synchronisierten Rhythmus übergehen.[33] Dies kann einen völlig anderen Bewusstseinszustand auslösen, der von visionären Erfahrungen geprägt ist. Visionssuchen mit geringer Nahrungs- und Flüssigkeitszufuhr, Schwitzhütten, bei denen die Körpertemperatur erhöht wird, Tanzen und Sport haben alle ihre ganz eigenen Auswirkungen auf Körper und Gehirn. Viele Sportler berichten von Zuständen des völligen Aufgehens in der Tätigkeit und von Gipfelerlebnissen, wenn sie sich ganz ihrem Sport hingeben.[34]

Obwohl erweiterte Bewusstseinszustände oft durch körperliche Übungen erreicht werden, sind diejenigen, die sie erleben, in der Lage, die normalen Einschränkungen des Körpers und die gewohnheitsmäßigen Muster des Egos zu transzendieren. Obwohl es schwierig ist, dies wissenschaftlich zu messen, berichten viele Menschen von einem Gefühl der Verschmelzung mit etwas Größerem als sich selbst und der Begegnung mit Aspekten ihrer selbst, die über ihre normale Identität hinausgehen.[35] Viele berichten, dass sie sich über ihre menschliche Konditionierung und sogar über ihre derzeitige menschliche Inkarnation hinaus erweitern. Aus psychologischer Sicht könnten wir sagen, dass diese Techniken die Tür zwischen den bewussten und unbewussten Dimensionen der Psyche öffnen. Viele naturverbundene Kulturen setzen die Erweiterung des Bewusstseins mit dem Anheben des Schleiers zwischen der menschlichen und der spirituellen Welt gleich. Sie sagen, dass wir durch die Wiederverbindung mit der ewigen, formlosen Dimension unserer Identität in der Lage sind, zu heilen und den ursprünglichen Zweck und die Weisheit unserer Seele zu erkennen.

Im Laufe der Jahre, in denen ich Klienten bei der Erkundung erweiterter Bewusstseinszustände begleitet habe, und durch meine persönlichen Erfahrungen habe ich untersucht, wie solche Zustände aus psychologischer Sicht Heilungsprozesse einleiten. Wenn sich körperliche Spannungen und die entsprechenden psychologischen Abwehrmechanismen zu lösen beginnen, geschieht oft als Erstes, dass wir Angst oder sogar Schrecken verspüren, insbesondere wenn wir mit diesem Erfahrungsbereich noch nicht vertraut sind. Es entsteht ein Gefühl des Zusammenziehens und eine ursprüngliche Sorge um unsere Sicherheit. Unsere Schichten sorgfältig entwickelter Verteidigungsstrategien, die unser physisches und psychisches Überleben gesichert haben (d. h. unsere Ich-Struktur), beginnen sich aufzulösen. Diese Selbstschutzschichten und die damit verbundene Angst sind ausgesprochen intelligent. Sie dienen einem überaus wichtigen Zweck, nämlich der Bewältigung und Organisation des Zustroms äußerer Informationen und der Reaktion auf eine Weise, die unsere größtmögliche Sicherheit und unser Wohlbefinden gewährleistet. Diese Strategien haben sich als Reaktion auf die spezifischen physischen und sozialen Umstände unserer Kindheit und unseres Erwachsenenlebens entwickelt.

Erweiterte Bewusstseinszustände verstärken tief verwurzelte Muster und Spannungen, und ihre Auswirkungen sind vergleichbar mit einem Vergrößerungsglas, das auf die eigene Innenwelt gerichtet wird. In diesem Sinne hat Stanislav Grof Psychedelika als Verstärker der Psyche bezeichnet.[36] Aufgrund dieses Verstärkungseffekts wird der Reisende in engen Kontakt mit der Gesamtrealität des Augenblicks gebracht. Wenn sich der Körper entspannt, tun dies auch der Geist und die abschweifenden Gedanken. Die normalerweise gefilterten sensorischen Tore öffnen sich, und es gelangen mehr Informationen in das Wahrnehmungsfeld des Bewusstseins. Wenn sich diese Filter auflösen, sind wir in der Lage, Muster zu verstehen und Zusammenhänge zu erkennen, die zuvor unsichtbar waren. Was normalerweise unbewusst ist, beginnt in das Bewusstsein zu strömen.

Unterdrückte Emotionen oder längst vergessene Erinnerungen können an die Oberfläche kommen. Trauer und Traurigkeit oder überwältigende Liebe und Mitgefühl können aufkommen, manchmal direkt nacheinander. Tiefgreifende Einsichten, Visionen und intensive körperliche Ausdrucksformen können sich zeigen. Während dieser inneren Entfaltung können wir die Symbole, Bilder, Visionen und Archetypen wahrnehmen, die in unserem Unterbewusstsein leben. Eine faszinierende Eigenschaft dieses Prozesses ist, dass verschiedene Ebenen der Einsicht gleichzeitig auftreten können. Während der Körper sich des Zustands seiner Gewebe, Muskeln, Gelenke, Knochen und Flüssigkeiten bewusst wird und verfestigte Energie anfängt zu schmelzen, beginnen wir, die Verbindungen zwischen den viszeralen Schichten und den komplexeren psychologischen Dimensionen unseres Bewusstseins wahrzunehmen.

Wir können nachvollziehen, wie unsere Schutzstrategien aus unseren Glaubenssystemen und unseren verdrängten Wunden entstanden sind. Wir können mit unserer Scham in Kontakt treten. Wir können Wunden unverfälscht erleben, ihre Ursachen verstehen und sie als das sehen, was sie wirklich sind. Vielleicht rühren sie daher, dass wir uns ungesehen, ungeliebt oder von anderen getrennt fühlen. Wenn wir unsere ursprüngliche Verwundung aus der Perspektive eines Erwachsenen betrachten, können wir nachempfinden, was unser jüngeres Selbst durchgemacht hat, und die komplexen Strategien verstehen, die wir entwickelt haben, um zu überleben. Die direkten Erfahrungen von zuvor unbewussten Erinnerungen, Gedanken, Spannungen und Emotionen dringen in unser Bewusstsein ein und geben uns die Möglichkeit, sie zu verarbeiten und in die Gesamtstruktur unserer Psyche und unseres Lebens zu integrieren.

In diesem entspannten Zustand sind Körper und Geist frei, ihrem innersten Drang zu folgen: dem Streben nach Ganzheit und Harmonie. Die Lösung innerer Konflikte ist möglich, wenn man einen Zustand erreicht, der mehr Energieressourcen bietet als der, in dem ein Konflikt oder ein Spannungsmuster entstanden sind. Tritt eine Person in einen erweiterten Bewusstseinszustand ein – sei es durch den Konsum einer entheogenen Pflanzenmedizin, eine Trommelreise, ein Meditationsretreat oder eine andere Methode – offenbart sich meiner Meinung nach ihr größtes Ungleichgewicht. Die Psyche strebt wie alle natürlichen und ungezähmten Dinge nach Ausgeglichenheit, und wenn man ihr Aufmerksamkeit schenkt und ihr zuhört, wird sie auf intelligente Weise kommunizieren und sich auf das zubewegen, was sie braucht, um das höchstmögliche Maß an Gesundheit wiederherzustellen.

In den letzten dreißig Jahren hat die Psychologie dem Thema Trauma gebührende Aufmerksamkeit geschenkt. Körperlicher, emotionaler und sexueller Missbrauch sind zu zentralen Themen geworden, die sowohl in der Privatsphäre der psychotherapeutischen Praxis als auch auf der öffentlichen Bühne thematisiert werden. Zahlreiche Bücher, Zeugenaussagen und Interviews haben von den schrecklichen Tragödien berichtet, die Kinder, Männer und Frauen durch Vergewaltigung, Kriegsgewalt, den Tod geliebter Menschen und häusliche Gewalt erlitten haben. Auch Unfälle und sogar medizinische Eingriffe und Operationen können traumatische Spuren hinterlassen. Nach solchen Ereignissen können bei den Überlebenden Symptome wie Angstzustände, Albträume, eine hohe Anfälligkeit für Schreckreaktionen, Essstörungen oder Suchtverhalten und -abhängigkeiten auftreten. Diese Symptome werden als posttraumatische Belastungsstörung (PTBS) bezeichnet. Es gibt viele Methoden und Ansätze, um diese lebensbeeinträchtigenden PTBS-Symptome zu behandeln, manchmal erfolgreich und manchmal nicht. In den letzten 25 Jahren haben Forschungsarbeiten gezeigt, dass MDMA bei der Behandlung von PTBS nützlich sein kann. Und die Aussicht auf eine Legalisierung der Verabreichung dieser Medizin außerhalb eines Forschungskontextes und unter angemessener Aufsicht ist heute realistischer denn je.[37]

Dabei sollte beachtet werden, dass Menschen mit einem nicht verarbeiteten Trauma einen gut ausgebildeten Therapeuten aufsuchen sollten, um eine bewusste Erkundung des Bewusstseins mit Psychedelika oder anderen wirkungsvollen Methoden durchzuführen: Die Zusammenarbeit mit einem ausgebildeten Therapeuten kann dabei helfen, die Gefahr einer Überforderung zu lindern, der Menschen mit einem nicht verarbeiteten Trauma mit höherer Wahrscheinlichkeit ausgesetzt sind.

Personen, die schon einmal psychotische Episoden hatten oder in der Vergangenheit an einer Psychose oder bipolaren Störung litten, sollten bei der Anwendung von Techniken, die das Bewusstsein erweitern, äußerst vorsichtig sein, insbesondere wenn sie eine psychotrope Substanz einnehmen, die sich auf die Chemie des Gehirns auswirkt. Diese Erfahrungen können zu schwierigen Zuständen führen und sollten vermieden werden. Wenn eine Person entschlossen ist, diesen Weg der Erkundung zu beschreiten, sollte sie dies unter Aufsicht einer medizinischen Fachkraft tun. Techniken wie Kunst, erdverbundene Rituale, Klangheilung oder Meditation wären geeignetere Zugangswege zu außergewöhnlichen Bewusstseinszuständen als irgendeine Methode, die entheogene Medizin beinhaltet.

Ob wir in der Lage sind, ein einigermaßen stabiles Leben zu führen, oder ob unser Leiden so groß ist, dass es eine spezifische Diagnose rechtfertigt – jeder Mensch hat die Fähigkeit zur emotionalen Heilung und zum psychologischen Wachstum, wenn ihm die richtige Unterstützung und die richtigen Bedingungen zuteil werden.

Wenn es noch nicht offensichtlich ist, warum erweiterte Bewusstseinszustände eine so effektive und wirksame Heilmethode sind, lassen Sie mich das etwas näher erläutern. Diese Zustände erweitern unser Bewusstsein für uns selbst auf persönlicher Ebene und ermöglichen es uns, eine tiefere Beziehung zu unserer Geschichte und den vielen Schichten unseres Lebens einzugehen. Diese Erkundung kann uns helfen, unsere Traumata, Wunden aus der Kindheit, Suchtmuster, Beziehungsprobleme, gesundheitliche Ungleichgewichte und psychologische Blockaden sowohl psychologisch als auch physiologisch zu verarbeiten. Als Erwachsene können wir unser inneres Kind, das nicht die dringend benötigte Nahrung erhalten hat, neu erziehen. Doch bevor wir das tun können, müssen wir uns der Wunden und Glaubenssysteme bewusst werden, die daraus resultieren. Wenn wir beispielsweise zwanghaft aktiv sind, ist es wahrscheinlich, dass wir in einem erweiterten Zustand Einsicht in die Gründe für unsere Hyperaktivität gewinnen. Wir haben die Möglichkeit, unsere Muster, unser Vermeidungsverhalten und unsere Überlebensstrategien zu erkennen. Wenn wir uns die Zeit nehmen, uns selbst auf diese tiefere Weise zu betrachten, können wir klarer erkennen, was wir tun und warum. Dann kann Mitgefühl auf natürliche Weise entstehen. So leitet unsere simple, von unserer Intention geleitete Wahrnehmung den Prozess der Befreiung ein. Die Wahrheit kann uns befreien.

Die meisten von uns haben jedoch so viel unverarbeitetes, unbewusstes Material angestaut, dass eine Flut von Inhalten durchbricht, wenn sich die Schleusen öffnen – Erinnerungen, Sinneseindrücke, Gedanken und Emotionen. Ein Teil davon ist unterdrückte Energie, die einfach freigesetzt und aus unserem Nervensystem herausgespült werden muss. Wenn wir uns an einem Ort mit anhaltender Spannung und wenig Bewegung befinden, herrscht im Zentrum fast immer Unruhe. Eine der häufigsten Sorgen, die ich von neuen Klienten höre, ist: »Ich fühle mich festgefahren.« Es ist dieses Fehlen einer fließenden Bewegung, das sie spüren.

Ein Naturgesetz ist die ständige Veränderung. In der Natur bleibt nichts statisch. Fortwährende Bewegung und Zyklen der Veränderung unterliegen allen Lebensformen. Erfahren wir die Bewegung von Energie in unserem Körper, stellt sich unsere Gesundheit wieder her, Blockaden, die unsere Vitalität eingeschränkt haben, lösen sich auf, und der Heilungsprozess wird erheblich beschleunigt. Wenn dieser Rückstand verarbeitet wird, entsteht mehr Raum und Bewegung in unseren physischen, emotionalen und psychischen Schichten. Ein Großteil der aufgestauten Energie oder Spannung, die freigesetzt wird, muss jedoch psychologisch vom Ego verarbeitet werden, sobald es in seinen Normalzustand zurückkehrt, was eine Herausforderung darstellen kann. Es ist wichtig, in diesem Prozess Unterstützung zu haben und sich Zeit und Sorgfalt für die Integrationsphase zu nehmen.

Das vielleicht größte Geschenk, das erweiterte Bewusstseinszustände bieten, ist die Möglichkeit, sich wieder mit dem Aspekt unseres Selbst zu verbinden, der immer schon ganz ist. Jenseits der Wunden und Glaubenssysteme existiert ein ursprüngliches, essentielles Wesen. Dies ist das Selbst, das unversehrt, weise und gesund bleibt, trotz allem, was wir durchgemacht haben. Es ist das unschuldige Selbst, das in die Kindheit eintrat und erwartete, dass die Umgebung sicher und liebevoll ist und dass die Bezugspersonen respektvoll und freundlich sind. Durch unseren Heilungsprozess können uns erweiterte Bewusstseinszustände lehren, Mitgefühl und Liebe für das Kind, das alles durchgemacht hat, zu empfinden und unser gesundes, ursprüngliches Selbst einzuladen, wieder auf das Leben zu vertrauen.

Es stimmt, dass die Selbsterkundung durch eine regelmäßige Psychotherapie sehr lohnend sein kann. Allerdings öffnen erweiterte Bewusstseinszustände die Menschen für eine Ebene tief empfundener und direkter Erfahrungen, die durch eine regelmäßige Therapie nur schwer oder gar nicht erreicht werden können. Meiner Erfahrung nach führt die Heilung, die in erweiterten Bewusstseinszuständen stattfindet, schnell zum Kern des Aufmerksamkeit erfordernden Problems, was sie zu einer äußerst wirksamen Methode macht. Sie ist besonders nützlich bei der Behandlung präverbaler Traumata, die mit Gesprächstherapie kaum zugänglich sind. Allerdings bedeutet dies auch, dass dieser therapeutische Ansatz bei der Nachsorge und Integration ein besonderes Maß an Vorsicht und Aufmerksamkeit erfordert. Der Inhalt unserer Erfahrungen in erweiterten Bewusstseinszuständen weist uns fast immer den Weg zu mehr Ausgeglichenheit. Auch wenn wir nicht immer das bekommen, worum wir bitten, bekommen wir immer das, was wir brauchen.

Manche Menschen mögen argumentieren, dass Heilung durch erweiterte Bewusstseinszustände und insbesondere durch die Verwendung entheogener Pflanzenmedizin eine Abkürzung ist; dass sie die langsame, komplizierte Entfaltung einer psychologischen Erzählung, die eine langfristige Psychotherapie bietet, abkürzt. Ich stimme zu, dass die entmutigende Aufgabe, unser Leiden in der Kindheit akribisch zu durchforsten, um herauszufinden, wer wir sind und warum wir hier sind, die Versuchung mit sich bringt, einen schnelleren Weg zu finden, um inneren Frieden zu erlangen. Wer möchte schon die Angst seines inneren Kindes vor einer gewalttätigen Mutter wieder aufleben lassen oder erneut den Ekel spüren, wenn der eigene Körper auf missbräuchliche Weise berührt wird? Wer möchte sich an den Verlust und den Schmerz erinnern, den die Trennung der Traumfamilie nach einer bitteren Scheidung mit sich bringt? Es ist verständlich, dass niemand zu seinen schmerzhaftesten Erinnerungen zurückkehren möchte, und es ist völlig in Ordnung, wenn jemand seine Grenzen respektiert, solange er das Gefühl hat, dass er das muss.

Paradoxerweise habe ich jedoch die Erfahrung gemacht, dass eine Befreiung von diesen quälenden Erinnerungen möglich ist, wenn man sich ihnen mit Liebe und Mitgefühl erneut nähert. Eine bewusst geführte Reise in einen erweiterten Bewusstseinszustand ist die intensivste und ehrlichste Art und Weise, die Wurzeln des Leidens zu erforschen, die ich bisher gefunden habe. Sie konfrontiert uns mit unseren psychischen Wunden und der Art und Weise, wie sie sich in unserem Körper als Anspannung, Taubheit und Dissoziation äußern. Eine innere Reise umfasst die vielschichtige Erfahrung unseres menschlichen Lebens. Wir können die unentdeckten Winkel unserer Psyche auf eine Weise erreichen, die von anderen therapeutischen Methoden unübertroffen bleibt. Vielleicht ist es eine Abkürzung, aber wenn wir so sehr leiden, dass es uns daran hindert, ein gesundes, glückliches Leben zu führen, was ist dann falsch an einem schnelleren und effizienteren Weg zur Heilung?

Ein weiteres Argument gegen entheogenunterstützte Reisearbeit bezieht sich auf ihre spirituelle Komponente und wird als spirituelles Umgehen bezeichnet.[38] Ein Gefühl der Einheit mit dem Universum kann vorübergehend Vorrang vor negativen oder unangenehmen Emotionen haben, doch sobald das Gefühl nachlässt, kehrt die Person in ihren vorherigen Zustand zurück. Um das Gefühl von Unbehagen, Langeweile oder Verzweiflung zu vermeiden, versuchen wir vielleicht, es durch intensivere Zustände zu »umgehen«. Ich bin jedoch der Meinung, dass es vorteilhaft ist, eine spirituelle Dimension in unsere Heilung einzubeziehen. Die lang vertretene Ansicht, dass wir nur eine Ansammlung verwirrter emotionaler Prozesse sind, ist weder hilfreich noch zutreffend.

Die Verbindung mit einer spirituellen Dimension transpersonaler Natur bedeutet nicht unbedingt, dass wir uns weigern, uns unserer psychologischen Realität zu stellen. Sie kann verzweifelten Menschen, die sich darauf vorbereiten, herausfordernde Erinnerungen oder Erfahrungen zu verarbeiten, tatsächlich einen Hoffnungsschimmer bieten. Natürlich ist es wichtig, nach der Verbindung mit der Quelle des Spirituellen oder Transpersonalen auf gesunde und integrierte Weise zum Persönlichen zurückzukehren.

Ich möchte betonen, dass man nicht unbedingt eine psychotrope Substanz einnehmen muss, um einen erweiterten Bewusstseinszustand zu erreichen. Es gibt eine Vielzahl von Techniken, die auf tiefliegende Schichten der Psyche zugreifen, lang anhaltende körperliche Spannungen lösen und jemanden für eine tiefgreifende spirituelle Erfahrung öffnen können. Das heißt, innerhalb der Vielzahl von Techniken, die zur Bewusstseinserweiterung dienen, entspricht die Tiefe, auf die zugegriffen wird, direkt der gewählten Technik.

Für jemanden, der gerade erst beginnt, sich auf diese Weise zu erkunden, könnte ein Seminar in intuitiver Malerei oder ein eintägiges Meditationsretreat eine angemessene Einführung in seine innere Welt sein. Andere Menschen, die mit Erfahrungen der inneren Erkundung vertrauter sind und sich damit wohler fühlen, könnten von einem eintägigen Aufenthalt in einer Schwitzhütte[39], oder einem einwöchigen Tanzretreat profitieren.[40] Für diejenigen, die bereit sind, in die Weiten ihres Unbewussten einzutauchen (vorausgesetzt, sie haben Zugang zu angemessener Anleitung und Unterstützung), kann eine innere Reise, die durch eine psychotrope Pflanzenmedizin unterstützt wird, in tiefere Schichten ihres Unbewussten und möglicherweise an einen Ort der Transformation führen.

Indem wir unsere unmittelbaren Umstände heilen und mehr Leichtigkeit in unser Leben bringen, üben wir direkten Einfluss auf zukünftige Generationen aus. Unser Gleichgewicht und unsere Gesundheit werden sich erheblich auf unsere Kinder und Enkel auswirken. Etwas weiterzugeben ist naheliegend, aber etwas zurückzugeben ist schwieriger zu verstehen. In erweiterten Bewusstseinszuständen haben viele Menschen jedoch die Erfahrung gemacht, zu ihren Vorfahren oder verstorbenen Verwandten zurückzureisen, um Heilung anzubieten. Diese Erfahrungen können uns dazu bringen, die Linearität der Zeit in Frage zu stellen. Auf der grundlegendsten Ebene kann uns die Bereitschaft, die inneren Welten in unserem Bewusstsein zu erforschen, Heilung bringen. Es geht nicht so sehr darum, was wir sehen werden oder ob wir unsere Probleme vollständig lösen werden; es geht darum, dass wir bereit sind, in uns hineinzuschauen und den Kontakt zu den zahlreichen Dimensionen, die wir in uns tragen, wiederherzustellen. Der Mut, nach innen zu gehen und tiefer in uns hineinzuschauen, ist unsere Befreiung. Erlösung finden wir auf der Reise, nicht am Ziel. Der Mut, den wir aufbringen, um uns der Angst vor unserer Unermesslichkeit zu stellen, ist es, der uns befreit. Wir haben nie die Garantie, dass wir »irgendwo ankommen«, aber wir versuchen, für uns selbst da zu sein, und das ist es oft, was uns heilt.

Mein Lehrer Pablo pflegte zu sagen, dass es im Leben zwei entscheidende Ängste gibt: die Angst vor dem Wahnsinn und die Angst vor dem Tod. Dies sind die beiden Hauptängste, mit denen wir konfrontiert sind, wenn wir uns den inneren Schichten unserer Psyche zuwenden, insbesondere bei Erkundungen, zu denen auch die Einnahme psychedelischer Substanzen gehört. Wir alle haben Angst, die Kontrolle zu verlieren und verrückt zu werden oder in einen riesigen unbekannten Raum einzutreten und einfach aufzuhören zu existieren. Er pflegte zu sagen, dass die beiden Tugenden, die wir beim Betreten unserer unendlichen inneren Welt beibehalten sollten, Vertrauen und Hingabe sind. Wenn wir den in unserem Wesen vorhandenen Mut erfahren wollen, müssen wir uns mit der Angst auseinandersetzen, der wir bei der Annäherung an das Unbekannte begegnen. Selbst wenn wir das Glück haben, mit einem inneren Raum des Friedens in Kontakt zu treten, baut sich die gewohnte Ego-Struktur mit ihren Kontrollstrategien und Schutzmechanismen wieder auf, selbst nach Erfahrungen außergewöhnlicher Öffnung. Ich glaube, es gibt keine einfache Lösung, außer nach innen zu gehen und sich dieser Angst immer wieder zu stellen. Indem wir den Mut kultivieren, uns selbst zu begegnen, werden wir befreit.

Erweiterte Bewusstseinszustände lehren uns, uns hinzugeben – denn unabhängig von der gewählten Methode werden unsere normalen Abwehr-, Selbstschutz- und Kontrollmechanismen dazu angeregt, sich zu entspannen. Wenn die angewandte Technik die Einnahme heiliger Medizin beinhaltet, wird sie uns unweigerlich in einen Zustand der Hingabe versetzen. Es ist schwierig, ihrer Wirkung auf unsere Physiologie zu widerstehen. Wir können uns der Erfahrung widersetzen und ihr widerstehen oder uns ihr hingeben. Hingabe bedeutet nicht, passiv dazuliegen und aufzugeben oder sich zu ergeben. Hingabe ist eine Kombination aus aktiver Empfänglichkeit und Neugier für alles, was auftaucht. Akzeptanz bedeutet nicht, dass uns das, was auftaucht, gefallen muss, aber es bedeutet, dass wir uns damit auseinandersetzen.

Es gibt unendlich viele Ebenen der Hingabe. Sich dem Leben hinzugeben bedeutet, das Leben zu akzeptieren, egal was es bringt – Freude, Trauer, Ekstase oder Schmerz. Schmerz wird zu Leid, wenn er keinen Sinn ergibt. Wenn wir herausfinden, warum wir Schmerzen haben und was der Sinn dahinter ist, hört es auf, Leid zu sein. Wenn eine Mutter ein Kind zur Welt bringt, ist das mit immensen Schmerzen verbunden, aber sie weiß, warum sie das tut, sodass es kein sinnloses Leiden ist. Es gibt einen Zweck, der ihre Beziehung dazu verändert. Schmerz ist per Definition unangenehm. Er ist nicht angenehm. Wir leben in einer Kultur, in der uns gesagt wird, dass wir immer fröhlich und zufrieden sein sollen, doch das entspricht nicht der Realität des Lebens. Hingabe bedeutet, dass wir uns unabhängig von der Qualität unserer Erfahrung darauf einlassen. Wir lassen unsere Erwartungen los und öffnen uns dem gegenwärtigen Moment, was auch immer er bringen mag. Wir gehen ins Unbekannte, ohne an das Ergebnis gebunden zu sein.

Jedes Mal, wenn wir uns ergeben, sehen wir, dass wir genau das bekommen, was wir brauchen. Wir beginnen zu verstehen, dass unsere persönlichen Zwangslagen möglicherweise unsere intelligente Mitschöpfung sind. Wir erkennen, wie unser Unterbewusstsein Heilung und Ganzheit sucht, indem es Situationen schafft, die uns zum Wachsen antreiben. Wir beginnen, die höchste Vollkommenheit unseres Lebensweges zu erkennen und dass ein geheimnisvoller Plan dahintersteckt. Wir glauben vielleicht nicht, dass es eine göttliche Instanz gibt, die uns führt, aber wir können erkennen, dass es offenbar eine Intelligenz und Güte in der Entfaltung unseres Lebens gibt. Durch das Praktizieren von Hingabe beginnen wir, Vertrauen in den Moment und in das Unbekannte zu entwickeln.

Manche Menschen werden mit Vertrauen geboren oder dazu erzogen, Vertrauen zu haben. Wenn dies der Fall ist, können wir zu unserem spezifischen Gott oder zu dem, woran wir glauben, beten. Vertrauen kann eine aktive Hingabe an eine größere spirituelle Dimension sein oder ein tiefes Wissen, dass sich unsere Intention in unserer Heilung entfalten wird. Vertrauen kann einfach der Glaube an die Güte oder Intelligenz des Lebens sein. Wenn ein Klient einen Ritualleiter aufsucht, um durch erweiterte Bewusstseinszustände Heilung zu erfahren, kann er Vertrauen in den Prozess haben oder auch nicht. Ein Teil der Aufgabe des Ritualleiters besteht darin, Vertrauen zu schaffen, indem er sich an seine eigene Gewissheit über das Heilungspotenzial der Arbeit erinnert. Durch die verbale und energetische Vermittlung dieses Vertrauensgefühls hält er das Licht, das der Klient möglicherweise noch nicht sehen kann. Es ist hilfreich, ein gewisses Grundvertrauen zu entwickeln, bevor man sich auf einen Prozess einlässt, der schweres psychologisches Material aufwerfen kann. Eine Praxis der Stille oder des Gebets und die Fähigkeit, um Unterstützung zu bitten, sind für den Heilungsprozess von zentraler Bedeutung.

Glücklicherweise ist Vertrauen etwas, zu dem wir ganz natürlich gelangen, wenn wir uns immer wieder hingeben. Wenn wir eine schwierige Erfahrung durchmachen und sie überstehen, beginnen wir zu lernen, dass es etwas in uns gibt, das selbst die schwierigsten Situationen aushalten kann. Selbst wenn wir das Gefühl haben, in unserem Leben festzustecken, wissen wir jetzt, dass es immer noch Bewegung und Wachstum, Lernen und Verstehen gibt. Selbst wenn wir immer noch durcheinander sind, haben wir die Gewissheit, dass wir uns im Prozess der Weiterentwicklung befinden. Etwas in uns weiß es und spürt es. Es kann drei Monate oder drei Jahre harter Arbeit dauern, aber irgendwann bewegen sich die Dinge mit Intention und Gewahrsein. Je mehr wir uns auf unserem Heilungsweg in Geduld üben und Vertrauen kultivieren, desto mehr kultivieren wir es in unserem Leben.

Das Unbekannte zu erforschen ist nicht immer einfach oder beglückend. Schamanische Initiationen und Übergangsrituale, bei denen die Initianden in erweiterte Bewusstseinszustände versetzt werden, sind nicht dazu geschaffen, einfach zu sein. Um einen Menschen in einen Krieger zu verwandeln, bedarf es einer Heldenreise, die eine mühsame Vorbereitung, die Bewältigung von Angst und absoluter Dunkelheit, die Auflösung der Realität, die geheimnisvolle und schwer fassbare Rückkehr, die langsame Wiedereingliederung und das Wiedererwachen zu einer neu transformierten Existenz umfasst.

Menschen, die zu mir kommen, um mit mir zu arbeiten, erkläre ich: »Bei dieser Arbeit geht es nicht darum, glücklich zu sein, sondern darum, ganz zu sein. Es kann schwierig und intensiv sein, aber letztendlich bringt es Erfüllung.«

Traditionell werden Techniken für den Zugang zu erweiterten Bewusstseinszuständen von ausgebildeten Ritualleitern in ihren Gemeinschaften praktiziert oder vermittelt. Indigene Kulturen kennen das Ausmaß dessen, was in diesen Zuständen erreicht werden kann, und sie respektieren die Rolle des Ritualleiters als Vermittler für die Gemeinschaft. Da diese rituellen Praktiken in unserer Kultur wiederbelebt werden, ist es unerlässlich, sich daran zu erinnern, dass die Anwesenheit eines ausgebildeten Ritualleiters für die sichere und wirksame Erkundung erweiterter Bewusstseinszustände von entscheidender Bedeutung ist. Mit einem geschickten und gut unterstützten Ansatz für diese transformativen Heilungszustände des Bewusstseins können wir uns sicher auf unsere einzigartige Bestimmung und unseren Weg zu Heilung und Ganzheit einstimmen. Erweiterte Bewusstseinszustände bergen ein beeindruckendes Heilungspotenzial, doch es ist der Ritualleiter, der uns ermutigt, uns auf dem Weg hält und uns zu Hause willkommen heißt.

2

GEBURTSHILFE FÜR DIE SEELE

Die Rolle des Ritualleiters

—

Wer ohne Führer reist, braucht für eine zweitägige Reise zweihundert Jahre.
RUMI[1]

Macario geht vor mir, Feliciano hinter mir. Sie haben ihre Macheten in der Hand und ihre grün-blau gewebten Taschen auf dem Rücken festgeschnallt. Sie tragen rote Plastik-Flip-Flops. Wir sind von dichtem Dschungel umgeben, in dem es von Insekten summt. Die schwere Feuchtigkeit in der Luft ist erdrückend und riecht nach nasser Erde und Blättern. Wir gehen schweigend.

Ich befinde mich in einer abgelegenen Region des Amazonas, außerhalb einer kleinen Ansammlung von Hütten. Die nächste Stadt ist zwei Tagesfahrten mit einem Einbaum entfernt. Ungefähr jedes Jahr reise ich hierher, aus reiner Freude, bei meinen Freunden, den Mosetén des bolivianischen Dschungels, zu sein. Wir pflücken Açaí-Nüsse, sammeln Palmen für die Hühnerställe, fädeln Samen für unsere Halsketten auf und kochen Fisch, den wir mit Pfeil und Bogen gefangen haben. Wenn wir im Dschungel wandern, bahnt Macario mit seiner Machete den Weg und achtet dabei auf Gefahren, Tierspuren, Ameisenstraßen oder Schlangen in den Bäumen. Feliciano behält »seinen Rücken im Auge«, wie er sagt.

Macario bleibt plötzlich stehen, schaut auf den Boden und lauscht. Ich bleibe hinter ihm stehen. Er deutet nach links und sagt: »Hundert Wildschweine, eine Minute entfernt.« Woher weiß er das? Er erklärt: »In dieser Richtung singen keine Vögel. Der Boden ist zertrampelt, du siehst, wie die Blätter verbogen sind. Hier sind die Spuren.« Er zeigt auf den zerwühlten Boden, obwohl ich nichts sehe. Er weiß, wo die Wildschweine waren und wohin sie gehen. Wildschweine sind groß, und wenn hundert von ihnen auf einen zustürmen, ist man in ernsthaften Schwierigkeiten. Ich bin dankbar, dass Macario mich durch die unvorhersehbaren Pfade des Dschungels führt.

Ein Ritualleiter ist jemand, der vorausgeht und das Gebiet kennt und sich der potenziellen Gefahren des Geländes bewusst ist. Wie der Dschungel ist auch unser Inneres eine Umgebung voll wunderschöner Vielschichtigkeit. In vielen Kulturen werden Rituale, die erweiterte Bewusstseinszustände für Transformation und Heilung hervorrufen, von einem Ritualleiter geführt. Ein kompetenter Ritualleiter ist in bestimmten Techniken geschult, mit denen die Erfahrung der inneren Erkundung unterstützt wird. Wenn wir eine afrikanische Gemeinschaft besuchen, um an einem mehrtägigen Trancetanz teilzunehmen, gibt es jemanden, der den Rhythmus vorgibt und uns in Trance trommelt. Wenn wir uns auf eine Visionssuche begeben, hilft uns ein Ritualleiter, uns mit Gebeten, Fasten und einer Schwitzhütte auf die Erfahrung vorzubereiten. Der Ritualleiter bleibt dann während der gesamten Suche beim heiligen Feuer und verkündet den Zeitpunkt der Rückkehr, wenn die Zeit der Einsamkeit abgeschlossen ist. Der Ritualleiter hilft uns, unser Fasten mit Wasser und rituellen Speisen zu brechen, und unterstützt uns bei der Interpretation der von uns gemachten Erfahrung.

Ein Ritualleiter, der Menschen in erweiterte Bewusstseinszustände begleitet, wurde von früher Jugend an ausgebildet und hat viele Jahre in der Lehre unter der Aufsicht eines Lehrers verbracht. Traditionell darf nur jemand, der die Fähigkeit entwickelt hat, diese Zustände zu navigieren, und der sein Bekenntnis zu diesem Prozess unter Beweis gestellt hat, andere durch komplexe Heilungsrituale führen. Manchmal wird dieser Ritualleiter als *Schamane* bezeichnet. Das Wort stammt aus Sibirien und bedeutet »Der Wissende«.[2] Der Begriff steht für eine Medizinperson mit Macht, Führungskraft in der Gemeinschaft und Geheimnis. Schamanen nutzen traditionell erweiterte Bewusstseinszustände, um sich mit anderen Wesen und Realitätsebenen zu verbinden. Auf diese Weise übermitteln sie Heilung und bringen Einsichten und Führung für Einzelpersonen oder die Gemeinschaft im Allgemeinen zurück. Heutzutage wird das Wort »Schamane« von der neo-schamanistischen Bewegung verwendet und trägt die Last des Kolonialismus mit sich.

Die neoschamanische Bewegung beansprucht die Verfolgung eines Ansatzes, der von uralten, erdverbundenen Weisheiten inspiriert ist, während sie von Personen angeführt wird, die keine Ureinwohner sind und in keiner dauerhaften wechselseitigen Beziehung zu einer echten indigenen Abstammungslinie stehen. Dies zeigt sich in Schwitzhütten, Ayahuasca-Ritualen, Pilzritualen und Ritualen verschiedener Art der Ureinwohner Amerikas, die von Menschen mit begrenztem Wissen oder Erfahrung geleitet werden. Diejenigen, die tatsächlich mit einer lebendigen Tradition verbunden sind, lernen schon früh, dass wir die uns geschenkten Gaben nur im Austausch und in Anerkennung weitergeben können. Es ist unerlässlich, die Reihe der Ahnen, die ihre Praktiken weitergeben, zu ehren und ihnen tiefe Dankbarkeit zu erweisen. Als Praktizierende danken wir den Menschen, von denen wir gelernt haben, und verfolgen unsere Reihe von Lehrern so weit wie möglich zurück, ebenso wie den Ländern, von denen sie inspiriert wurden. Es ist wichtig, eine Verbindung zum Ursprungsort der Tradition, der wir folgen wollen, zu pflegen, indem wir den Menschen in dieser Region etwas zurückgeben, indem wir die Gesundheitsversorgung, den Schutz des Landes und die Bildung der Kinder unterstützen oder zu nachhaltigen Projekten beitragen, die von der regionalen Bevölkerung organisiert werden. Andernfalls beuten wir eine Tradition zum persönlichen Vorteil aus, ohne eingeladen zu werden oder etwas zurückzugeben, was zu einer Form der kulturellen Zweckentfremdung wird.

Ich setze mich vorrangig für die Bildung von Kindern ein, finanziere medizinische Versorgung und kaufe Kunsthandwerk von den Menschen, die ich besuche oder mit denen ich lerne. Wenn ich Gruppen nach Huautla de Jiménez bringe, achte ich darauf, die regionale Wirtschaft zu unterstützen, indem ich Fahrer, Köche und Reiseführer engagiere, die ihrerseits ihr tägliches Leben in Würde und mit den nötigen Mitteln bestreiten können.

Leider gibt es in der Neo-Schamanismus-Subkultur viele Menschen, die den kulturellen Ursprung des Schamanismus nicht kennen und sich selbst als »Schamanen« bezeichnen. Es ist schwierig, sich in einer bestimmten Tradition als Schamane zu bezeichnen, wenn man nicht in dieser Tradition aufgewachsen ist. Es findet eine Übertragung statt, wenn ein junger Mensch in einer Kultur aufwächst, eingebettet in ihre einzigartige Kosmologie, ihre Rituale und Feste. Man kann spirituell adoptiert werden, wie es bei mir der Fall war, aber ich wäre nie so überheblich zu sagen, ich sei eine vollwertige Schamanin oder Curandera der Mazatec-Tradition. Selbst nachdem ich zwanzig Jahre lang in diese Tradition eingetaucht bin und Zeit mit den Menschen und in dem Land verbracht habe, ist mir der Dialekt immer noch fremd; es gibt Bräuche, die ich nicht verstehe, und viele Umgangsformen der Menschen bleiben mir ein Rätsel.

Andere Bezeichnungen für jemanden, der in der Reisearbeit ausgebildet ist, sind Ritualleiter, Heiler, Arzt, Priester oder Lehrer. Jede Kultur hat einen Titel für jemanden, der diese Arbeit verrichtet, die körperliche Heilung und ärztliche Behandlung mit Hilfe von Pflanzen, Mineralien, Tier- oder Geistführern, Musik, spirituelle Lehre oder Gebet und die Arbeit mit den Ahnen, Elementen oder der Erde umfassen kann.

In der modernen industrialisierten Welt kommt die Rolle eines Schamanen oder einer Curandera am ehesten einem Psychotherapeuten oder Berater zu. Die Aufgabe des Therapeuten besteht darin, die innere Transformation seines Klienten zu fördern und zu unterstützen. Der Therapeut verbindet psychologisches Verständnis mit persönlichem Wachstum. Wenn ein Klient zu mir kommt, klagt er meistens über Schmerzen, Verwirrtheit, ein ungelöstes Trauma oder emotionale Abstumpfung und sucht Heilung und Unterstützung.

In meiner Heilpraxis verbinde ich die Rolle eines Beraters mit dem Ansatz einer Curandera. Meine Ausbildung in somatischer Psychologie hilft mir zu verstehen, wie unser physischer Körper Emotionen speichert, wie er Spannungssymptome ausdrückt und wie unsere körperliche Erfahrung ein Weg zur Heilung sein kann. Die Psychologie verfügt über ein Vokabular, theoretische Karten und Methoden, die mein Verständnis für das, was mir meine Klienten mitteilen, noch wesentlich erweitern.

Ähnlich wie bei der transpersonalen Psychotherapie umfasst meine Arbeit auch die Erforschung von Bereichen der Psyche jenseits der gewöhnlichen Konsensrealität. Wenn ich einen Klienten in einen erweiterten Bewusstseinszustand führe, hilft mir mein psychologisches Wissen, den Antrieb hinter einer inneren Reise mit ihren Inhalten zu verbinden und Klienten bei der Schaffung neuer Gewohnheiten während des Integrationsprozesses fachkundig zu unterstützen.

Außerdem berücksichtige ich auch die auf animistischen Glaubensvorstellungen basierende indigene Weltanschauung, dass die Natur lebendig ist und in ständigem Austausch mit uns steht. Dazu gehören die Elemente, die Himmelsrichtungen und die Philosophie der gegenseitigen Abhängigkeit – das Verständnis, dass wir alle durch das

Netz des Lebens miteinander verbunden sind. Wir können uns um andere kümmern, indem wir uns um uns selbst kümmern, und wir können uns um uns selbst kümmern, indem wir uns um andere kümmern. Bei meiner Arbeit mit Klienten liegt der Schwerpunkt auf Ausgewogenheit. Ich ermutige meine Klienten, die Lehren aus ihren Erfahrungen mit erweitertem Bewusstsein in Handlungen umzusetzen, die ihre Lebensqualität verbessern.

Ich arbeite als Beraterin, daher beziehe ich mich in diesem Buch oft auf meine Klienten. In einer schamanischen Heilungsritual wird die Person, die geheilt wird, als Teilnehmer oder Reisender bezeichnet; daher bezeichne ich sie auch als Reisende. Ich verwende den Begriff »Ritualleiter«, um die Rolle eines Beraters oder Therapeuten zu beschreiben, der auch darin geschult ist, jemanden vor, während und nach einer Erfahrung in einem erweiterten Bewusstseinszustand zu unterstützen. Für eine tatsächliche Erfahrung verwende ich die Begriffe »Reise« und manchmal auch »Ritual«.

Der Begriff »Gefäß« wird häufig in der Beratung und Heilarbeit verwendet und bezeichnet den Rahmen, in dem eine Heilungsreise oder ein Ritual stattfindet. Er bezieht sich auf den Raum, in dem Heilung geschieht, und umfasst sowohl den physischen als auch den zwischenmenschlichen Raum: die Beziehung zwischen Klient und Therapeut oder Begleiter. In einer sicheren und ansprechenden Umgebung, in der eine gut ausgebildete Person den Prozess leitet, kann sich der Reisende entspannen.

Da die meisten bewusstseinserweiternden Substanzen illegal sind, experimentieren die Menschen oft auf eigene Faust. Das Fehlen einer Anleitung und eines geeigneten Gefäßes kann zu Orientierungslosigkeit und Angst führen. Viele Menschen nehmen gemeinsam Drogen und gehen dann auf ein Konzert oder an den Strand, wo sie sich aus Unwissenheit in Situationen begeben können, die eine physische oder psychische Gefahr darstellen. Viele Menschen haben bei einer Reise ohne Führung, auf der sie in fremde und beängstigende Gefilde gelangten, in denen sie sich nicht alleine zurechtfinden konnten, einen Schrecken erlitten. Vielleicht waren sie nicht ausreichend vorbereitet, befanden sich in einer ungeeigneten Umgebung oder nahmen eine für ihr Körpergewicht oder ihren Erfahrungsstand unangemessene Dosis. Vielleicht begaben sie sich alleine auf eine Visionssuche und verirrten sich oder bekamen Angst oder gingen in eine Schwitzhütte, die nicht richtig geführt wurde, und erlitten einen Hitzschlag.

Die Aufgabe eines Ritualleiters besteht darin, die Sicherheit und den Schutz eines Reisenden zu gewährleisten, wenn dieser in einen erweiterten Bewusstseinszustand eintritt, und darauf zu vertrauen, dass die Psyche eines Menschen in einer sicheren und abgeschlossenen Umgebung nur so weit geht, wie sie es kann. Es ist auch die Aufgabe eines Führers, zu erkennen, welches das angemessene Maß an Erkundung für einen einzelnen Reisenden ist. Wenn große Angst besteht, ist es am besten, sich schrittweise an erweiterte Bewusstseinszustände heranzutasten, um Vertrauen und Geborgenheit aufzubauen. Zunächst könnte der Ritualleiter den Reisenden durch Achtsamkeit, das Führen eines Tagebuchs und Selbstreflexion an eine behutsame Selbstbeobachtung heranführen.

Wenn jemand beabsichtigt, einen erweiterten Bewusstseinszustand zu erforschen, und keinen Ritualleiter hat, sollte er zumindest einen Freund bei sich haben, der nüchtern bleibt, und sich gründlich über die potenziellen Risiken und Folgen der von ihm getroffenen Entscheidungen informieren. Dies ist nicht nur bei der Einnahme einer psychedelischen Substanz von Bedeutung, sondern bei jeder Praxis, die eine Person in einen erweiterten Bewusstseinszustand versetzen kann. Mit einem gut ausgebildeten Ritualleiter hat ein Reisender eine sichere Umgebung, in der er sein Selbstschutzverhalten ablegen und sich einer tieferen Transformation hingeben kann. Es ist von entscheidender Bedeutung, dass ein Reisender den richtigen Ritualleiter auswählt. Das ist eine wichtige Entscheidung, die auf dem Eindruck basieren sollte, den man von der Person des Ritualleiters hat, sowie auf seiner Ausbildung und Erfahrung. Es ist hilfreich, sich bei der Auswahl mit anderen zu unterhalten, die schon mit dem Ritualleiter zusammengearbeitet haben.

Wenn ein Ritualleiter beabsichtigt, diese zeitlosen Heilmethoden in seine Arbeit einzubeziehen, sollte er über umfangreiche persönliche Erfahrung verfügen und eine gründliche Ausbildung absolviert haben sowie eine fortlaufende Beziehung zu seinem Lehrer oder betreuenden Therapeuten haben. Eine fundierte Ausbildung sollte ein solides Verständnis der menschlichen Psychologie, eine Schulung der Aufmerksamkeit für den eigenen Körper und ein gewisses Verständnis für Spiritualität beinhalten. Diese Grundlagen und Kenntnisse helfen dem Ritualleiter, den vielen Dimensionen zu folgen, die sich in einem erweiterten Zustand öffnen können, und unterstützen die bestmögliche Interpretation und Integration des auftauchenden Materials.

Als ich mit dieser Arbeit begann, wurde mir schnell klar, dass es für meine Entwicklung zu einer vielseitigen und kreativen Ritualleiterin unerlässlich war, mich mit verschiedenen Methoden vertraut zu machen. Ich brauchte direkte Erfahrungen mit weiteren Techniken und Ansätzen. Ich nahm an 5-Rhythmen-Tanz-Retreats mit Gabrielle Roth[3] teil und lernte später Flamenco bei Rosa Montoya. Ich saß in zahlreichen Schwitzhütten mit Richard Deertrack und Marilyn Youngbird. Ich malte stundenlang mit der französisch-amerikanischen Kunstlehrerin Michele Cassou. Ich erlernte Sensory Awareness (Aufmerksamkeit der Sinne) bei Charlotte Selver und praktizierte Atemarbeit bei Stanislav Grof und Ilse Middendorf.[4] Ich nahm an Meditationsretreats mit Jack Kornfield teil und besuchte Lehrveranstaltungen tibetischer Lamas. Ich befasste mich mit Pflanzenheilkunde und erlernte die Herstellung von Blütenessenzen. Ich nahm Gesangsunterricht und besuchte Yogakurse verschiedener Stilrichtungen.

Einige dieser Ansätze haben mich tief berührt und sind Teil meines täglichen Lebens geworden. Andere waren einfach nur bereichernde Erfahrungen. Meine aufrichtige Neugier hat mich in eine Vielzahl von Möglichkeiten eintauchen lassen und mich verschiedene Wege gelehrt, die innere Landschaft des Selbst zu erkunden. Wenn ich einem meiner Klienten vorschlage, tanzen zu gehen oder an einem Meditationsretreat teilzunehmen, dann mache ich diesen Vorschlag aus einem verinnerlichten Gefühl heraus, wie diese bestimmte Praxis sein Wachstum unterstützen wird.

So verpflichtet sich ein Ritualleiter, ein Mensch der Wiedergeburtszeit zu sein: zu erschaffen, in seinem Körper zu sein, mit seinem emotionalen Material im Prozess zu bleiben, sein spirituelles Leben zu pflegen und die Gemeinschaft zu fördern. Es geht nicht darum, perfekt zu sein und alles zu wissen. Es geht darum, über ein breites Spektrum an Erfahrungen zu verfügen und sein Handwerkszeug ständig zu erweitern.

Obwohl ich mir im Laufe der Jahre viele Fähigkeiten angeeignet habe, ist mir klar, dass es Themen gibt, in denen ich nicht bewandert bin. Ich bin nicht auf dem Laufenden, was die Vielzahl von Medikamenten und ihre möglichen Wechselwirkungen mit pflanzlicher Medizin betrifft. Wenn jemand mit mir nach Mexiko reisen möchte und Medikamente einnimmt, muss er einen Psychiater oder Arzt konsultieren. Obwohl ich mich mit verschiedenen Bewegungsformen beschäftigt habe, habe ich mich nicht eingehend mit spezifischen Praktiken wie Continuum oder Authentic Movement befasst. Ich überweise meine Klienten gerne an andere Lehrer oder an einen Ernährungsberater, Kräuterexperten, Akupunkteur oder Meditationslehrer, wenn gesundheitliche Probleme auftreten oder ich das Gefühl habe, dass eine ergänzende Therapieform einem Klienten zu irgendeinem Zeitpunkt während unserer Zusammenarbeit von Nutzen sein könnte. Ich bin der Meinung, dass es für uns als Therapeuten von entscheidender Bedeutung ist, die Bereiche zu erkennen, in denen wir keine Experten sind, und die Bescheidenheit und den Verstand aufzubringen, um an die richtigen Stellen weiter zu verweisen.

Die Rolle meiner Lehrerin Julieta als Heilerin und Ritualenleiterin hielt sie nicht davon ab, alltäglichen Aktivitäten nachzugehen. Sie baute ihre eigenen Kaffeepflanzen an, hielt Bienen und sammelte ihren eigenen Honig. Bis zu ihrem siebzigsten Lebensjahr trug sie Holz vom Berg herunter. Sie beschäftigte viele der Frauen, die auf dem Land lebten, indem sie ihnen Stoffe und Garn zur Verfügung stellte. Diese kamen mit bestickten Kleidern und Hemden zurück, die sie von ihnen zurückkaufte und an Touristen weiterverkaufte. Sie arbeitete regelmäßig mit der Gemeinschaft zusammen, um spirituelle Feste auszurichten, und nahm sich jeden Tag Zeit für ein Gebet in der Einsamkeit.

Ein Ritualleiter verpflichtet sich, ein möglichst ausgeglichener Mensch zu sein und seinen natürlichen Rhythmus immer wieder neu zu finden. Überarbeitung, Bewegungsmangel oder das nachträgliche Hineinzwängen spiritueller Praktiken sind kein Zeichen für ein ausgeglichenes Leben. Ein Ritualleiter sollte ein normales Leben haben, mit Beziehungen, Freunden, Körperübungen, einer Beziehung zur Natur und Möglichkeiten, sich zu vergnügen. Es ist eine tägliche Übung, das Gleichgewicht zwischen Arbeit und Gesundheit mit Selbstfürsorge zu gestalten. In einer Welt, in der die Zeit von ständiger Aktivität in Anspruch genommen wird, erfordert die Aufrechterhaltung des Gleichgewichts im Leben Intention und Entschlossenheit.

Die Rolle eines Ritualleiters oder Ritualbegleiters bringt auch Verantwortung und Risiken mit sich. In die Rolle des Führers zu schlüpfen bedeutet, eine Umgebung zu schaffen, in der sich das Bewusstsein eines Klienten oder Teilnehmers erweitern kann. Dieser Raum sollte sicher, unterstützend und kompetent gehalten sein. Diese Sicherheit wird durch die Qualität der Grenzen gewährleistet, die der Ritualleiter aufrechterhält. Da ein Führer oder Ritualbegleiter die Teilnehmer in erweiterte Bewusstseinszustände führt, in denen sich die normalen Ego-Abwehrmechanismen entspannen, ist es von entscheidender Bedeutung, ein hohes ethisches Niveau zu schaffen und aufrechtzuerhalten. Klienten und Teilnehmer schauen möglicherweise zu einem Begleiter auf, weil er eine Führungsrolle einnimmt. Möglicherweise greifen sie auf Material aus ihrer Kindheit zurück und fühlen sich verletzlich, manchmal projizieren sie ihre eigene Elterndynamik auf den Ritualleiter, in einem unbewussten Versuch, alte Verletzungen zu heilen.

Aus diesen Gründen sollten alle Berater, insbesondere diejenigen, die psychotherapeutische Arbeit anbieten, bei der Klienten in erweiterte Bewusstseinszustände geführt werden, unter Supervision stehen oder eine fortlaufende Beziehung zu einem Mentor haben. Fehler und Fehleinschätzungen kommen vor, und eine Betreuung durch einen Mentor bietet jedem Therapeuten die Möglichkeit, ungelöste persönliche Probleme zu erforschen.

Im Laufe der Jahre habe ich miterlebt, wie zahlreiche spirituelle Gemeinschaften in Schwierigkeiten gerieten oder sich sogar auflösten, wenn ein Anführer Grenzen überschritt. Diese Grenzüberschreitungen stehen oft im Zusammenhang mit Geld oder Macht. Einige Anführer verlangen immense Geldsummen, ohne dass deren Verwendung transparent ist. Manchmal werden die Teilnehmer aufgefordert, ihr normales Leben aufzugeben, um sich ihrem spirituellen Lehrer zu widmen, und werden dann wie Bedienstete behandelt. Andere Anführer missbrauchen ihre Machtposition, indem sie Klienten oder Schüler dazu verführen, sexuelle Beziehungen mit ihnen einzugehen, unter dem Vorwand, dass dies in der jeweiligen Tradition üblich sei.

Ein vertrauenswürdiger Ritualleiter oder Begleiter verlangt für seine Dienste einen angemessenen Geldbetrag und legt seine Kosten offen. Ein vertrauenswürdiger Begleiter hält klare sexuelle Grenzen ein und geht keine Beziehung ein, die ihm auf Kosten anderer Vorteile bringt. Wenn eine bestimmte Tradition sexuelle oder sinnliche Praktiken zwischen Lehrer und Schüler beinhaltet, sollten diese klar dargelegt werden und alle Beteiligten psychisch und emotional hinreichend gefestigt sein, um die Einzelheiten des Austauschs zu verstehen. Um zu überprüfen, ob eine leitende Person über klare Grenzen verfügt, sollte ein potenzieller Klient, Teilnehmer oder Schüler das Gefühl haben, unbesorgt mit anderen Klienten, Teilnehmern oder Schülern sprechen zu können. Diese sollten sich frei fühlen, offene Fragen zu den Themen Grenzen und Machtdynamik zu stellen, bevor sie eine Beziehung zu einem neuen Lehrer oder Begleiter eingehen.

Eine junge Freundin von mir nahm vor einigen Jahren an einem Gruppenseminar in Costa Rica teil. Die Leiterin war sehr nett, und das Ritual wurde fachkundig und liebevoll durchgeführt. Am Ende des Rituals kam jedoch eine Assistentin auf meine Freundin zu, begleitete sie zu ihrem Schlafbereich und verführte sie zum Sex. Danach war sie verwirrt und fragte sich, ob dies von der Leiterin geplant oder beabsichtigt war. Sie fühlte sich unsicher und verraten in einer Umgebung, in der sie sich eigentlich sicher fühlen wollte. Als sie die Leiterin darauf ansprach, spielte diese den Vorfall herunter. Sie war doppelt verletzt. Die Überschreitung sexueller Grenzen durch einen Leiter oder Assistenten gegenüber Teilnehmern ist niemals in Ordnung. Wenn psychedelische Substanzen im Spiel sind, sinkt die persönliche Abwehr, wodurch die Fähigkeit, seine Zustimmung zu geben, aufgehoben wird. Explizite Grenzen und Vereinbarungen sollten im Voraus besprochen und festgelegt und von den Begleitern eingehalten werden.

Der folgende Auszug aus dem Verhaltenskodex für spirituelle Führer, verfasst vom Council on Spiritual Practices (Rat für spirituelle Praktiken), bietet eine klare und prägnante Zusammenfassung der ethischen Verpflichtungen, an die sich ein Ritualleiter oder Begleiter halten kann, um den größtmöglichen Erfolg zu erzielen.[5]

PRÄAMBEL

In jeder Gemeinschaft gibt es Menschen, die sich dazu berufen fühlen, anderen auf ihrem spirituellen Weg zu helfen, und die als Geistliche, Rabbiner, Pastoren, Curanderas, Schamanen, Priester oder unter anderen Titeln bekannt sind. Wir bezeichnen solche Menschen als »Ritualleiter«: Menschen, die Erfahrung in einer bestimmten Praxis haben, mit dem Gebiet vertraut sind und die spirituellen Praktiken anderer unterstützen. Ein Ritualleiter braucht nicht zu behaupten, dass er über das Gebiet alleinige oder endgültige Kenntnisse besitzt. Spirituelle Praktiken und insbesondere urreligiöse Praktiken bergen Risiken. Wenn sich eine Person dafür entscheidet, sie mit der Unterstützung eines Ritualleiters auszuüben, übernehmen beide eine besondere Verantwortung. Der Council on Spiritual Practices schlägt den folgenden Verhaltenskodex für Personen vor, die als spirituelle Führer tätig sind.

1. Intention: Spirituelle Führer sollen auf eine Weise praktizieren und dienen, die Gewahrsein, Empathie und Weisheit fördert.

2. Der Gesellschaft dienen: Spirituelle Praktiken sind so zu gestalten und durchzuführen, dass das Gemeinwohl gewahrt bleibt, unter gebührender Berücksichtigung der öffentlichen Sicherheit, Gesundheit und Ordnung. Da das durch spirituelle Praktiken gewonnene erhöhte Gewahrsein den Wunsch nach persönlicher und sozialer Veränderung auslösen kann, sollten die spirituellen Führer besonders darauf achten, die Energien derer, denen sie dienen, sowie ihre eigenen Energien auf eine Weise zu lenken, die verantwortungsvoll ist und eine liebevolle Wertschätzung allen Lebens widerspiegelt.

3. Dienst am Einzelnen: Spirituelle Führer sollen die Eigenständigkeit und Würde jedes Menschen respektieren und zu bewahren suchen. Die Teilnahme an jeglicher urreligiösen Praxis muss freiwillig sein und auf einer vorherigen Offenlegung und Zustimmung beruhen, die jeder Teilnehmer einzeln in einem normalen Bewusstseinszustand erteilt. Die Offenlegung muss mindestens die Erläuterung aller Elemente der Praxis umfassen, die berechtigterweise als physische oder psychische

Risiken angesehen werden könnten. Insbesondere müssen die Teilnehmer darauf hingewiesen werden, dass urreligiöse Erfahrungen schwierig sein können und dramatische Veränderungen mit sich bringen können.
Die Ritualleiter müssen angemessene Vorbereitungen treffen, um die Gesundheit und Sicherheit jedes Teilnehmers während spiritueller Praktiken und in den darauffolgenden Phasen möglicher Verletzlichkeit zu schützen. Die Grenzen des Verhaltens von Teilnehmern und Begleitern müssen vor jeder Sitzung klar festgelegt und vereinbart werden. Es sind angemessene Gepflogenheiten der Vertraulichkeit festzulegen und einzuhalten.

4. Kompetenz: Spirituelle Führer sollten nur bei solchen Praktiken helfen, für die sie aufgrund persönlicher Erfahrung und durch Ausbildung oder Schulung qualifiziert sind.

5. Integrität: Spirituelle Führer sollten sich der Auswirkungen ihrer eigenen Glaubenssysteme, Werte, Bedürfnisse und Grenzen auf ihre Arbeit bewusst sein. Es kann sein, dass Teilnehmer während der urreligiösen Praktiken besonders anfällig für Suggestion, Manipulation und Ausbeutung sind; daher verpflichten sich die Ritualleiter, die Teilnehmer zu schützen und niemandem zu erlauben, diese Verwundbarkeit auf eine Weise zu nutzen, die den Teilnehmern oder anderen schadet.

6. Zurückhaltende Präsenz: Um sich vor den ungesunden Folgen persönlichen und organisatorischen Ehrgeizes zu schützen, ist es spirituellen Gemeinschaften in der Regel besser vergönnt, durch Anziehungskraft zu wachsen als durch aktive Werbung.

7. Nicht gewinnorientiert: Spirituelle Praktiken sind im Geiste des Dienens durchzuführen. Spirituelle Führer sollten sich bemühen, Teilnehmer ohne Rücksicht auf ihre Zahlungsfähigkeit oder Spendenbereitschaft aufzunehmen.

8. Toleranz: Spirituelle Führer sollen Offenheit und Respekt gegenüber Menschen zeigen, deren Überzeugungen in offensichtlichem Widerspruch zu ihren eigenen stehen.

9. Peer-Review: Jeder Ritualleiter soll den Rat anderer Ritualleiter einholen, um die Gesundheitsverträglichkeit seiner Praktiken sicherzustellen, und bei Bedarf auch selbst Ratschläge erteilen.

Es ist auch von ethischer Bedeutung, dass ein Ritualleiter mit dem Hintergrund und den Möglichkeiten eines Reisenden vertraut ist, bevor er eine Zusammenarbeit in die Wege leitet. Zu den praktischen Aufgaben eines Ritualleiters in der Vorbereitungsphase gehört es, ein umfassendes Anamnesegespräch mit einem Klienten zu führen und persönliche, medizinische und familiäre Informationen zu sammeln. Diese vorbereitende Anamnese kann dem Klienten und dem Ritualleiter helfen, herausfordernde Ereignisse in der Vergangenheit zu erkennen und zu verstehen, wie sie möglicherweise zu einem Ungleichgewicht im Leben des Klienten beitragen. Der Ritualleiter muss sich aller Ereignisse im Leben des Klienten gewahr sein, die traumatisch genug sind, um ihn während einer Reise möglicherweise in Angst oder Panik zu versetzen. Wenn ein Klient vergewaltigt oder missbraucht wurde, sollte der Führer dies wissen. Der Ritualleiter sollte sich darüber im Klaren sein, dass beim Eintritt in einen erweiterten Bewusstseinszustand zuvor unterdrückte oder unverarbeitete Traumata an die Oberfläche kommen können. Ein Ritualleiter sollte sich jedoch darüber bewusst sein, dass der Klient bei der Anamnese behaupten mag, kein Trauma zu haben, sich dann aber während einer Reise an vergessene Ereignisse erinnert.

Bei Traumata wie Vergewaltigung, bei körperlichem oder sexuellem Missbrauch sollte ein Ritualleiter über eine psychotherapeutische Ausbildung und idealerweise über weitreichende Erfahrung mit Methoden zur Behandlung von Traumata verfügen. Ist dies nicht der Fall, sollte er den Reisenden an eine ausgebildete Fachperson verweisen.

Wenn eine Reise intensive Emotionen oder Erinnerungen hervorruft, ist es hilfreich zu wissen, dass es Menschen, Praktiken oder Strukturen gibt, die dem Reisenden danach helfen, zur Ruhe zu kommen und ihn unterstützen. Es ist besser, mit bereits vorhandenen Möglichkeiten zu arbeiten – gute Freunde, kreativer Ausdruck oder die Verbindung zur Natur – als neue aus dem Nichts zu erschaffen. Nach einer Reise könnte eine Person erschöpft und überfordert sein und nicht in der Lage, sich neue Möglichkeiten zu erschaffen.

Zu einer gründlichen Vorbereitung gehört auch, dass man einen Klienten physisch, emotional und spirituell auf die innere Erkundung vorbereitet, die eine Reise mit sich bringt. Natürlich ist der Ritualleiter auch dafür verantwortlich, den physischen Ort für das Ritual vorzubereiten, die notwendigen Gegenstände und Materialien bereitzustellen und dem Reisenden den Rahmen zu erläutern. In indigenen Kulturen werden die Teilnehmer jedoch nicht unbedingt über den Rahmen einer Ritual informiert, auch wenn sie durch bestimmte Vorbereitungen geführt werden. Oft wird den Menschen nur gesagt, was sie mitbringen und wann sie erscheinen sollen. Nicht zu wissen, wie lange ein Ritual dauern wird oder was stattfinden wird, verstärkt das Gefühl, sich auf »unbekanntem Terrain« zu befinden, und lädt zu tieferem Glauben und Hingabe ein. In einer Gesellschaft, in der diese Rituale neu und nicht Teil der vorherrschenden Kultur sind, können sich die Teilnehmer leicht desorientiert oder verängstigt fühlen. Sie über den Rahmen und die Abläufe eines Rituals zu informieren, schafft ein Gefühl grundlegender Sicherheit.

Kompetenz, Fachwissen und emotionaler Zustand eines Ritualleiters haben einen starken Einfluss auf das Erlebnis eines Reisenden. Während einer Reise sollte ein Ritualleiter eine Haltung der Neugier und Fürsorge bewahren. Einige grundlegende Eigenschaften, die ein Führer für diese Arbeit mitbringen sollte, sind Respekt, Bescheidenheit und Dienstbereitschaft. Diese Eigenschaften spiegeln sich darin wider, wie ein Ritualleiter Sicherheit schafft, klare Grenzen setzt und den Prozess eines Klienten in seiner Gesamtheit unterstützt. In einem erweiterten Bewusstseinszustand haben Menschen eine erhöhte Aufmerksamkeit für ihre physische und energetische Umgebung. Das bedeutet, dass ein Ritualleiter gut ausgeruht, emotional zugänglich und aufmerksam für die Bedürfnisse seines Klienten sein sollte. Die innere Haltung des Ritualleiters sollte dem Reisenden gegenüber offen sein, ohne Erwartungen oder das Streben nach einem bestimmten Ergebnis. Obwohl der Ritualleiter weiß, was vor der Reise mitgeteilt wurde, ist das Unbewusste weitläufig, und man kann nicht im Voraus wissen, was sich offenbaren wird.

Die wertvollste Unterstützung, die einem Reisenden angeboten werden kann, ist die der präsenten Anwesenheit. Der Reiseleiter sollte die persönliche Entscheidungsfreiheit des Reisenden bekräftigen. Gleichzeitig liegt es in seiner Verantwortung, Anzeichen von Angst, Reizüberflutung oder Vereinsamung zu erkennen und Trost zu spenden, auch wenn der Reisende nicht darum bittet. Manchmal hilft es jemandem schon, wenn man einfach nur seine Anwesenheit als zuverlässige Unterstützung signalisiert. In anderen Fällen kann es sein, dass ein Reisender in einem verletzlichen Zustand die Berührung durch eine Hand oder eine beruhigende Geste braucht, wie sie eine Mutter geben würde. Ein Ritualleiter sollte bereit sein, mit allem zu arbeiten, was aufkommt.

Die Art und Weise, wie ein Ritualleiter das Gefäß hält, variiert je nach Klient. Benötigt der Klient Zuwendung und eine Stärkung seines Selbstwertgefühls oder muss er mit seinen Abwehrstrategien konfrontiert werden, um sie aufzuweichen? Einige Klienten treten ungeschützt auf, mit einem weniger ausgeprägten Ego. Sie strahlen eine Unschuld und kindliche Energie aus. Wenn sie zart und schutzlos sind, müssen sie umsorgt und getröstet werden. Dies hilft ihrem Ego, mit ihrem chronologischen Alter Schritt zu halten. Sobald dies geschieht, können sie beginnen, sich selbst zu pflegen. Andere Klienten treten robust und mit gut entwickelten Schutzmechanismen auf. Diejenigen mit stärkeren Mechanismen haben oft ein ausgeprägteres Ego. Es ist sinnvoller, diese Klienten bei der Erkennung ihrer Bewältigungsmechanismen zu unterstützen, damit sie den Weg zu der in ihnen schlummernden Empfindsamkeit finden.

Während einer Reise ist ein Ritualleiter voll und ganz für die körperliche Sicherheit seiner Klienten verantwortlich, was auch die Flüssigkeitszufuhr, Wärme und mögliche Gefahren durch verstärkte Gefühlsäußerungen miteinschließt. Die Aufmerksamkeit des Ritualleiters sollte auf seinem Klienten liegen, und er sollte sich am Ende einer Reise genügend Zeit nehmen, um Unterstützung für alle emotionalen Themen zu bieten, die aufgetaucht sind. Die Rückkehr in einen normalen Bewusstseinszustand wird durch das Angebot von Nahrung, Wasser und respektvoller, liebevoller Anwesenheit durch den Ritualleiter unterstützt. Der Ritualleiter ist dafür verantwortlich, zu entscheiden, ob und wann ein Reisender nach Hause gehen kann, insbesondere wenn dazu das Autofahren gehört.

In den Tagen und Wochen nach einer Reise unterstützt der Ritualleiter dann den Integrationsprozess, das heißt, er schafft Zeit und Raum für Begegnungen, um den Inhalt der Reise mit seinem Klienten zu besprechen und zu entschlüsseln. Der Ritualleiter sollte dann die Anwendung der gewonnenen Erkenntnisse oder Heilungen im Alltag des Klienten unterstützen. In späteren Kapiteln werden wir die wichtigsten Punkte der Integration im Detail erörtern.

Vor allem muss ein Ritualleiter stets auf seine Selbstfürsorge achten. Wir können anderen nicht helfen, wenn wir erschöpft sind. Das Wichtigste, um als einfühlsamer und kompetenter Ritualleiter auftreten zu können, sind Selbstfürsorge und Zentriertheit. Das bedeutet, dass ein Ritualleiter ausgeruht sein und eine Grundhaltung innerer Stille pflegen muss, und zwar durch die Praktiken, die für ihn am besten geeignet sind. Außerdem sollte ein Ritualleiter fortwährend Weisheit, Kreativität und Liebe kultivieren. Ich werde den Zusammenhang zwischen diesen Eigenschaften und dieser Arbeitsmethode im nächsten Kapitel genauer beschreiben. Es genügt zu sagen, dass sie die Grundlage sind, auf der alles andere aufbaut.

Da ich seit vielen Jahren in diesem Bereich arbeite, gehöre ich zu einer großen Gemeinschaft von Therapeuten, die durch verschiedene Techniken erweiterte Bewusstseinszustände in ihre Praxis integrieren. Wenn ich diese Menschen als eine Bevölkerungsgruppe betrachte, kann ich sagen, dass sie ein außergewöhnliches Maß an Mitgefühl und Akzeptanz für einander und sich selbst haben. Einige Menschen, ob Ritualleiter oder Reisende, entwickeln jedoch durch diese Arbeit ein übersteigertes Ego. Der Unterschied zwischen denjenigen, die ein übersteigertes Ego haben, und denjenigen, die dies nicht haben, liegt oft im Ausmaß der von ihnen geleisteten Heilung. Solange ein unerfülltes Bedürfnis nach Bestätigung unbewusst bleibt, werden Ego-Strategien und Abwehrmechanismen eingesetzt, um diese innere Unsicherheit zu schützen. Es kann sein, dass Menschen in einem Zustand der Unwissenheit über zugrunde liegende Wunden gefangen bleiben und nicht in der Lage sind, sich selbst zu nähren. Dadurch sind sie ständig darauf angewiesen, diese Selbstnährung von außen zu erhalten.

Eine im Neoschamanismus weit verbreitete romantische Vorstellung ist, dass die Rolle des Schamanen darin besteht, in die innere Welt eines Menschen zu reisen und seine Seele zu retten, wie eine Art Superheld. Ein echter Ritualleiter ist jemand, der den Mut hat, sich der Angst zu stellen, und voller Demut ist. Die Rolle besteht darin, demütig zu dienen. Kot und Erbrochenes zu beseitigen, Rotz abzuwischen und mit schrecklicher Angst umzugehen, gehört ebenso zur Arbeit eines Ritualleiters wie die Durchführung eines Rituals. Die Integrität eines Ritualleiters beruht auf Demut. Wenn du das Gefühl hast, dass der Weg des Führens und der Unterstützung anderer dich ruft, sei auf nicht gerade ruhmreiche Stunden in der Tiefe der Auflösung eines Menschen vorbereitet. Vielleicht beobachtest du jemanden, der sich während einer harmlosen Toilettenpause auflöst, und bist dir nicht sicher, wie und wann er sich wieder zusammenfindet. Je nach Art des Rituals kann der Prozess manchmal aggressive Ausdrucksformen und Wut beinhalten – sogar gegenüber dem Ritualleiter. Was Anmut und Verzückung betrifft, so ist es nicht unbedingt einfacher, sie zu beobachten, auch wenn sie zunächst reizvoll klingen, da sie auch eine dramatische Katharsis beinhalten können.

Ich habe einmal bei einer Pilzritual auf einen Mann aufgepasst, der stundenlang in einem Zustand der Paranoia und Wut war. Seine Angst war eine unmissverständliche Präsenz im Raum, greifbar und allumfassend. Ich musste sehr behutsam vorgehen, da ich mir bewusst war, dass meine Anwesenheit Kindheitserinnerungen auslöste, die an die Oberfläche kamen und Wellen von schrecklicher Angst und Wut hervorriefen. Irgendwie, aus unerfindlichen Gründen, änderte sich sein Zustand schließlich, und er begann wie ein kleines Kind zu schluchzen, wodurch die unfassbare Panzerung, die sich um sein Herz gelegt hatte, langsam nachgab. Er griff nach meiner Hand, ließ zu, sich mit meinem Mitgefühl zu verbinden, und erhielt Unterstützung, obwohl er es bisher immer allein »durchgestanden« hatte. Inzwischen bezeichnet er diese Reise als einen entscheidenden Moment in seinem Leben.

Beim ersten Treffen mit einem Ritualleiter zeigt ein Klient bestimmte Symptome und mentale Zustände wie Angst, Depression oder Schlaflosigkeit. Sie können bestimmte Emotionen, körperliche Spannungen, Gewohnheiten, Beziehungsmuster, Kindheitserinnerungen, Visionen oder Träume zum Ausdruck bringen, die auf den ersten Blick nicht miteinander in Verbindung zu stehen scheinen. Viele indigene Kulturen, die erweiterte Bewusstseinszustände in ihre Heilpraktiken einbeziehen, verstehen, dass diese zunächst unterschiedlich erscheinenden Aspekte des Lebens eng miteinander verbunden sind. Beispielsweise beeinflusst unser Körper unsere Emotionen, die wiederum unseren Geist prägen, der dann unsere Familien und Gemeinschaften mitgestaltet, die wiederum auf unsere Umwelt einwirken und die schließlich Einfluss auf unseren Körper nimmt. Jede Dimension des Lebens beeinflusst unweigerlich die anderen, und das Leben wird als ein verwobenes Geflecht dieser vielen Dimensionen erlebt. Der Ritualleiter sollte die Zusammenhänge erkennen und verstehen, dass das, was wir »Symptome« nennen, oft die Intelligenz des Organismus ist, die einen Zustand des Ungleichgewichts anzeigt.

Um diese Erkenntnisse für therapeutische Zwecke zu verwerten, habe ich das sogenannte »Ganzheitliche Modell für ein ausgeglichenes Leben« entwickelt. Das ganzheitliche Modell für ein ausgeglichenes Leben bietet eine Unterteilung der menschlichen Erfahrung, indem es die verschiedenen Ausdrucksformen unseres Lebens in fünf Hauptaspekte gruppiert, die von drei Hauptqualitäten durchdrungen sind. Während des dreiteiligen Prozesses der Vorbereitung, Reise und Integration kann ein Ritualleiter das Modell nutzen, um den facettenreichen Ausdruck des Prozesses eines Klienten wirksam zu verfolgen. Das Erkennen der gegenseitigen Abhängigkeit zwischen allen Aspekten ist der Kern dieser Heilungsmethode.

3

DEN WEG ERHELLEN

Das ganzheitliche Modell für ein ausgeglichenes Leben

—

> Veränderung ist nichts, wovor wir uns fürchten sollten. Vielmehr sollten wir sie begrüßen. Denn ohne Veränderung würde nichts auf dieser Welt jemals wachsen oder blühen, und niemand auf dieser Welt würde jemals vorankommen und zu der Person werden, die er sein soll.
> B. K. S. Iyengar

Durch meinen Wunsch, erweiterte Bewusstseinszustände wirkungsvoll in die Psychologie zu integrieren, erkannte ich die Notwendigkeit eines Modells, das auf einer integrierten Lebensweise beruht. Intakte indigene Gemeinschaften bestehen oft aus eng miteinander verbundenen Gruppen, die sich über Generationen erstrecken und über die Kernfamilie hinausgehen. Häufig leben diese Gemeinschaften seit Jahrhunderten auf demselben Land. Die Menschen arbeiten auf dem Land, bauen die Lebensmittel an, die sie essen, leben eng verbunden mit den Elementen und üben spirituelle Praktiken und Rituale aus, die sie mit den natürlichen Zyklen und Jahreszeiten verbinden. Die Veränderungen, aus denen die moderne industrialisierte Welt hervorgegangen ist, haben zum Verlust dieser integrierten Lebensweise geführt. Das Leben in Städten ist viel stärker in einzelne Bereiche unterteilt als das Dorfleben und führt zu einem Gefühl der Vereinsamung. Auch wenn Menschen Menschen sind und jede Gemeinschaft ihre Konflikte und persönlichen Auseinandersetzungen hat, können wir aus vielen Aspekten dieser indigenen Gemeinschaften Lehren ziehen. Ich möchte damit nicht sagen, dass wir alle zu vormodernen Lebensstandards zurückkehren und die Vorteile und Annehmlichkeiten der Moderne ablehnen sollten, sondern vielmehr, dass wir auf erdverbundene Kulturen blicken und aus einigen Aspekten ihrer Lebensweise lernen können.

Auf der Grundlage meiner Erfahrungen mit Julieta und der Mazatec-Tradition sowie den anderen indigenen, erdverbundenen Gemeinschaften, mit denen ich im Laufe der Jahre Zeit verbracht habe, habe ich das ganzheitliche Modell für ein ausgeglichenes Leben entwickelt. Durch die Nutzung des ganzheitlichen Modells für ein ausgeglichenes Leben als Werkzeug zur Selbstbefragung kann man die vielen Aspekte seines Lebens gründlich untersuchen und feststellen, ob man im Gleichgewicht ist oder nicht. Dieses Modell hilft auch denjenigen, die in der modernen industrialisierten Welt leben, sich auf eine Reise in einen erweiterten Bewusstseinszustand vorzubereiten – einschließlich der Formulierung einer Absicht – und die darauffolgende Integrationsphase zu meistern.

Das ganzheitliche Modell für ein ausgeglichenes Leben unterteilt das Leben in fünf Aspekte: Körper, (kognitiver) Geist, Lebensenergie, Gemeinschaft und Umwelt. Diese fünf Aspekte sind von drei Eigenschaften durchdrungen: Weisheit, Kreativität und Liebe. Die gesamte Betrachtungsweise wird von reinem Sein getragen.

Durch die Nutzung des ganzheitlichen Modells für ein ausgeglichenes Leben als Instrument zur Selbstbefragung können Menschen den aktuellen Stand ihres Lebens wirksam einschätzen und den Vorbereitungsprozess steuern, einschließlich der angemessenen Formulierung ihrer Absicht. Das ganzheitliche Modell für ein ausgeglichenes Leben – das ich im Folgenden als ganzheitliches Modell bezeichne – ist auch nützlich für die Entschlüsselung des Materials, das während einer Erfahrung des erweiterten Bewusstseins auftaucht, und dient als praktische Landkarte für die Entwicklung von Integrationstechniken.

URSPRÜNGE DES GANZHEITLICHEN MODELLS FÜR EIN AUSGEGLICHENES LEBEN

In der nachsokratischen westlichen Philosophie wurde angenommen, dass der denkende Verstand die Quelle der menschlichen Erfahrung ist, losgelöst vom physischen Körper. René Descartes fasste dies mit seinem berüchtigten Ausspruch *Cogito ergo sum* zusammen: »Ich denke, also bin ich.« In den letzten fünfzig Jahren wurde anerkannt, dass die physische, verkörperte Dimension eng mit der Psyche verbunden ist. In jüngerer Zeit wurde die Spiritualität mit ihren immer beliebter werdenden Lehren über Achtsamkeit und Meditation als unschätzbarer Bestandteil des allgemeinen Wohlbefindens anerkannt. Diese Aspekte der menschlichen Existenz wurden als die Dreieinigkeit von Körper, (kognitivem) Geist und Lebensenergie bekannt. Auch wenn das Konzept von Körper, Geist und Lebensenergie einen ganzheitlicheren Ansatz für das Wohlbefinden nahelegt als der Geist allein, ist es auf das Privatleben eines Menschen beschränkt, ohne sein soziales oder physisches Umfeld einzubeziehen. Es ist klar, dass die Gemeinschaft – einschließlich unserer Familie und Freunde, unserer Liebesbeziehungen und unserer ethnischen und kulturellen Identität – einen großen Einfluss auf unsere Entwicklung hat. Darüber hinaus lernen wir Menschen immer mehr, wie sehr wir von unserer physischen Umwelt beeinflusst werden, sei es von unserem unmittelbaren Zuhause, unserem Arbeitsplatz, den unberührten und naturbelassenen Orten in unserer Nähe oder der Erde als Ganzes. Diese beiden zusätzlichen Aspekte der Gemeinschaft und der Umwelt spiegeln die schamanische sowie die buddhistische und taoistische Sichtweise wider, dass alles Leben in einem verwobenen Beziehungsgeflecht miteinander verbunden ist. Gemeinschaft und Umwelt sind für das ganzheitliche Modell von wesentlicher Bedeutung.

Das ganzheitliche Modell erleichtert die Selbsterkenntnis und Selbstreflexion. Die fünf Aspekte des ganzheitlichen Modells sind in einem für jeden Menschen einzigartigen Muster miteinander verwoben. Um jedoch die komplexe Art und Weise, wie diese Aspekte zusammenwirken, vollständig zu verstehen, müssen wir sie zunächst auseinandernehmen. So wie verschiedene Aspekte des Ökosystems unseres Planeten einzeln untersucht werden können – der Ozean, der Boden, eine bestimmte Pflanzen- oder Tierart oder das Klima einer bestimmten Region –, können wir ihre offensichtliche gegenseitige Abhängigkeit erkennen.

In der Mazatec-Tradition ist der Adler das Totemtier der Pilzheilungsritual. Der Name Huautla in Mazatec ist *Tejao*, was übersetzt »Adlerhorst« bedeutet. Der Adler fliegt hoch am Himmel und kann die weite Landschaft eines Ortes wahrnehmen. Er sieht die Wechselbeziehungen zwischen den verschiedenen Zonen: Hügel, Flüsse, Schluchten und Wälder. Gleichzeitig kann der Adler mit seinem überragenden Sehvermögen die kleinsten Details eines bestimmten Ortes am Boden wahrnehmen. Diese Fähigkeit, einen umfassenden Überblick zu behalten und gleichzeitig die Einzelheiten einer Situation zu verfolgen, ist eines der Prinzipien, auf denen Heilung beruht.

WIE MAN DAS GANZHEITLICHE MODELL FÜR EIN AUSGEGLICHENES LEBEN NUTZT: EINE BESTANDSAUFNAHME

Erweiterte Bewusstseinszustände laden uns zu einem umfassenderen Seinszustand ein und ermöglichen es uns, Blockaden oder Schwächen in unserem Leben von einem übergeordneten Standpunkt aus zu erkunden. Bei meiner Arbeit habe ich festgestellt, dass Klienten, deren Absicht es ist, zu heilen oder zu wachsen, damit beginnen, bestimmte Ungleichgewichte in ihrem Leben zu bemerken – die dann ihre Entdeckungen während einer Reise lenken.

In diesem Kapitel definiere ich jeden der fünf Aspekte des ganzheitlichen Modells und gebe ein Beispiel für eine Bestandsaufnahme, um die aktuelle Situation einer Person zu bestimmen. Die Bestandsaufnahme ist eine Checkliste mit bestimmten Fragen, die man durchgehen kann, um relevante Informationen zu sammeln.

Ein Ritualleiter kann das ganzheitliche Modell als umfassendes Aufnahmewerkzeug und Linse verwenden, um den Vorbereitungsprozess und die Integrationsphase mit einem Reisenden oder Teilnehmer anzuleiten. Es kann auch von einem Reisenden für die Gestaltung seines eigenen Vorbereitungsprozesses verwendet werden. Die Bestandsaufnahmen helfen einem Menschen, sein Leben zu untersuchen und zu reflektieren, um sein Verständnis für seine gegenwärtige Lage zu verbessern. Anhand der eigenen Antworten kann man erkennen, wo Ungleichgewichte liegen. Als Ritualleiterin besteht meine Aufgabe darin, einem Klienten dabei zu helfen, den Zustand des psychologischen, emotionalen oder spirituellen Materials, das ihm derzeit bewusst ist und an dem er arbeitet, zu ermitteln. Anschließend helfe ich ihm, eine angemessene Absicht zu formulieren, die Licht in seine jeweiligen blockierten Bereiche bringt.

Wenn man eine Bestandsaufnahme vornimmt, sollte man die Wahrheit sagen und dabei behutsam vorgehen. Es ist nicht hilfreich, eine Bestandsaufnahme mit einer verurteilenden oder abwertenden Haltung durchzuführen. Eine Bestandsaufnahme des eigenen Lebens ist einfach eine Möglichkeit, die Aufmerksamkeit auf sich selbst zu lenken. Ob du ein Führer oder ein Reisender bist, ich lade dich als Leser ein, dich mit diesen Fragen auseinanderzusetzen.

KÖRPER

Als ich fünfzehn war, choreografierte meine Tanzlehrerin in einem Kurs für Modern Dance ein Stück über die vier Elemente. Ich wurde ausgewählt, das Wasser darzustellen. Sie spielte ein Musikstück ab und bat die Wasser-Darsteller, einfach »Wasser zu sein«. Ich erinnere mich, dass ich spürte, wie mein Körper sich in einen flüssigen Zustand verwandelte; ich ließ mich zu Boden fallen und wälzte mich auf dem Boden, über Menschen und Gegenstände. Ich bestand nicht mehr aus Fleisch und Knochen. Ich war flüssig. Mit geschlossenen Augen und einem wässrigen Körper bewegte ich mich auf dem Boden, setzte mich auf und fiel dann wieder zu Boden in eine Pfütze. Ich empfand meinen Körper als ein Gefäß, das unendlich viele Formen annehmen kann.

Als Tänzerin und Körpertherapeutin, die in somatischer Psychologie und Hakomi ausgebildet ist, fasziniert mich, wie wir unser Leben durch unsere Emotionen und Körper wahrnehmen und ausdrücken. Dazu gehört auch die Art und Weise, wie wir die Realität durch unsere fünf Sinne erleben: Sehen, Riechen, Hören, Schmecken und Tasten.

Unser physischer Körper wird durch innere Einflüsse geformt – einschließlich mentaler und emotionaler Erfahrungen wie Wut, Angst, Verwirrung, Entspannung oder Liebe. Er wird auch durch äußere Einflüsse wie Nahrung, Stressfaktoren, Traumata und Krankheiten geformt. Der Körper ist ein komplexer und geheimnisvoller Organismus, was seine Funktionsweise betrifft, einschließlich der Art und Weise, wie er heilt. Unser Körper bewahrt die Geschichte unseres Lebens, auch wenn der Verstand versucht, diese Geschichte zu verdrängen. Wenn wir anfangen, auf die Intelligenz unseres Körpers zu hören, können wir daran arbeiten, ein Gleichgewicht herzustellen.

Körperliche Bestandsaufnahme

Die folgenden Fragen sollen dir dabei helfen, herauszufinden, wie du zu deinem Körper stehst.

Atmung

- Kannst du leicht und tief atmen?
- Spürst du, wie sich deine Lungen beim Sport ausdehnen?
- Weißt du, wie es sich anfühlt, außer Atem zu sein?
- Hast du dich mit Atemübungen wie Pranayama oder Holotropem Atmen beschäftigt?

Essen

- Wie ernährst du dich?
- Nimmst du dir Zeit, um dir selbst Essen zuzubereiten?

- Macht es dir Freude, dir selbst etwas zu essen zu machen?
- Isst du Junkfood oder Süßigkeiten?
- Vergisst du manchmal zu essen?
- Inwiefern ist deine Beziehung zu Lebensmitteln gesund?
- Inwiefern ist sie problematisch?

Bewegung und Sport

- Wie hältst du dich fit und bewegst dich?
- Betreibst du zu wenig oder zu viel Sport?
- Welche körperlichen Aktivitäten würdest du gerne ausprobieren?

Schlaf

- Wie bereitest du dich auf den Schlaf vor?
- Gehst du früh schlafen oder bleibst du lange wach?
- Wie viele Stunden schläfst du pro Nacht?
- Ist deine Schlafumgebung förderlich für dich?
- Wachst du ausgeruht auf?
- Wovon träumst du?

Sinnlicher Genuss

- Welche Oberflächenstrukturen hast du gerne?
- Mit welchen schönen Dingen umgibst du dich?
- Wie stehst du zu deiner eigenen Sinnlichkeit und deinem erotischen Empfinden?
- Wie drückst du deine Erotik anderen gegenüber aus? Ist sie gehemmt, ungehemmt, ausdrucksstark, fröhlich, zu wenig oder zu viel?
- Wie drückst du deine Sexualität aus?
- Wie drückst du deine Geschlechtsidentität aus?

Kleidung

- Wie möchtest du dich in deiner Kleidung fühlen?
- Ziehst du dich bequem oder schön an?
- Ist es wichtig, wie andere dich sehen?
- Was trägst du am liebsten?

Krankheit

- Was tust du, um deine Gesundheit und dein Gleichgewicht zu erhalten, chemisch oder hormonell?
- Wie kümmerst du dich um dich selbst, wenn du dich nicht wohlfühlst?
- Kannst du um Unterstützung bitten und diese erhalten, wenn du krank bist?

Psychosomatisches Gewahrsein

- Wo und wie hältst du Angst, Stress oder Anspannung in deinem Körper fest?

- Wie gehst du mit Stresssituationen um?
- Erlebst du Wellen von depressiver oder ängstlicher Energie? Wenn ja, wie erlebst du sie in deinem Körper?
- Kümmerst du dich um deinen Körper und dein Aussehen: deine Haare, deine Haut, deine Nägel und deine Zähne?

Wie fühlst du dich in diesem Moment, während du diese Fragen beantwortest? Bist du zufrieden mit der Art und Weise, wie du deinen Körper pflegst? Fühlst du dich motiviert, dich besser um dich selbst zu kümmern, oder hast du Angst davor, wie viel verbessert werden könnte? Welche Veränderungen bist du bereit, in nicht allzu ferner Zukunft vorzunehmen?

GEIST

Joseph war gebildet und intellektuell und hatte eine beeindruckende Anzahl von Büchern über Psychologie und theoretische Therapieansätze gelesen. Bei unserem ersten Treffen saß er in meinem Büro und redete zwanzig Minuten lang ununterbrochen. Als es endlich eine Pause gab, schaute ich ihm aufmerksam in die Augen und fragte ihn: »Also ... was führt dich hierher?« Er wirkte verloren, entwaffnet, aber dennoch wahrgenommen. Ich nickte und er begann leise zu weinen, wie ein Kind. Seine Emotionen waren da, direkt unter der Oberfläche. Er brauchte nur jemanden, der sie zum Vorschein kommen ließ. In dieser warmen und unterstützenden Umgebung fühlte er sich sicher genug, um seine Geschichte zu erzählen, und wir erkundeten im Folgenden seine Verletzlichkeit, seinen Kummer und seine Vision für sein Leben. Joseph profitierte sehr von einer Klangtherapie, bei der er sich mit schmerzhaften Kindheitserinnerungen und damit verbundenen Emotionen auseinandersetzte, die jahrelang in ihm geschlummert hatten. Schließlich gelang es ihm, eine bessere Selbstfürsorge zu entwickeln, und er hatte endlich das Gefühl, sein Leben im Griff zu haben.

Der Aspekt des Geistes umfasst die Ich-Struktur, emotionale Zustände, mentale Aktivitäten wie bewusste und unbewusste Gedanken, Träume und Fantasien sowie intellektuelle Aktivitäten.

Der Geist ist ein Vehikel des Gewahrseins und der Transformation. Er ist zu Logik, Argumentation und mathematischen Berechnungen ebenso fähig wie zu Kreativität, Intuition und Vorstellungskraft. Unsere Fähigkeit zur Selbstreflexion ermöglicht es uns, über emotionale Zustände nachzudenken, während unser denkender Verstand Entscheidungen trifft und die nötige Unterstützung ausfindig machen kann. Unser Intellekt gibt uns die Möglichkeit, unser unbewusstes Material zu verstehen, nachdem es sich uns durch eine Reise offenbart hat.

Da die meisten Heilmethoden – und insbesondere erweiterte Bewusstseinszustände – versuchen, das Gewahrsein auf verspannte Stellen im Körper und in der Psyche zu lenken, werden unterdrückte Energien, Erinnerungen und Schattenanteile von uns selbst an die Oberfläche und ins Bewusstsein gebracht. Dieses Schattenmaterial wurde oft so lange unterdrückt, bis es scheinbar fest geworden ist und sich als physiologische Spannung manifestiert. Es kann sich um Schmerz, Trauer, peinliche Handlungen oder Schuldgefühle handeln. Wenn Körper und Psyche jedoch mehr Gewahrsein zulassen, werden ein verbesserter Energiefluss und eine stärkere Vitalität erlebt.

Kognitiv-geistige Bestandsaufnahme

Die folgenden Fragen sollen dir dabei helfen, herauszufinden, wie du zu deinem Verstand und deinen Gefühlen stehst.

Intellekt

- Kannst du deine intellektuellen Stärken beschreiben?
- Welche Art von Büchern oder Podcasts regen deinen Intellekt an?
- Neigst du dazu, über die Vergangenheit nachzudenken oder dir Sorgen über die Zukunft zu machen?
- Gibt es eine Person oder eine Erinnerung, an die du ständig denkst, oder eine wiederkehrende Situation, die du zu »verstehen« versuchst?
- Welche Methoden hast du, um deinen Verstand zu beruhigen und mit Stress umzugehen?

Emotionale Prozesse

- Was sind deine emotionalen Stärken?
- Inwiefern betrachtest du dich als emotional verletzt?
- Welche Emotionen kannst du nur schwer empfinden?
- Wie drückst du deine Emotionen aus?
- Auf welche Weise unterdrückst du Wut, Trauer oder Freude?
- Beeinflussen deine Ängste die Art und Weise, wie du mit der Welt umgehst?
- Wann empfindest du Freude oder Wohlbefinden?
- Könntest du ehrlicher zu dir selbst sein?
- Hast du ein unterstützendes Umfeld für deinen emotionalen Prozess, z. B. einen Therapeuten, einen Körpertherapeuten oder eine 12-Schritte-Gruppe?

Zugang zum Unbewussten

- Wie stehst du zu deinem Unbewussten?
- Schreibst du deine Träume auf, wenn du aufwachst, und arbeitest du mit ihnen?
- Gibt es Systeme, die dir helfen, über dein Leben nachzudenken? (Astrologie, Numerologie oder das Enneagramm1)
- Besuchst du Workshops, um dich mit Heilungs- und Therapiemethoden auseinanderzusetzen?

LEBENSENERGIE

Als Kind kam mir unsere Gemeindekirche so großartig vor: das Licht, das durch die Buntglasfenster strömte, der Geruch von Weihrauch, das Bild von Jesus mit ausgebreiteten Armen an der Decke, eine Taube über seinem Kopf. Ich spürte die Gegenwart der Gnade, des Mysteriums und eines allmächtigen Gottes. Ich sang mit ein paar Freunden in dem kleinen Chor, und meine Stimme erfüllte die Kirche mit Schönheit und Herz. Dann wurde ich zum Jugendlichen und erfuhr, dass Frauen keine Priester werden konnten, dass Sexualität verpönt war und dass Handlungen, die als sündhaft galten, aus Scham verborgen werden mussten. Ich fühlte mich eingeengt und niedergedrückt. Viele Jahre später besuchte ich dann die Basilika der Jungfrau von Guadalupe in Mexiko-Stadt. Ich stand da und tauchte ein in das Meer des Glaubens all der Pilger und das Geheimnis der Gegenwart der Jungfrau Maria, und ich weinte. Ich spürte, wie diese ursprüngliche Glaubensgrundlage all die Jahre in mir gelebt und darauf gewartet hatte, wiedererweckt zu werden. Ich hielt nicht länger an Konzepten von Sünde oder Scham fest, und fühlte doch, dass die Seele in mir noch immer lebendig war.

Die meisten Techniken, die darauf abzielen, das Bewusstsein zu erweitern, ermöglichen es uns, eine Verbindung zu einer spirituellen Dimension herzustellen. Das Überschreiten der menschlichen Realität hin zu einer weitreichenden transpersonalen Dimension ist seit Jahrtausenden ein Hauptanliegen der Menschheit.

Der spirituelle Aspekt, den ich hier anspreche, hat mit unserer Beziehung zum Göttlichen und zur Lebensenergie zu tun. Er umfasst die Teile des Lebens, die nicht durch die Sinne im alltäglichen Bewusstseinszustand erfahren werden können. Die Lebensenergie ist das, was jenseits der gewöhnlichen menschlichen Wahrnehmung, jenseits des Intellekts, jenseits wissenschaftlicher Theorien und jenseits dessen, was mit quantitativen Methoden gemessen werden kann, existiert. Spiritualität belebt und bereichert die anderen Dimensionen des Lebens.

Wie viele Fachleute im Gesundheitswesen inzwischen wissen, kann ein Ungleichgewicht in der spirituellen Dimension des Lebens zu Einschränkungen und Schwächen in anderen Lebensbereichen führen, wie z. B. der Gesundheit oder den Beziehungen.

Wenn ich selbst von Lebensenergie spreche, meine ich die Qualität des Göttlichen, die jedem beseelten Wesen sowie den unbeseelten Dingen der Schöpfung innewohnt. Die Definition von Lebensenergie wird hier offengelassen, um eine Vielzahl von Möglichkeiten einzubeziehen.

Religion hingegen ist strukturierte Spiritualität, die von Regeln, Ritualen und oft auch Hierarchien bestimmt wird. Religionen greifen Spiritualität auf und fügen Strukturen und Vorschriften hinzu. Möglicherweise verzerren Religionen durch den Prozess der Schaffung einer Organisation die ursprünglichen spirituellen Erfahrungen ihrer Gründer und zerstören die authentische Spiritualität, die ihren Ursprung bildet. Dennoch bleibt Spiritualität die reine Essenz der Religion.

Lebensenergetisch-spirituelle Bestandsaufnahme
Die folgenden Fragen sollen dir dabei helfen, deine Beziehung zur Spiritualität zu erforschen.

Spiritueller Hintergrund
- Würdest du dich selbst als spirituellen Menschen bezeichnen?
- Bist du religiös erzogen worden?
- Wenn ja, hat sich das negativ oder positiv auf dein Leben ausgewirkt?
- Wenn nicht, was hat deine Beziehung zur Spiritualität geprägt?

Überzeugungen
- Glaubst du an einen Gott, an viele Götter oder an gar keinen Gott?
- Glaubst du, dass das Leben heilig ist?
- Wie ist deine Beziehung zu den Elementen oder den Flüssen und Bergen in deiner Umgebung?
- Würdest du sagen, dass du gläubig bist?
- Wie drückst du deine Dankbarkeit aus?
- Was ist dir in deinem Leben am wichtigsten?

Praktiken
- Hast du einen spirituellen Lehrer?
- Gehörst du einer spirituellen Gemeinschaft an?
- Trefft ihr euch, um zu meditieren, zu beten, zu singen oder um anderen zu helfen?
- Welche Rituale oder spirituellen Praktiken führst du aus?
- Wie feierst du Geburten, Jahrestage oder bedeutende Todesfälle?
- Welche spirituellen oder inspirierenden Bücher magst du?
- Wo bewahrst du Bilder von spirituellen Lehrern, bedeutungsvolle Gegenstände oder besondere Fotos auf?
- Meditierst du, betest du oder verbringst du Zeit in der Natur?
- Nimmst du dir Zeiten der Stille und Ruhe, wenn du allein bist?
- Nimmst du dir Zeit für spirituelle oder persönliche Einkehr?

GEMEINSCHAFT

Als ich elf Jahre alt war, las ich in einer Zeitschrift, dass das vietnamesische Volk aufgrund des Vietnamkriegs in großer Not war und dass humanitäre Organisationen Patenschaften für vietnamesische Kinder vermittelten. Ich wollte eine Patenschaft für ein Kind übernehmen. Ich sprach mit meiner Mutter darüber, und sie fand die

Idee großartig. Sie meinte, sie würde sogar meinen Taschengeldanteil an die Organisation spenden. Ich fühlte mich verstanden und unterstützt, als wären wir ein Team. Nachdem ich Kontakt aufgenommen hatte, schrieb ich meinem Freund in der Ferne und erhielt einen Brief und ein kleines Schwarz-Weiß-Foto zurück. Ich fühlte eine Verbundenheit, die mir Freude bereitete. Jahre später, nachdem ich mit unserem ersten Kind schwanger war, beschlossen mein Mann und ich, erneut eine Patenschaft für ein Kind zu übernehmen. Wenn ich einem Kind ein gutes Leben bieten wollte, wollte ich es mit einem anderen Kind an einem Ort teilen, an dem Hilfe benötigt wurde. Fünf Jahre später, als mein Mann und ich überlegten, ob wir ein zweites Kind bekommen sollten, waren wir uns einig, dass es eher unseren Überzeugungen entspräche, unser Zuhause und unser Herz für ein Kind zu öffnen, das ein Zuhause braucht, als ein weiteres leibliches Kind zu zeugen. Also beschlossen wir, ein Kind zu adoptieren. Unser Sohn ist zu einem sensiblen Mann und talentierten Künstler herangewachsen, der unserer Familie viel über Eingliederung und Großzügigkeit beigebracht hat.

Der vierte Aspekt ist die Gemeinschaft. Aus schamanischer Sicht beschränkt sich die Gemeinschaft nicht auf die Menschen in unserem Leben, sondern umfasst alles, womit wir in Beziehung stehen. Das heilige Lakota-Gebet *Mitakuye Oyasin*, was »Alle meine Verwandten«[2] bedeutet, würdigt die gegenseitige Abhängigkeit allen Lebens, der Menschen, Tiere, Insekten, Berge, Flüsse, Pflanzen, Steine und allem anderen. Während wir die vielen Wesen würdigen, die eine Gemeinschaft im weitesten schamanischen Sinne bilden, werden wir den Begriff »Gemeinschaft« hier spezifischer verwenden, da er sich auf menschliche Gemeinschaften und Beziehungen bezieht.

Aufgrund der hohen Bedeutung, die dem Individualismus in modernen Industriegesellschaften beigemessen wird, haben viele von uns das Gleichgewicht in Bezug auf die sozialen Strukturen um uns herum verloren: unsere Familie, unsere Nachbarschaft, unseren Arbeitsplatz, unsere Schule und unsere Nation. Infolgedessen fühlen sich viele Menschen isoliert und einsam. Das soll nicht heißen, dass Menschen in indigenen Kulturen nie einsam sind, aber Menschen, die in zersplitterten Gemeinschaften leben, fehlt es oft an wirkungsvollen Lösungen, um wieder Anschluss zu finden.

Der Aspekt der Gemeinschaft umfasst auch enge Beziehungen zu Partnern und Familien. Diese engen Beziehungen können, auch wenn sie manchmal Konfliktquellen sind, ein wertvolles Feld für psychologisches Wachstum sein. Zur Gemeinschaft gehören auch unsere spirituellen und politischen Gemeinschaften, Bildungs- und Arbeitsgemeinschaften, unsere Nachbarschaft und die Schule, die wir besuchen. Diese Gemeinschaften überschneiden sich oft auf offenkundige und unterschwellige Weise und bilden ein vielfältiges, voneinander abhängiges Netz lebendiger Beziehungen.

Gemeinschaftsbezogene Bestandsaufnahme

Die folgenden Fragen sollen dir dabei helfen, herauszufinden, wie du zu deiner Gemeinschaft stehst.

Persönliche Beziehungen

- Wie ist deine Beziehung zu deiner Herkunftsfamilie?
- Wenn du einen Freund brauchst, wen rufst du an?
- Bist du in der Lage, dauerhafte Freundschaften zu pflegen?
- Hast du Freunde, denen du vertrauen und auf die du dich verlassen kannst?
- Wie teilst du deine Verletzlichkeit mit den Menschen in deinem Leben?
- Wie fühlst du dich, wenn andere Menschen ihre Verletzlichkeit zum Ausdruck
- bringen?
- Neigst du dazu, dich in einer Beziehung zu sehr auf andere zu konzentrieren, zuzuhören und zu unterstützen?
- Neigst du dazu, dich zu sehr auf dich selbst zu konzentrieren, um Hilfe zu bitten und Aufmerksamkeit zu suchen?

Gruppenzugehörigkeit

- Was bedeutet es für dich, einer Gemeinschaft anzugehören?
- Welchen Arbeits- oder Sportgemeinschaften, spirituellen oder künstlerischen Gemeinschaften gehörst du an?
- Wenn du an einem Workshop oder einer Ritual teilnimmst oder mit einer Gruppe reist, wie leicht fällt es dir dann, mit anderen in Kontakt zu treten?
- Welche Eigenschaften oder Handlungen bringst du in deine Gemeinschaften ein?
- Wie knüpfst du Kontakte zu neuen Menschen?
- Wie hältst du die Verbindung zu den Menschen in deinem Leben aufrecht?
- Hast du mit einem Freund, einem Familienmitglied oder einer anderen Person in deiner Gemeinschaft noch etwas »offen«?
- Interessierst du dich für globale Ereignisse?
- Fühlst du mit anderen mit, die Leid oder Erfolg erleben?
- Wie trägst du zur Entwicklung des menschlichen Bewusstseins bei?

Geben und Nehmen

- Fühlst du dich durch deine sozialen Verpflichtungen gestärkt oder erschöpft?
- Wie gut schaffst du es, Zeit mit anderen und Zeit für dich selbst in Einklang zu bringen?
- Bist du eher zurückgezogen und introvertiert oder eher extrovertiert und kontaktfreudig?
- Wie könntest du in deinen Beziehungen zu anderen ausgeglichener sein?
- Wie gibst du deiner Gemeinschaft durch gemeinnützige Arbeit etwas zurück?

UMFELD

Wenn ich traurig bin, gehe ich in meinen Garten. Wenn ich glücklich bin, gehe ich in meinen Garten. Mein Garten ist meine Zuflucht und meine kreative Palette. Ich grabe

> Löcher und verpflanze Setzlinge. Ich schneide Blumen und stelle tolle Sträuße für unseren Esstisch zusammen. Ich jäte das Gras, das meine Lieblingsrosen erstickt. Es gibt einen rosafarbenen Rosenbusch, der meiner Freundin Elisabeth gewidmet ist, die mit einundvierzig Jahren starb, und einen weißen für meine Mutter, die vor kurzem verstorben ist. Es gibt Blumen, die ich für meine Bienen pflanze oder aus denen ich Tinkturen und pflanzliche Arzneimittel herstelle. Meine Verbindung zum Garten ist komplex und innig. Er erzählt die Geschichte meines Lebens, meiner Tränen und Freuden. Er ist wie ein Freund, mit dem ich alles teile, der mich in den letzten dreißig Jahren wachsen sah. Ich bin dankbar, dass ich einen Garten als Palette für meinen kreativen Ausdruck habe und in direkter Beziehung zur Erde und ihren Pflanzen leben kann.

Der fünfte Aspekt ist die Umwelt, die unsere nichtmenschliche belebte und unbelebte Umgebung umfasst. Dazu gehören Gärten, Flüsse, Bäume, Berge, Tiere und andere Lebewesen, die in der Wildnis leben. Er umfasst auch die Räume, in denen wir leben und arbeiten, unsere Nachbarschaft, unsere Stadt oder unser Dorf und unser Land. Dieser Aspekt beinhaltet unsere Beziehung zu den Elementen Erde, Wasser, Feuer, Luft und Raum sowie die Richtungen Norden, Süden, Osten und Westen, oben, unten und innen.

Unsere Umwelt hat einen starken Einfluss darauf, wer wir sind. Sie beeinflusst unser Bewusstsein und wirkt sich auf unsere Prioritäten und Denkweisen aus. Wenn wir am Meer leben, haben wir einen bestimmten Lebensstil, da die Gezeiten unweigerlich unsere Aktivitäten beeinflussen. Wenn wir in der Wüste leben, wird unsere Alltagsrealität von der heißen und trockenen Landschaft geprägt. Die äußere Umgebung wirkt sich direkt auf unser tägliches Leben aus. Wir wiederum beeinflussen unsere Umwelt. Jede Ressource, die wir nutzen, stammt von der Erde und wird wieder zu Erde. Durch die Art und Weise, wie wir leben, kochen, konsumieren und reisen, drücken wir unser Maß an Umweltbewusstsein, unser Engagement für einen nachhaltigen Lebensstil und unsere persönliche Verbindung zur Natur aus.

Wie wir mit unserer Umwelt und der Natur umgehen, spiegelt wider, wie wir mit uns selbst umgehen. Der Zustand unseres Zuhauses kann als Spiegelbild unseres inneren Zustands betrachtet werden. Dasselbe gilt für die Umwelt unseres Planeten, auf dem wir leben. Die Art und Weise, wie wir mit der Erde umgehen, spiegelt wider, wie wir mit uns selbst umgehen. Heilung und Transformation finden auf Makro- und Mikroebene statt, die sich auf offenkundige und unterschwellige Weise gegenseitig beeinflussen.

Umweltbezogene Bestandsaufnahme

Die folgenden Fragen sollen dir dabei helfen, herauszufinden, wie du zu deiner Umwelt stehst.

Beziehung zur Natur

- Wie viel Zeit verbringst du in der Natur?
- Wie verbindest du dich mit den Bergen, Flüssen, Bäumen und Pflanzen um dich herum?

- Mit welcher regionalen Flora und Fauna bist du vertraut?
- Mit welchen Elementen – Erde, Wasser, Feuer, Luft oder Raum – bist du am meisten verbunden?
- Inwiefern betrachtest du die Natur als lebendig?
- Verwendest du nachhaltige und biologisch abbaubare Produkte?
- Verwendest du Produkte wieder und leitest sie der Wiederverwertung zu, wenn du kannst?
- Wie bringst du der Erde deinen Respekt entgegen?

Wohn- und Arbeitsumfeld

- Ist dein Zuhause eher unordentlich oder ordentlich?
- Wie spiegelt dein Zuhause deinen Sinn für Schönheit und die Dinge wider, die du liebst?
- Hast du Pflanzen in deinem Wohnraum?
- Hast du Kunstwerke, wertvolle Gegenstände oder Gemälde in deinem Zuhause?
- Wie ist deine Beziehung zu der Straße, in der du wohnst, und wie gehst du mit ihr um?
- Wie entspannt oder energiegeladen fühlst du dich an deinem Arbeitsplatz?

DIE DREI QUALITÄTEN

Die Mazatec-Schamanin María Sabina pflegte während ihrer abendlichen Pilzrituale poetische Worte zu sprechen. In einem ihrer Gedichte, das sich auf die wesentliche Natur ihrer Arbeit bezieht, sagt sie: »Es geht um Klarheit. Es geht um Sanftmut.«[3] Diese Eigenschaften ähneln den beiden Haupttugenden, die durch buddhistische Praktiken entwickelt werden sollen: Weisheit und Mitgefühl. Julieta hat mir erklärt, dass die Mazateken das katholische Kreuz als Symbol für die Vereinigung dieser beiden Eigenschaften interpretieren: die vertikale Achse der Klarheit und Weisheit und die horizontale Achse der Sanftheit und des Mitgefühls, die sich in der Mitte treffen. In der Mitte befindet sich das Herz, von dem aus wir unseren kreativen Ausdruck in diesem Leben manifestieren.

Wie der indische Meister des Nicht-Dualen, Nisargadatta, so treffend sagte: »Wenn ich sehe, dass ich nichts bin, ist das Weisheit. Wenn ich sehe, dass ich alles bin, ist das Liebe. Und zwischen den beiden bewegt sich mein Leben.«[4]

Wenn man die Eigenschaften Weisheit, Kreativität und Liebe in den Prozess der Bestandsaufnahme einfließen lässt, wird dieser menschlicher; er wird zu einer stärker körperlich verankerten Praxis. Diese drei Eigenschaften gelten für jede Ebene der Selbsterkundung, von der Arbeit mit den Antworten auf die Bestandsaufnahmen über die Anleitung zur Vorbereitung einer Reise, die Unterstützung einer Reise bis hin zur Interpretation des Materials, das während einer Reise aufgetaucht ist, und der Bestimmung des besten Herangehens an den Integrationsprozess.

WEISHEIT

Als mein Klient Yosef von einem Ayahuasca-Retreat in Peru zurückkehrte, war er aufgewühlt und verstört. Er sagte, er sei aus der Bahn geraten und von Visionen riesiger Schlangen, die ihn auffraßen, übermannt worden. Ich fragte ihn, was dies seiner Meinung nach für sein Leben bedeutete. Er hatte keine Ahnung. Die Symbolik seiner Visionen sagte ihm nichts. Da er sich nicht mit sich selbst auseinandersetzte, fehlte ihm der Kontext, von dem aus er arbeiten konnte. Als wir uns sein Leben ansahen, wurde ihm klar, dass seine Vitalität sehr gering und seine Sexualität unterdrückt war. Als ich ihn erneut fragte, gab er zu, er könne die Schlangen als Symbole des Erwachens sehen, als seine Lebenskraft, die in seinem Körper erwacht. Er erkannte, dass sie, anstatt ihn zu töten, vielleicht Boten waren, die ihn an seine Kraft erinnerten. Er beschloss, zu tanzen, zu malen und zu versuchen, seine sinnliche Energie nach Jahren der Vernachlässigung wieder zu entfalten. Seine Erfahrung erwies sich als Vorbote des Wachstums und nicht als verwirrender Albtraum.

Weisheit ist die Fähigkeit, Wissen mit konkreter Lebenserfahrung zu verbinden. Wenn ich die Theorie zu einer Praxis lese, die Emotionen freisetzt, aber noch nie die tatsächliche Erfahrung gemacht habe, kann ich diese Praxis nicht bestätigen oder sagen, dass ich sie kenne, da ich sie selbst nicht erlebt habe. Lebenserfahrung verwandelt Wissen in verkörperte Weisheit.

Umgekehrt kann eine bloße Erfahrung an sich – obwohl sie wertvoll ist – verwirrend sein, wenn wir keinen Kontext dafür haben. Wenn ich zum Beispiel eine schamanische Trommelreise unternehme und in die Unterwelt hinabsteige, in fantastische Visionen eintauche, in denen ich mit Walen im Meer schwimme, und bei meiner Rückkehr einfach berichte: »Wow, ich habe Wale gesehen«, wie nützt mir das dann? Es mag eine ergreifende Erfahrung sein, die ich vielleicht in Ehren halte, aber wenn ich vor Beginn der Reise keine Frage oder Absicht habe, fehlt dem Inhalt der Kontext. Wenn ich jedoch eine Absicht im Voraus formuliere, wie z. B. »Ich möchte von einem Tier eine Botschaft für meine gegenwärtige Situation erhalten«, dann beginnt meine visionäre Erfahrung einen Sinn zu ergeben. Ich kann erkennen, wie die Erhabenheit und Anmut der Wale mir etwas darüber vermittelt, wie ich mehr Raum in meinem Leben einnehmen kann. Es wird zu einer Antwort auf eine Frage und die Lektionen werden anwendbar. Es ist das Wissen in Kombination mit einer unmittelbaren Erfahrung, das zu Weisheit führt und den Menschen dazu anleitet, in seinem Leben angemessene und wohlüberlegte Entscheidungen zu treffen.

Weisheitsbezogene Bestandsaufnahme

- Woran erkennst du Weisheit bei jemandem?
- Inwiefern betrachtest du dich selbst als weise?
- Was sind deine Quellen der Weisheit? Menschen, Lehren, lebendige Traditionen?

- Neigst du eher dazu, Wissen zu sammeln oder direkte Erfahrungen zu machen?
- Begegnest du immer wieder denselben Problemen oder Mustern?
- Bist du in der Lage, dir Wissen über diese Muster anzueignen?
- Verfügst du über die Weisheit, wie man sie transformiert? Oder nicht?
- Traust du dir zu, notwendige Veränderungen in deinem Leben vorzunehmen?
- Kannst du Unterstützung in Anspruch nehmen, wenn du dich nicht in der Lage fühlst, schwierige Muster zu ändern?
- Wie integrierst du deine Erfahrungen?
- Wie lernst und entwickelst du dich weiter?
- Wie könntest du neue Erkenntnisse in dein Leben einbringen?

KREATIVITÄT

Vor einigen Jahren dachte ich darüber nach, wie ich Essen zubereite, und mir wurde klar, wie unkreativ ich in diesem Bereich war. Ich probierte selten neue Zutaten oder Rezepte aus. Ich beschloss, experimentierfreudiger zu sein, um die kreative Energie beim Kochen zu steigern. Ich kaufte auf dem Markt neue Gewürze, die ich nicht kannte, und suchte nach Rezepten, in denen sie enthalten waren. Ich begann, mit Kardamom, Zitronengras und Wacholderbeeren zu experimentieren. Die kreative Kraft führte mich dazu, gewagtere Blumenarrangements in meinem Haus auszuprobieren, neue Pflanzen in meinen Garten zu setzen und mehr Farbe in meine Garderobe zu bringen.

Wir leben in einer Welt, die sich ständig neu erschafft. Kreativität ist die Energie, die das Leben in Richtung Veränderung und Evolution treibt. Sie spiegelt die Art und Weise wider, wie wir auf Erfahrungen reagieren. Es liegt in unserer Fähigkeit, eine Erfahrung oder einen Zustand zu verändern, zu erweitern oder zu vertiefen. Kreativität ist keine Gabe, die nur Künstler besitzen. Wir alle sind Künstler und bringen auf unsere einzigartige Weise Genie zum Ausdruck, indem wir einfach authentisch in unserem Leben auftreten. Alles, was wir tun, jeder Gedanke und jede Handlung kann eine neue Schöpfung sein.

Die Kraft des kreativen Impulses verlangt, dass wir unsere Weisheit einsetzen, um neue, förderliche Muster und liebevolle Beziehungen in unserem Leben zu schaffen. Wenn ich morgens aufwache und mich steif fühle, meine Gelenke schmerzen und ich mich nicht gut aufsetzen kann, ist das meine unmittelbare Erfahrung. Die Qualität der Weisheit veranlasst mich, etwas dagegen zu unternehmen. Dann kommt die Kreativität mit Ideen: »Ich kann Yoga machen. Ich kann spazieren gehen. Ich kann heiß duschen oder in die Sauna gehen.« Auf diese Weise kann ich meine Situation kreativ verändern.

Kreativitätsbezogene Bestandsaufnahme

- Inwiefern betrachtest du dich selbst als kreativ?

- Inwiefern bist du kreativ, wenn es um deine Kleidung, deine Ernährung oder deinen Ausdruck durch Worte und Taten geht?
- Was interessiert dich?
- Betreibst du irgendeine Form des künstlerischen Ausdrucks?
- Welche Vorstellungen hast du von deiner Fähigkeit, kreativ zu sein?
- Fühlst du dich in deiner Kreativität eingeschränkt?
- Was schränkt dich ein?
- Könntest du mit jemandem, den du kennst, auf kreativere Weise umgehen?
- In welchem Lebensbereich würdest du gerne etwas Neues einführen?
- Was könntest du Neues erforschen?

LIEBE

Während einer meiner Gruppenreisen mit Pablo zeigte er uns eine Vielzahl von Dias, bevor wir die heiligen Pilze einnahmen. Wir sahen Kinder, die vor Hunger weinten, Blumen, die auf einer Frühlingswiese blühten, entwaldete Hänge, ein Baby, das geboren wurde, und andere bewegende Bilder. Ich erinnere mich, dass ich von der Bandbreite menschlicher Erfahrungen emotional überflutet wurde. Dann verflogen die Gefühle und ich war jenseits von Wut, Freude oder Trauer. Ich war einfach offen und voller Ehrfurcht. Ich hatte mich mit dem Wesen aller Emotionen verbunden. Ich war das Liebesgefühl selbst.

Ich betrachte Liebe eher als einen Zustand denn als ein Gefühl. Ihre Präsenz ist von Natur aus fürsorglich und auf das Wohlergehen, das Wachstum und die Erfüllung des Lebens ausgerichtet. Liebe ist eine Kraft, die uns dazu antreibt, uns selbst tiefer zu erkennen und uns mit anderen zu verbinden. Ich spreche nicht von romantischer Liebe und auch nicht von sexueller Anziehung. Die Art von Liebe, von der ich spreche, ähnelt dem Mitgefühl, ist aber nicht dasselbe. Mitgefühl neigt dazu, sich der Verletzlichkeit der Menschheit zuzuwenden, indem es das Leiden anderer anerkennt, während Liebe die Größe und das Feiern all dessen, was wir sind, umfasst. Liebe ist unsere Fähigkeit, die Komplexität anderer in all ihren Dimensionen wertzuschätzen. Wenn ein Prozess frei von Liebe ist, fehlt ihm das menschliche Kernelement. Wenn wir eine Situation in unserem Leben erkennen, die geändert werden muss, kann es sich trocken anfühlen, sie ohne liebevolle Fürsorge anzugehen, selbst wenn unsere Reaktion kreativ ist. Liebe verleiht dem Prozess Sanftheit. Wenn ich eine Klientin durch die Vorbereitung führe und weiß, dass sie regelmäßig Alkohol trinkt und ich spüre, dass sich dies negativ auf ihr Wohlbefinden auswirkt, dann sage ich vielleicht behutsam: »Bevor du dich auf diese Heilungsreise begibst, wäre es angebracht, dich vorzubereiten, indem du den Alkoholkonsum reduzierst, damit du empfänglicher sein kannst.« Wenn ich in einem kalten Ton sage: »Du musst aufhören zu trinken«, wirkt meine Kommunikation wertend und führt zu einer Entfremdung zwischen uns.

Ich möchte ihr liebevoll zeigen, was ihrem Heilungsprozess am besten dient, auch wenn das, was ich vorschlage, schwierig oder herausfordernd sein mag.

Liebesbezogene Bestandsaufnahme

- Fühlst du Liebe?
- Wo in deinem Körper spürst du sie?
- Liebst du dich selbst?
- Wie drückst du Liebe für dich selbst aus?
- Wann hast du dich am meisten geliebt gefühlt?
- Was bedeutet es für dich, jemanden oder etwas zu lieben?
- Fällt es dir leicht, Liebe auszudrücken?
- Wie pflegst du das, was du liebst?
- Wie könntest du deine Liebe mehr zum Ausdruck bringen?
- Was möchtest du in diesem Leben über Liebe lernen?
- Was und wen liebst du am meisten?

Diese drei Qualitäten – Weisheit, Kreativität und Liebe – durchdringen die fünf Aspekte des Lebens: Körper, Geist, Seele, Gemeinschaft und Umwelt. Unsere Herausforderung besteht darin, ein dynamisches Gleichgewicht zwischen den drei Qualitäten in jedem der fünf Aspekte zu finden. Kreativität ohne Weisheit kann chaotisch und zerstörerisch sein. Weisheit ohne Kreativität kann statisch sein, und es fehlt ihr die Energie, sich zu manifestieren. Liebe ohne Weisheit kann übermäßig sentimental oder leichtsinnig sein, und Weisheit ohne Liebe kann kühl und distanziert sein. Kreativität ohne Liebe kann unsensibel und mechanisch sein, und Liebe ohne Kreativität kann begrenzt und monoton werden.

Wenn diese drei Eigenschaften im Gleichgewicht sind, unterstützen sie einander auf wunderbare Weise. Tatsächlich sind diese drei Eigenschaften der Kern dieser Heilmethode. Wenn ein Ritualleiter diese Eigenschaften kultiviert und verkörpert, kann er einen Klienten in einem Feld wirklicher Unterstützung halten. Auf diese Weise kann der Klient die Eigenschaften verinnerlichen. Auf der grundlegendsten Ebene ist es die kreative Übertragung von aus der Weisheit entspringenden Liebe, der die Kraft zur Heilung innewohnt.

REINES SEIN

Die fünf Aspekte und die drei Qualitäten existieren im Bereich des reinen Seins. Dies kann als Gott, Quelle, Leere, Gewahrsein, Transzendenz oder das Große Mysterium bezeichnet werden. Es ist kein »Es«. Es ist jenseits von Worten und kann nur durch unsere Fähigkeit, es wahrzunehmen, definiert werden. Es ist das Feld der reinen Potenzialität, das nach Manifestation strebt. Es ist der göttliche Funke in allen Dingen und der Raum, in dem sich unser Leben entfaltet.

Das reine Sein existiert überall und zu jeder Zeit, auch in den unzähligen Schichten unseres menschlichen Lebens und den Eigenschaften, die diese Schichten durchdringen. Die Erfahrung, dem reinen Sein zu begegnen, weckt in uns ganz natürlich den Wunsch, ein nachhaltigeres, ausgeglicheneres und friedlicheres Leben zu führen.

Bestandsaufnahme des reinen Seins

- Wie verbindest du dich mit deinem innersten Wesen?
- Wer bist du, wenn du nichts tust?
- Fühlst du dich wohl, wenn du einfach nur mit dir selbst zusammen bist?
- Fühlst du dich wohl, wenn du einfach nur mit jemand anderem zusammen bist?
- Was glaubst du, passiert, wenn dein Körper stirbt?
- Hast du eine Beziehung zu den Begriffen Reines Sein, Gott, Quelle, Gewahrsein, Leere, offene Präsenz, Transzendenz, großes Mysterium oder das Göttliche?
- Schaffst du Raum, um die Kraft des reinen Seins zu spüren?
- Wie beeinflusst diese Präsenz dein Leben?

Das ganzheitliche Modell für ein ausgewogenes Leben ist ein Kompass, der uns zu einer ehrlicheren Beziehung zu den fünf Aspekten unseres Lebens und zu einer vertieften Kultivierung der drei Qualitäten, die diese Aspekte durchdringen, führen kann. Wie sich jemand auf eine Reise vorbereitet, hängt davon ab, was er durch seine Bestandsaufnahmen herausfindet. Der Inhalt einer Reise lässt sich leichter entschlüsseln, wenn man das Modell als Linse verwendet. Schließlich wird die Herangehensweise an die Integrationsphase nach einer Reise durch die Verwendung des ganzheitlichen Modells für ein ausgeglichenes Leben erheblich unterstützt.

Die folgende Geschichte ist ein Beispiel für die Anwendung des ganzheitlichen Modells mit einer Klientin in den Phasen der Vorbereitung, der Reise und der Integration.

Meine Klientin Michelle war eine fünfunddreißigjährige berufstätige Frau, die in der Filmbranche arbeitete. Sie war beruflich viel unterwegs, hatte wenig Kontakt zu ihrer Herkunftsfamilie und nur wenige enge Freunde. Sie befand sich seit fünf Jahren in Therapie, und in dieser Zeit hatte sie Erinnerungen an den sexuellen Missbrauch durch ihren Stiefvater in ihrer Kindheit aufgedeckt. Die Therapie half ihr, sich bei ihrer anspruchsvollen Arbeit zu behaupten und in Selbsthilfegruppen zusätzliche Kraft zu schöpfen, doch sie empfand weiterhin Gefühle der Scham und des Unbehagens in ihrem Körper, während sie mit ihren lähmenden Erinnerungen kämpfte.

Michelle wandte sich an mich, weil sie an Depressionen und schweren Angstzuständen litt und eine andere Heilmethode ausprobieren wollte. Sie hatte von Studien über Psilocybin und dessen angstlindernde Wirkung gehört und spürte intuitiv, dass es ihr helfen könnte. Nach einer eingehenden Befragung und Überprüfung auf mögliche gesundheitliche Kontraindikationen entschied ich, dass sie eine geeignete Kandidatin für diese Arbeit war.

Natürlich brauchten wir mehrere Monate Beratungszeit, um ein festes Vertrauensverhältnis aufzubauen und gleichzeitig die emotionalen Ressourcen, die sie bereits kultiviert hatte, zu bekräftigen. Während dieser Zeit betrachteten wir ihr Leben aus der Perspektive des Ganzheitsmodells und gingen gemeinsam die Bestandsaufnahmen durch.

Auf der physischen Ebene fühlte sich Michelle in ihrem Körper unwohl; sie hatte das Gefühl, dass ihr etwas Wesentliches fehlte, und setzte ihren Körper durch Übungen sehr stark unter Druck. Sie empfand ein überwältigendes Schamgefühl, manchmal sogar Ekel, und hatte Angst, berührt oder umarmt zu werden. Ihr Schlaf war unruhig. Sie ernährte sich einigermaßen gesund, war aber oft auf Alkohol angewiesen, um ihre Ängste zu lindern. Sie genoss Spaziergänge in der Natur als wichtigste körperliche Aktivität.

Auf der emotionalen Ebene hatte Michelle gelernt, bei der Arbeit für sich selbst einzustehen, doch fühlte sie sich in geselligen Situationen immer noch unwohl. Sie fühlte sich oft verbal angegriffen, auch wenn sie rational wusste, dass dies nicht der Fall war. Sie fürchtete sich vor Arbeitssitzungen, bei denen sie das Gefühl hatte, enthusiastisch wirken zu müssen, während sie sich innerlich überwältigt und ausgelaugt fühlte.

Auf der spirituellen Ebene war Michelle wütend auf Gott, weil er ihren Missbrauch in der Kindheit zugelassen hatte. Ihre Beziehung zur Natur war jedoch eine Quelle der Ruhe, da sie dort seelischen Trost fand.

Auf der Ebene der Gemeinschaft hielt sie den Kontakt zu den Mitgliedern ihrer Selbsthilfegruppe aufrecht, doch sie hatte das Gefühl, dass diese Freundschaften sie noch unglücklicher machten. Zu ihrem früheren Therapeuten hatte Michelle Vertrauen aufbauen können, aber andere Beziehungen, insbesondere romantische, waren für sie schwierig. Insgesamt fühlte sie sich isoliert.

Was die Umgebung anbelangt, so hielt Michelle ihr Haus sehr ordentlich. Alles musste extrem sauber und an seinem richtigen Platz sein. Obwohl sie gerne in der Natur war, hatte sie Angst vor Schmutz, Zweigen oder Insekten auf ihrer Kleidung oder der Haut.

Ich konnte sehen, dass Michelles sexuelle Missbrauchserfahrungen alle Bereiche ihres Lebens beeinflusst hatten. Indem sie diese verschiedenen Aspekte ihres Lebens ohne Vorurteile betrachtete, konnte sie sich selbst klarer und ganzheitlicher sehen. Sie erkannte ihre Stärken und Errungenschaften, wie zum Beispiel die Unterstützung, die sie gesucht hatte. Sie erkannte auch die Bereiche, in denen sie noch verletzlich war und Heilung brauchte. Sie wollte mehr Liebe für ihren Körper empfinden und wünschte sich ein spirituelleres Leben und mehr Verbindung zu anderen Menschen. Während unserer monatelangen Gespräche war Michelle bereit, sich auf ihre Erfahrung vorzubereiten, indem sie einige Veränderungen in ihrem Leben vornahm. Sie begann, einen Kurs für regeneratives Yoga zu besuchen, wodurch sie mehr in Kontakt mit ihrem Körper kam. Sie war bereit, ein paar spirituelle Bücher zu lesen und an einigen Meditationsabenden teilzunehmen, was ihr half, ein Gefühl der inneren Ruhe zu finden. Außerdem trank sie weniger Alkohol.

Nachdem wir eine gute therapeutische Beziehung aufgebaut hatten und sie sich Zeit für einige wichtige Vorbereitungen genommen hatte, schien es mir richtig,

Michelle nach Mexiko mitzunehmen, um die heilende Wirkung der Pilzritual zu erleben. Ich schilderte ihr die Rahmenbedingungen, einschließlich der verschiedenen Phasen der Ritual, der körperlichen Auswirkungen der Pilze und der möglichen Visionen und ungewöhnlichen Empfindungen. Sie formulierte die Absicht, ihren Körper besser akzeptieren zu wollen, mehr Leichtigkeit in ihren Beziehungen zu haben und Zugang zu einer tieferen Spiritualität zu finden.

Als Michelle ankam, war sie ein bisschen schüchtern, als sie meine Lehrerin und ihre Familie kennenlernte. Ich erklärte ihnen, dass Michelle durch die Pilzritual Heilung suchte, und alle hießen sie herzlich willkommen. Als der Abend der Ritual näher rückte, schlug ich Michelle vor, sich zu entspannen, ruhig zu atmen und sich der Erfahrung hinzugeben, auch wenn es sich ungewöhnlich anfühlte. Julieta und ich würden während der gesamten Reise da sein, um zu singen, zu beten und sie körperlich und emotional zu unterstützen.

Um 18 Uhr nahm Michelle die Pilze und den Honig, die ihr auf einem kleinen Teller serviert wurden, ein. Dann legte sie sich auf ihre Matratze und deckte sich mit Decken zu. Wir begannen die Ritual mit Liedern, Gebeten und Momenten der Stille, während wir von Zeit zu Zeit nach Michelle sahen. Zuerst war sie etwas orientierungslos. Sie mochte ihre geistige Unklarheit nicht und war verwirrt von den Bildern, die sie in ihrem Inneren sah. Sie sah dunkle, bedrohliche Farben, die sich in riesige Räume der Leere und Finsternis verwandelten. Ich beruhigte sie und sagte ihr, dass verzerrte Bilder und Formen in dieser Anfangsphase nicht ungewöhnlich seien. Ich bot ihr an, ihre Hand zu halten, was sie gerne annahm. Nach kurzer Zeit konnte ich spüren, dass sie sich entspannte und sich auf ihre Erfahrung einließ. Sie begann zu gähnen und zu seufzen, ein sicheres Zeichen dafür, dass die Wirkung der Pilze einsetzte. Später schrieb sie folgenden Bericht:

> *Zuerst war ich total verwirrt, weil ich komische Formen und Farben sah, die mir nichts sagten. Mein Körper hatte Angst, loszulassen. Aber dann kam Françoise, hielt meine Hand, und ich fühlte mich besser. Ich spürte, wie Wärme in meinen Körper strömte, Wellen flossen in mir wie ein Ozean. Ich fühlte mich so weit, wie Wasser und frei. Die Wellen wuschen meine Ängste weg wie Steine, Ablagerungen und alte, halb verrottete Algen. Ich empfand meine Tiefe als Ozean, meine Oberfläche als Wellen, die Fische und Meerespflanzen als meine Kinder.*
>
> *Irgendwann spürte ich die Anwesenheit meines Stiefvaters. Er sah verwirrt, klein und verletzt aus. Ich hatte fast Mitleid mit ihm. Schließlich musste er mit dem leben, was er mir angetan hatte. Ich war unschuldig, und das war meine Stärke. Ich konnte meine Verletzlichkeit spüren und wie sehr ich Angst vor Menschen hatte. Ich verstand, warum ich meinen Körper als peinlich und beschämend empfand. In diesem verletzten Zustand konnte ich meine Liebe zu mir selbst spü-*

ren. Ich kehrte immer wieder zum Ozean zurück, und alles fühlte sich anders an. Die Möglichkeit der Veränderung schien grenzenlos. Mein Körper war heilig und voller Wasser und Leben. Ich habe jetzt etwas Besseres in meinem Leben gefunden. Ich kann alles erreichen, was ich will. Ich bin frei.

Ab und zu hörte ich Françoise singen, manchmal allein, manchmal mit ihrer Lehrerin. Sie fragte mich ein paar Mal, wie ich mich fühlte. Als die Wirkung der Pilze nachließ, fühlte ich mich entspannt und geborgen in meinen Decken. Die Kerze auf dem Altar war das Schönste, was ich je gesehen hatte; bernsteinfarbenes Licht tanzte mit Blumen und warf magische Schattenmuster an die Wände. Es lag ein süßer Rauch in der Luft, der köstlich duftete. Nach einer Pause bot Françoise mir eine Tasse Kräutertee mit etwas Brot und Mango an. Alles schmeckte wunderbar. Ich hatte noch nie in meinem Leben etwas so Unglaubliches gegessen!

Michelles Reise war offensichtlich eine wichtige und stärkende Erfahrung. Ihre Vorstellung, Teil des Ozeans zu sein, ihre Erkenntnisse und ihre Herzensöffnung waren eine radikale Veränderung im Vergleich zu ihren früheren Empfindungen. Zu Beginn des Integrationsprozesses war es für Michelle wichtig, mir die Geschichte ihrer Reise zu erzählen. Das war die erste Phase: Ich hörte mir ihre Geschichten, Eindrücke und Visionen an. Ich bat sie, sich an ihre ursprüngliche Absicht für die Reise zu erinnern. Sie erinnerte sich an das Gefühl der Weite, das sie als Wasserwesen hatte. Sie fühlte sich offen, weich und empfänglich. Sie war auch ein bisschen besorgt, dass sie »zu offen« sein und verletzt werden könnte. Ich nahm ihre Bedenken ernst. Die Stärke und persönliche Kraft, die sie während ihrer Reise entdeckt hatte, gaben ihr das Selbstvertrauen, dass sie vielleicht anders mit Menschen umgehen könnte. Das war aber alles so neu für sie, dass sie nicht sicher war, wie sie diese neuen Erkenntnisse in ihrem Alltag anwenden sollte.

Was Michelles Wunsch nach einer tieferen spirituellen Verbindung angeht, so empfand sie das Gefühl, während der Reise Teil des Ozeans zu sein, nicht nur als körperliche Erfahrung, sondern auch als spirituelle Initiation. Sie hatte sich noch nie zuvor so »nicht-menschlich« gefühlt, wie sie es ausdrückte. Das Aufgeben ihrer menschlichen Identität und das Verschmelzen mit der Natur waren für sie eine echte spirituelle Erfahrung. Anfangs kam ihr das Ganze ziemlich abstrakt vor, und sie war sich nicht sicher, wie sie diese Erfahrung in ihr Leben integrieren sollte. Auch wenn Michelles Reise für ihr ganzes Wesen heilend und segensreich war, verspürte sie nach ihrem Ende doch Traurigkeit. Ich sagte ihr, dass das ganz normal sei. Schließlich könne die Alltagswelt nach einer solchen Erfahrung manchmal flach erscheinen. Ich versicherte ihr, dass die Erinnerungen und Visionen nun in ihr weiterleben würden und dass die Integrationsphase ihr helfen würde, mit dem Erlebten in Verbindung zu bleiben.

Michelles Erfahrung half ihr, ein inneres Gefühl von Schönheit und Frieden wiederzufinden. Als jemand, der ein Trauma erlebt hat, hätte sie sich mit ihrem Schmerz und Leid, ihrer Scham oder ihrer Wut auf ihren Peiniger auseinandersetzen können. So schlimm das auch klingt, so eine Erfahrung kann stark machen. Stattdessen machte sie die Erfahrung, in ihrem Wohlbefinden neue Kraft zu finden. Auf diese Weise lenkte ihre Psyche ihre Erfahrung während der Ritual. In diesem fließenden Raum gewann Michelle einen Ort der Entspannung und Geborgenheit in sich zurück. Diese Reise wurde zu einer neuen Blaupause für ihr Leben und gab ihr die Möglichkeit, sich in der Welt sicher zu fühlen.

Die Integration war eine fortwährende Einladung, Erfahrungen zu suchen, bei denen sie sich sicher und entspannt fühlen würde. Sie beschloss, oft zu baden, dem Wasser ätherische Öle hinzuzufügen und sich mit Kerzen zu umgeben. Sie hatte das Gefühl, dass sie auf diese Weise eine unterstützende Umgebung für ihren Körper schaffen konnte, da es sie an das Gefühl der Fluidität erinnerte, das sie auf der Reise so sehr genossen hatte. Michelle machte weiterhin ihre Spaziergänge in der Natur und merkte mit der Zeit, wie viel wohler sie sich fühlte. Sie war neugierig und wollte alles berühren, Blumen riechen und im Laub liegen.

Michelle schloss sich schließlich einer lokalen Meditationsgruppe an, in der sie mit Achtsamkeitsmeditation anfing. Sie stellte fest, dass die Praxis, ihren Geist zu beruhigen, sie an die Ruhe erinnerte, die sie auf ihrer Reise empfunden hatte. Wir setzten die Beratung fort, wobei ich sie in ihrem neuen Gefühl emotionaler Stabilität und dem neuen Lebensentwurf, den sie sich geschaffen hatte, unterstützte. Michelle wurde ein anderer Mensch. Ihre innere Welt entwickelte sich weiter zu einem Ort der Zuflucht. Diese Veränderung ermöglichte es ihr, ihre Vergangenheit neu zu betrachten, nicht mehr als eine Reihe bedeutungsloser, schmerzhafter Traumata, sondern als einen Weg zu einem mehr in sich selbst verankerten und selbstbestimmten Leben.

4

DAS ZUHAUSE VERLASSEN

Die Grundlagen der Vorbereitung

Der Wind der Gnade weht immer, aber du musst die Segel setzen.
RAMAKRISHNA PARAMAHAMSA

Vor dreißig Jahren habe ich ein paar Freundinnen für eine Schwitzhütte mit einer erfahrenen Leiterin, Marilyn Youngbird, zusammengebracht. Das Schwitzhüttenritual besteht aus vielen Stunden in einer niedrigen, mit Leinwand bedeckten Kuppel aus Weidenzweigen. Heiße Steine werden von einem Feuer draußen in eine Grube in der Mitte der Hütte gebracht. Die Tür wird geschlossen, und die Teilnehmer sitzen zusammen in völliger Dunkelheit. Der Leiter gießt Wasser über die heißen Steine, wodurch sich die Kuppel mit intensiver Hitze und Dampf füllt, während er singt und betet. In einigen indigenen Kulturen ist diese Praxis ein kraftvolles Reinigungsritual und eine Ritual zur Heilung der Gemeinschaft. Es war vor vielen Jahren, ich war ganz neu in der Praxis und wusste noch nicht, was mich erwartete. Ich dachte mir ganz locker: »La, la, la, das wird toll! Wir sind ein Haufen Mädels, die eine gemeinsame Erfahrung machen werden. Was könnte schon schiefgehen?« Nun, es stellte sich heraus, dass Marilyn lange, schöne und intensive Retreats leitet. Ich ging völlig ahnungslos dorthin, und innerhalb von fünf Minuten war ich total fertig. Ich keuchte, hatte Angst vor der Hitze, der Dunkelheit und der Intensität meines körperlichen und emotionalen Zustands. Wir waren vier Stunden lang dort. Obwohl Marilyn ein paar Mal die Tür öffnete, um etwas kühle Luft hereinzulassen, fühlte ich mich, als würde ich sterben. Die Dunkelheit und die Hitze waren überwältigend. Ich fragte mich immer wieder, was ich dort tat; ich taumelte durch diese Erfahrung, ohne eine persönliche Richtung zu haben. Ich fühlte mich elend, ohne zu wissen warum.

Wenn wir uns die vielen Traditionen anschauen, die Techniken zum Erreichen erweiterter Bewusstseinszustände einschließen, sehen wir, dass sie durchweg großen Wert auf den Vorbereitungsprozess legen. Indigene Völker betrachten diese erweiterten Bewusstseinszustände als Zeiten der Heilung und der Verbindung mit dem Geist; sie werden mit Ehrfurcht und Sorgfalt betreten. In den unzähligen, von Mazatec-Anführern geleiteten Rituale, an denen ich teilgenommen habe, ist mir aufgefallen, dass sie sehr auf ihre Ernährung, ihre Beziehung zu ihrem Ritualleiter, ihre Gebete und ihre Opfergaben achten. Sie beginnen ihre Rituale mit bestimmten Liedern und Segnungen. Wenn wir uns in der modernen industrialisierten Welt mit dem Thema Vorbereitung beschäftigen, müssen wir die Bedeutung und Strenge dieser langjährigen Ansätze anerkennen und sie an unser Leben anpassen.

Um diese Vorbereitungsübungen in meine Arbeit als Therapeutin und Ritualleiterin einzubauen, konzentriere ich mich auf zwei verschiedene, aber miteinander verbundene Ansätze. Der erste Ansatz nutzt die Weisheit von »Set und Setting«. Der zweite betont die Weisheit des ganzheitlichen Modells.

Der Begriff »Set und Setting« wurde 1961 von Timothy Leary während der ersten Welle der zeitgenössischen psychedelischen Forschung popularisiert und ist mittlerweile recht geläufig. Die erste Generation von Pionieren in der Mitte des 20. Jahrhunderts untersuchte bewusstseinserweiternde Substanzen wie LSD und Meskalin aus wissenschaftlicher Perspektive und erwartete verlässliche Ergebnisse. Ihre Beobachtungen zeigten jedoch, dass jede psychedelische Erfahrung je nach Person und Umgebung völlig einzigartig war. Dieses Bewusstsein brachte sie auf das Konzept von »Set und Setting«. Timothy Leary schrieb dazu:

> *Natürlich ist es nicht die Droge selbst, durch die eine transzendente Erfahrung ausgelöst wird. Sie ist nur sozusagen der chemische Schlüssel, der den Geist öffnet und das Nervensystem von seinen normalen Mustern und Strukturen befreit. Wie die Erfahrung ist, hängt fast gänzlich vom Set (Einstellung) und Setting (Umfeld) ab. Das Set ist die Vorbereitung des Einzelnen, einschließlich seiner Persönlichkeit und seiner Stimmung im Moment. Das Setting ist physisch – das Wetter, die Atmosphäre im Raum; sozial – die Gefühle der anwesenden Personen untereinander; und kulturell – die vorherrschenden Ansichten darüber, was real ist. Aus diesem Grund sind Handbücher oder Leitfäden notwendig. Ihr Zweck ist es, einer Person zu ermöglichen, die neuen Realitäten des erweiterten Bewusstseins zu verstehen, und als Landkarte für neue innere Territorien zu dienen, die von der modernen Wissenschaft zugänglich gemacht wurden.1*

SET

Das Set umfasst die Einstellung und die Absicht des Reisenden. Die Einstellung ist der emotionale und psychologische Zustand eines Reisenden, der sich auf eine Erfahrung einlässt. Wenn jemand zum Beispiel vor dem Eintritt in einen erweiterten Zustand mit seinem Partner gestritten hat, sind seine Gedanken wahrscheinlich aufgewühlt. Wenn er gerade einen entspannten Spaziergang in der Natur gemacht hat, sind seine Gedanken eher ruhig. Auch die Weltanschauung ist wichtig. Dazu gehören die religiöse oder wissenschaftliche Weltanschauung sowie die persönlichen, sozialen und kulturellen Ansichten über die Welt.

Die Absicht ist der zweite Teil des Sets. Eine Absicht ist wie ein Gebet; sie ist eine Aussage über die eigene Motivation oder Richtung. Unsere Absicht zu erkennen bedeutet, sich die Zeit zu nehmen, um unsere Motivation zu klären. Es geht weniger darum, was wir tun, sondern mehr darum, warum wir es tun. Unsere Absicht lenkt unsere Reise und teilt unserem höheren Selbst und unserem Ritualleiter mit, wonach wir suchen. Die Übung, unsere Absicht zu bestimmen, ist eine Übung der Selbstbefragung. Was wollen wir? Wohin gehen wir? Diese Fragen lenken unsere Aufmerksamkeit auf den gegenwärtigen Moment und auf die Wahrheit der ständigen Veränderung. Was kommt als Nächstes? Wie entfaltet sich unsere Heilung jetzt?

Eine Absicht zu haben ist wie einen Kompass an Bord unseres Segelboots zu haben. Wenn wir in den weiten Ozean des erweiterten Bewusstseins eintauchen, kann es Wellen und Stürme, ruhiges Wasser, sanfte Brisen oder heftige Winde geben. Mit hoch gehissten Segeln und dem Kompass in der Hand haben wir einen Bezugspunkt, zu dem wir zurückkehren können, und eine Richtung, die wir verfolgen können.

Mit dem ganzheitlichen Modell hat der Reisende schon angefangen, die Bereiche seines Lebens zu erkennen, die aus dem Gleichgewicht geraten sind. Je nachdem, was er dabei entdeckt, kann er sich auf das konzentrieren, was gerade wichtig ist. Das kann zum Beispiel sein, dass er eine Krankheit heilen will, die Auswirkungen von Kindheitserlebnissen auf sein Leben verstehen will, eine schwierige Beziehung klären will oder einfach sein Leben spirituell bereichern will.

Vielleicht ist es für jemanden die größte Herausforderung, sich in Beziehungen verletzlich zu zeigen. Dann könnte die Absicht lauten: »Ich möchte herausfinden, warum ich in meinen engen Beziehungen so abwehrend bin.« Oder vielleicht ist das Hauptproblem die Angst vor Spiritualität, weil sie so groß und unbekannt ist. In diesem Fall könnte die Absicht lauten: »Ich bin neugierig darauf, das Göttliche zu erforschen.«

Manchmal fühlt man sich bereit, Neues zu entdecken. In diesem Fall empfehle ich, eine interessierte Frage zu formulieren, bei der es darum geht, sich dem Geheimnis des Unbekannten hinzugeben. Es ist eine andere Art zu sagen: »Hier bin ich. Bitte lehrt mich.«

Wir werden uns bei der Interpretation des Inhalts einer Reise wieder auf die Absicht als Ausgangspunkt beziehen.

SETTING

Das Setting bezieht sich auf die äußeren Bedingungen einer Reise, einschließlich des Ortes, der Zeit und aller anderen logistischen Aspekte des Rituals. Ein weiterer Teil des Settings sind der Ritualleiter und die anderen Teilnehmer.

Menschen sind von ihrer Umgebung abhängig, so wie ein Fötus vom Mutterleib abhängig ist. Der Fötus ist ein eigenständiges Wesen mit einer einzigartigen Konstitution, steht aber in einer engen Beziehung zum Mutterleib, in dem er lebt. Jeder Ton, jede Bewegung, jeder Nährstoff und jedes Gift kann seine Entwicklung während der neunmonatigen Schwangerschaft beeinflussen. Als fühlende Wesen nehmen wir die Außenwelt über unsere Sinnesorgane wahr. Die Umgebung und die Sinneseindrücke, die wir auf einer Reise erleben, haben einen erheblichen Einfluss darauf, was wir in uns selbst erforschen möchten. Wenn wir an einer Ritual im Amazonasgebiet teilnehmen, bringen uns die Geräusche der Frösche und Grillen die lebendige Natur näher. Lieder, Gesänge oder Stille beeinflussen unsere Erfahrung auf unterschiedliche Weise. Bestimmte Gebete oder Liedtexte rufen bestimmte psychologische Inhalte hervor.

Ob wir draußen liegen und die kühle Erde unter uns spüren oder auf einem Kissen in einer Retreat-Hütte sitzen, hat Einfluss auf unsere Reise. Der Duft von Räucherstäbchen, frischer Luft oder Rosenöl versetzt uns an verschiedene Orte. Ob der Ritualleiter oder Begleiter präsent und zentriert oder zerstreut und abgelenkt ist, beeinflusst unsere Erfahrung. Wenn wir mit anderen Teilnehmern zusammen sind, wirkt sich auch deren emotionaler Zustand – ob freundlich und liebevoll oder wütend und ängstlich – auf uns aus.

Wenn wir drinnen sind, lenkt ein Altar unsere Aufmerksamkeit auf den Raum, in dem wir uns befinden. Alle dort vorhandenen religiösen Bilder, Symbole oder Statuen können unsere Erfahrung beeinflussen.

Manche Innenräume geben uns ein Gefühl von Geborgenheit, wie im Mutterleib. Aber zu verschiedenen Zeiten einer Reise kann derselbe Raum auf uns beengt und erstickend wirken. Für manche Menschen ist es wunderbar, draußen zu sein, während es bei Menschen, die Geborgenheit und Vorhersehbarkeit brauchen, Überforderung und Angst auslösen kann.

Wenn man sich draußen in einem Zustand erhöhter Empfänglichkeit wohlfühlt, kann man die Elemente der Natur stärker spüren und von ihnen lernen. Ob wir uns in der Nähe eines Flusses oder eines Berges befinden, beeinflusst unseren Zustand. Das Sitzen in der Nähe eines Baumes kann ein Gefühl von Festigkeit und Verwurzelung hervorrufen. Ein Bach kann ein Gefühl des Fließens vermitteln. In einem erweiterten Bewusstseinszustand können wir die schlichte Erhabenheit von Erde, Wasser, Feuer, Luft und Raum leichter wahrnehmen.

Die Kraft, das Wissen und das Können des Ritualleiters schaffen eine bestimmte Energie – eine Energie der Heilung durch Liebe und Klarheit. Wenn wir die Lieder und Lehren unseres Ritualleiters und der Natur um uns herum aufnehmen, erwacht unsere innere Natur. Es ist die Aufgabe des Ritualleiters, zu erkennen, welche Umgebung für die aktuelle Lebenssituation und den Gesamtzustand eines Klienten am besten geeignet ist. Jemand, der sich in einem emotional labilen Zustand befindet, profitiert vielleicht von einem behaglichen, geschützten Raum. Umgekehrt könnte ein Ritualleiter jemandem, der seine Gefühle ausdrücken und nach außen tragen muss, einen Aufenthalt im Freien vorschlagen. Die richtige Umgebung ist diejenige, die den Bedürfnissen des Klienten am besten entspricht. Doch obwohl das Setting einen großen Einfluss auf die Erfahrung des Reisenden hat, können erweiterte Bewusstseinszustände die unmittelbare Umgebung auch völlig überwinden. Transzendenz wird durch ein sicheres Gefäß ermöglicht.

Um auf meine persönliche Geschichte über die Schwitzhütte für Frauen am Anfang des Kapitels zurückzukommen: Ich habe danach gemerkt, wie wichtig es ist, sich genauer über das Ritual zu informieren und sich eine Absicht zu setzen. Das war eine Erfahrung, aus der ich immer noch lerne, und auch nach dreißig Jahren nehme ich immer noch an Marilyns Schwitzhütten teil.

ANWENDUNG DES GANZHEITLICHEN MODELLS ZUR VORBEREITUNG

Bei der Vorbereitung sollte der Ritualleiter den ganzheitlichen Charakter des Individuums in den Vordergrund stellen, der die physischen, emotionalen, spirituellen, sozialen und ökologischen Aspekte seines Lebens umfasst. Dieser Ansatz gibt dem Klienten Sicherheit, da er das Gefühl hat, dass alle Dimensionen seines Lebens berücksichtigt werden. Der Ritualleiter sollte die Kraft anerkennen, die aus den bereits entwickelten Fähigkeiten hervorgeht, und gleichzeitig ehrlich und einfühlsam die Herausforderungen benennen. Vor der Reise kann der Ritualleiter das ganzheitliche Modell nutzen, um kleine Veränderungen oder Übungen zu finden, die als Teil der Vorbereitung gemacht werden können. Jemand, der im Alltag eher wenig aktiv ist, könnte mit Spaziergängen anfangen oder einen Yoga-Kurs für Anfänger besuchen. Jemand, der sich nicht so sehr mit Spiritualität beschäftigt, könnte ein paar Bücher über Meditation oder das Beten lesen. Indem der Ritualleiter Kreativität in die Vorbereitung einbringt und die Auswirkungen dieser Aktivitäten beobachtet, stärkt er das Gefühl des Klienten, selbst etwas tun zu können. Während der Erfahrung wird der Reisende die Auswirkungen der von ihm vorgenommenen Veränderungen wahrnehmen. Später, in der Integrationsphase, wird er Kraft daraus schöpfen, dass er versteht, wie diese Veränderungen sein Wohlbefinden unterstützen.

DER ANSCHLUSSPLAN

Während die nächsten fünf Kapitel näher auf die Vorbereitung eingehen, geht es in diesem Abschnitt auch um die Zeit direkt nach der Reise. Der Ritualleiter sollte den Reisenden dabei unterstützen, sich innerlich und praktisch vorzubereiten, da er nach der Reise wahrscheinlich emotional ziemlich aufgewühlt sein wird. Der Reisende sollte Essen für seine Rückkehr vorbereiten. Es ist ratsam, sich einen ruhigen, sicheren Ort zum Ausruhen nach der Reise zu suchen. Wenn er an einer Veranstaltung mit Übernachtung teilnimmt, sollte er gemütliches Bettzeug und ausreichend Getränke mitbringen. Wenn die Erfahrung psychisch aufwühlend werden könnte, braucht er Unterstützung in diesem verletzlichen Zustand. Manche Menschen wünschen sich Einsamkeit, andere möchten von geliebten Menschen umgeben sein. Wo ein Reisender nach einer Reise landet, ist genauso wichtig wie der Ort, an dem er sie beginnt.

In den nächsten fünf Kapiteln geht es um die Vorbereitung für jeden der fünf Teile des ganzheitlichen Modells. Für jeden Teil zeige ich Beispiele, wie indigene Kulturen Reisen in erweiterte Bewusstseinszustände angehen, und dann, wie man diese Ansätze für das Leben in der modernen industrialisierten Welt anpassen kann. Jedes Kapitel hat praktische Tipps für Reisende zur Vorbereitung und zum Schaffen optimaler Bedingungen für eine bevorstehende Reise. Außerdem gibt es konkrete Anweisungen für einen Ritualleiter, der jemanden beim Vorbereitungsprozess unterstützt.

Kraftvolle Momente und Durchbrüche können sich jederzeit auf einer Reise ergeben, schon ab dem ersten Moment der Vorbereitung. Sobald wir uns für eine Erfahrung entscheiden, die uns über unsere Ego-Abwehrmechanismen hinausführt, und bereit sind, uns führen zu lassen, beginnt ein kraftvoller Prozess. Ich habe viele Leute gesehen, die zu einem Ritual erschienen und in den Tagen davor erstaunlich viele Erkenntnisse hatten, bestehende dysfunktionale Muster erkannt und Klarheit über Entscheidungen gewonnen hatten, die sie treffen mussten. Allein durch die achtsame Aufmerksamkeit beginnen wir den Prozess der Transformation.

5

FLEISCH UND KNOCHEN

Körperliche Vorbereitung

Der Körper ist ein heiliges Kleidungsstück. Er ist dein erstes und letztes Kleidungsstück; er ist das, womit du ins Leben trittst und womit du das Leben verlässt, und er sollte respektvoll behandelt werden.
Martha Graham[1]

Hannah hatte sich für eine einwöchige Visionssuche entschieden und wollte diese Zeit bestmöglich nutzen. Wir saßen in meinem Büro und besprachen ihre Vorbereitungen. Ich fragte sie nach ihrer Beziehung zu ihrem Körper. Sie antwortete, dass sie in guter Verfassung sei, sich gesund ernähre und nur selten Alkohol trinke, außer gelegentlich beim Abendessen mit Freunden. Das klang alles gut. Als wir über ihre Schlafgewohnheiten sprachen, zappelte sie auf ihrem Stuhl herum, schaute nach unten und vermied meinen Blick. Sie gab zu, dass sie nachts oft unter Angstzuständen litt und ohne Schlaftabletten nicht einschlafen konnte.

Ich war sofort besorgt, dass eine Visionssuche zu viel für sie sein könnte. Ich hatte Angst, dass sie sich damit allein in der Natur in eine Panikattacke manövrieren würde. Um sie bei den Vorbereitungen zu unterstützen, schlug ich ihr ein paar Meditationsübungen vor, die sie vor dem Schlafengehen ausprobieren könnte, sowie ein Kräutertee-Rezept, das ihr helfen sollte, sich zu entspannen. Außerdem bat ich Hannah, in den zwei Stunden vor dem Schlafengehen weder ihren Computer noch ihr Handy zu benutzen.

Als Hannah zwei Wochen später wieder bei mir war, strahlte sie über das ganze Gesicht. Mit einem breiten Lächeln sagte sie zu mir: »Erst war es die Hölle, dann war es der Himmel.« Ich nickte und wartete auf mehr. Sie erklärte: »Zuerst ging es mir gut, aber als die Nacht näher rückte, geriet ich in Panik, ganz allein. Ich beobachtete meine Ängste, die sich wie ein Juckreiz unter meiner Haut ausbreiteten und mich in den Wahnsinn trieben. Ich hatte Erinnerungen daran, wie ich als Kind allein und verängstigt in meinem Elternhaus war. Ich war völlig fertig, zitterte, rollte mich zusammen und weinte wie ein kleines Kind. Dann erinnerte ich mich an die Atemübung, die du mir empfohlen hattest, und konnte mich beruhigen. Schließlich schlief ich ein. In der zweiten Nacht passierte dasselbe, allerdings weniger intensiv. Die Angst kam, verschwand wieder, ich beruhigte mich und überstand die Nacht. Die nächsten beiden Nächte waren sogar angenehm. Ich fühlte mich immer ruhiger, und als ich zu den Sternen hinaufblickte, fühlte ich mich endlich sicher.«

Die Art und Weise, wie wir unseren Körper physisch auf einen erweiterten Bewusstseinszustand vorbereiten, ist äußerst wichtig. In der Vorbereitungsphase legen indigene Kulturen besonderen Wert auf Diät, Reinigung und Entschlackung, sexuelle Intimität sowie Schlaf und Kleidung, um das Heilungspotenzial einer Reise zu steigern. Vor der Teilnahme an einer traditionellen Schwitzhütte werden die Teilnehmer oft gebeten, einige Tage vor dem Ritual auf Essen und Alkohol zu verzichten. Das liegt daran, dass die körperliche Anstrengung in der Hütte bei vollem Magen Übelkeit auslösen kann. Außerdem wäre es wegen der Hitze in der Hütte gefährlich, unter dem Einfluss von Substanzen wie Alkohol zu stehen. Vor einem Meditationsretreat in der buddhistischen Tradition werden die Teilnehmer oft gebeten, kein Fleisch zu essen, da dies im Widerspruch zum ersten buddhistischen Gebot steht, kein Leben zu nehmen.

In der schamanischen Ayahuasca-Tradition des Amazonasgebiets gibt es strenge Essensregeln wegen biochemischer Wechselwirkungen und auch sexuelle Einschränkungen, um den physischen und den feinstofflichen Körper zur Ruhe zu bringen. Sie lehren, dass man die Energien anderer Menschen vor einer Ritual aus dem Körper fernhalten soll, damit die Medizin besser wirken kann. Ein Ritualleiter aus dieser Tradition empfiehlt vielleicht bestimmte Kräutertees, um die Reinigung zu unterstützen oder Traumzustände und Visionen zu verstärken.

In der Mazatec-Tradition wird vor dem Pilzritual eine leichte vegetarische Diät empfohlen, da die Pilze die Verdauung verlangsamen. Sie betonen, wie wichtig es ist, auf tierische Produkte zu verzichten, um eine »reinere körperliche Energie« zu fördern. Praktizierende der Mazatec betrachten den Bereich der Pilze als einen göttlichen Bereich, in dem sexuelle Begegnungen nichts zu suchen haben. Deshalb weisen sie die Teilnehmer an, fünf Tage vor und fünf Tage nach einer Pilzritual eine strenge »sexuelle Diät« einzuhalten. Sie sind der Meinung, dass diese Einschränkungen hilfreich sind, um die Lehren und die Heilung des Rituals besser aufnehmen zu können. Ich stimme zu, dass es am besten ist, sich auf ein Ritual vorzubereiten, indem man vor und nach dem Ritual auf sexuelle Kontakte verzichtet, um sich auf die eigene Energie einzustimmen. Sexuelle Aktivität ist auf ihre eigene Weise ein erweiterter Zustand. Es ist besser, vor jedem Ritual, insbesondere vor einem Ritual, bei dem bewusstseinserweiternde Mittel zum Einsatz kommen, einen ruhigen Zustand zu pflegen.

Die Mazatec-Teilnehmer führen vor jedem Ritual Reinigungsrituale durch, sogenannte *limpias*, um energetische Störungen und Giftstoffe aus dem Körper zu entfernen. Außerdem besuchen sie Heiler, die *chupas* (Extraktionen) durchführen, bei denen sie durch Saugen, Luftansaugung oder mit den Händen stagnierende Energie aus dem Körper der Teilnehmer ziehen. So kann der Reisende die Pilzritual in einem Zustand erhöhter körperlicher Reinheit angehen.

In der Bwiti-Tradition in Westafrika trinken Personen, die das stark psychedelisch wirkende und heilende Iboga im Rahmen eines Rituals einnehmen, zuvor spezielle Tees, um ihren Körper zu reinigen. Außerdem bemalen sie ihre Gesichter mit weißer Farbe, um sich auf den Eintritt in das Reich ihrer Vorfahren vorzubereiten.

In vielen indigenen Kulturen ist es üblich, beim Betreten eines rituellen Raumes spezielle Kleidung zu tragen, um ihren Respekt für die Praxis oder Tradition auszudrücken. Manche Traditionen bevorzugen natürliche Fasern gegenüber synthetischen oder helle Farben gegenüber dunkleren. Die passende Kleidung kann eine bestimmte Farbe haben, wie zum Beispiel die burgunderroten Roben der tibetischen Mönche, einen besonderen Hut, wie den traditionellen Perlenhut der Q'ero-Schamanen in den peruanischen Anden, oder eine bestimmte Weste, einen Schal oder einen Rock.

Wenn wir erweiterte Bewusstseinszustände in einen Weg der Heilung und Transformation einbauen wollen, sollten wir diese Vorbereitungsmethoden so gut wie möglich anwenden, am besten aber so, dass sie genau zu unserem Leben passen. Wir können uns vorbereiten, indem wir bestimmte Lebensmittel weglassen oder einschränken, bestimmte Praktiken in unseren Alltag einbauen, spezielle Kleidung tragen oder uns Zeit und Energie nehmen, um unser Verhalten oder unser Aussehen zu verändern. Durch diese Maßnahmen bereiten wir unseren Körper und unsere Psyche auf eine Erfahrung vor, die außerhalb des normalen Alltags liegt. Einige allgemeine Richtlinien gelten für fast alle Arten von Ritualen, insbesondere für solche, die den Körper besonders beanspruchen.

DIÄT UND SUBSTANZEN

Am besten ist es, am Tag vor der Reise nur leicht zu essen oder sogar zu fasten und Fleisch oder andere schwere Speisen zu vermeiden. Das entlastet das Verdauungssystem, sodass mehr Energie für andere Prozesse zur Verfügung steht. Wenn das Ritual intensive Bewegungen oder Hitze mit sich bringt, sollte man vorher nichts essen, um Verdauungsbeschwerden oder Übelkeit zu vermeiden.

Da es in den meisten Kulturen streng verboten ist, Alkohol mit bewusstseinserweiternden Substanzen zu mischen (es sei denn, Alkohol ist wie in manchen Traditionen das Mittel, um diesen Zustand zu erreichen), ist es generell ratsam, mindestens eine Woche vor jeder Reise keinen Alkohol zu trinken. Auch von anderen Drogen, Psychedelika oder Sakramenten wird abgeraten, da man in einem körperlichen Zustand sein sollte, der es ermöglicht, die neuen und ungewöhnlichen Empfindungen während der Reise wahrzunehmen. Es wird außerdem empfohlen, mindestens eine Woche vor jeder Art von Reise auf Cannabis zu verzichten. Cannabis kann zwar eine wunderbare Medizin sein, hat aber erhebliche Auswirkungen und sollte daher in Kombination mit anderen Medizinmitteln vermieden werden. Darüber hinaus sollte ein Reisender mit dem Ritualleiter besprechen, welche Vitamine, Nahrungsergänzungsmittel und andere Medikamente er einnimmt. Es kann zu Wechselwirkungen zwischen bestimmten Arzneimitteln, Nahrungsergänzungsmitteln und pflanzlichen Arzneimitteln kommen.

SEXUELLE AKTIVITÄT

Viele indigene Kulturen schreiben vor der Reise sexuelle Enthaltsamkeit vor. Am besten ist es, mindestens fünf Tage vor einer Erfahrung auf sexuelle Aktivitäten (auch mit sich selbst) zu verzichten. So hat der Körper des Reisenden ein paar Tage Zeit, um zu sortieren, was ihm gehört und was anderen gehört. Außerdem kann der Körper so wieder zur Ruhe kommen. Das Eintauchen in einen erweiterten Bewusstseinszustand ist eine außergewöhnliche Gelegenheit, unsere innere Welt mit ihren einzigartigen Energien und Blockaden zu erkunden. Aus diesem Grund hilft uns das Einhalten klarer Grenzen dabei, wahrzunehmen, was uns gehört. Wenn unsere Absicht für die Heilung im Bereich der persönlichen Sinnlichkeit liegt, können wir diese Zeit nutzen, um mit unserem Körper und unserem erotischen Selbst in Kontakt zu kommen. Wenn wir einen Partner haben, ist dies ein guter Zeitpunkt, um Zärtlichkeit und sanfte, nichtsexuelle Liebkosungen zu erkunden.

Manchmal ist es aber auch berechtigt, Sinnlichkeit und Sexualität in eine erweiterte Bewusstseinserfahrung einzubringen. Manche vermuten, dass in den Eleusinischen Mysterien im alten Griechenland, wo vermutlich psychedelisches Mutterkorn eingenommen wurde, heilige Rituale auch sinnliche Erkundungen beinhalteten.2 Heute könnte ein Heilungsritual tantrische Techniken, bestimmte Atemübungen oder heilende sexuelle Berührungen umfassen. In diesen Fällen ist es umso wichtiger, dass das Gefäß sorgfältig gestaltet wird und alle Beteiligten mit der Absicht einverstanden sind. Solange das Ritual bewusst und heilig ist, kann diese Erkundung in der Tat äußerst heilsam sein. Wenn jedoch ein Ritual notwendig ist, um ungehemmte Intimität mit einem anderen Menschen zu teilen, könnte es für die Beziehung selbst von Vorteil sein, sie in einem nicht erweiterten therapeutischen Kontext psychologisch zu erforschen.

RUHE UND BEWEGUNG

Bevor wir uns auf eine Bewusstseinserweiterung einlassen, sollten wir zwei Dinge tun, die sich scheinbar widersprechen. Einerseits wollen wir stagnierende Energie aus dem Körper abbauen, andererseits wollen wir das physische System zur Ruhe bringen. Wir wollen mit einem Gefühl der Vitalität auf die Reise gehen, aber auch ausgeruht genug für die Erfahrung sein. Wenn wir uns auf eine Visionssuche begeben, bei der wir drei Tage lang still sitzen werden, sollten wir darauf achten, dass wir unsere Energie vor und nach der Suche bewegen. Wenn wir den ganzen Tag am Computer sitzen, wird es schwierig sein, nach innen zu gehen und eine Erweiterung zu erwarten. Eine Massage oder ein Saunagang können hilfreich sein, um den Entspannungsprozess in Gang zu bringen.

Die alte hinduistische Kunst des *Yogasana*, also der Yoga-Stellungen, wurde schon immer vor Pranayama und Meditation praktiziert, weil verschiedene Stellungen den Körper auf die tieferen Übungen vorbereiten. Um mich selbst vorzubereiten, praktiziere ich gerne Pranayama und gehe in der Natur spazieren. Das sind die Methoden, die ich als besonders gut geeignet empfinde, um meinen Körper zu öffnen. Mein Lehrer Pablo schickte mich früher oft los, um barfuß auf Feldwegen oder Wiesen zu laufen. Damals war mir nicht klar, warum er so darauf bestand, doch später erkannte ich, wie nützlich diese einfache Vorbereitung für mich war und wie sie meine authentische Beziehung zur Bewegung sowie meine Verbindung zur Erde stärkte.

Energie im Körper zu bewegen, um sich vorzubereiten, heißt nicht, dass man erschöpft und ausgelaugt sein muss, bevor man sich auf die Erfahrung einlässt. Wir wollen uns nicht verausgaben, denn es ist genauso wichtig, ein Gefühl der Ruhe und Entspannung zu schaffen. Gleichzeitig bedeutet Zeit für Ruhe und Entspannung nicht, dass man drei Tage lang nur schläft oder das Bett nicht verlassen darf. Es ist eine Frage des Gespürs und der Ausgewogenheit.

KLEIDUNG

Was spezielle Kleidung angeht, entscheiden sich manche Leute dafür, ein Kleidungsstück oder einen Stoff zu tragen, der die Kultur repräsentiert, aus der das Ritual stammt. In der Mazateken-Kultur wird weiße rituelle Kleidung mit bunten Blumen, Vögeln und Pilzen bestickt. Viele Menschen, die an Ayahuasca-Rituale teilnehmen, tragen gerne Kleidung, die von Ayahuasca-Trinkern bestickt wurde, um deren traditionelle Handwerkskunst zu unterstützen und zu würdigen. Falls es einen besonderen Schal oder eine Weste gibt, die einem ein Gefühl der Verbundenheit mit der eigenen Tradition vermittelt oder ein persönliches Gefühl von Kraft symbolisiert, sollte man dieses Kleidungsstück tragen. Äußere Erinnerungen an das, was wir aus unserem Inneren hervorrufen, können uns Kraft und Stärke verleihen. Als ich meine Ausbildung bei meiner Lehrerin Julieta in Mexiko begann, wollte ich unbedingt einen eigenen *Huipil*, ein besticktes rituelles Kleid, haben. *Huipils* werden von Hand gefertigt und können nur in Privathaushalten gekauft werden. Ich dachte naiv, ich könnte einen finden, der mir gefällt, und ihn gelegentlich tragen. Bald wurde mir jedoch klar, dass es nur angemessen war, ihn zu tragen, wenn meine Lehrerin es mir sagte. Ich begriff, dass der *Huipil* kein Kostümteil war, sondern ein Symbol für eine ganze Kultur und Lebensweise. In zwanzig Jahren habe ich meinen *Huipil* dreimal getragen.

PERSÖNLICHE VORBEREITUNG

Je nachdem, was du bei deiner Bestandsaufnahme herausgefunden hast, kannst du sehen, wo du im Gleichgewicht bist und wo nicht. Dann kannst du diesen Aspekten deiner Vorbereitung besondere Aufmerksamkeit schenken. Wenn jemand zum Beispiel unter Schlafmangel leidet, ist es die Aufgabe des Ritualleiters, sich zuerst um die Schlafprobleme zu kümmern. Die Person muss vor dem Ritual ausreichend ausgeruht sein. Wenn ein Klient in der Vergangenheit Missbrauch oder Traumata erlebt hat, schlage ich oft sanfte Übungen vor, um den Körper zu öffnen, bevor etwas Intensiveres unternommen wird. Wenn jemand körperliche Symptome oder eine chronische Erkrankung hat, werde ich die Symptome gemeinsam mit ihm gründlich untersuchen und sicherstellen, dass es für ihn unbedenklich ist, tiefergehende Arbeit zu leisten. Aus einer ganzheitlichen Perspektive sind Symptome eine Botschaft des Körpers, der

Aufmerksamkeit und Ausgleich braucht. Ein Heilungsansatz, der erweiterte Bewusstseinszustände in den Alltag einbindet, befasst sich nicht nur mit der Behandlung von Symptomen, sondern mit der Wiederherstellung der Gesundheit des gesamten Lebens.

Um sich auf einer physischen Ebene auf eine Reise vorzubereiten, sollte man leicht essen. Versuche, dich an Suppen, gekochtes Gemüse und Obst zu halten. Trinke viel Wasser und leichte Kräutertees. Vermeide Kaffee oder starken schwarzen Tee, Alkohol, tierische Produkte, frittierte, scharfe oder übermäßig süße Speisen. Vermeide Cannabis und andere psychoaktive Substanzen. Schlafe drei Tage vor und nach einer Reise mindestens sieben bis acht Stunden und halte ein Nickerchen, wenn du dich von deinen Aktivitäten müde fühlst. Achte darauf, deinen Körper zu reinigen und zu entschlacken, damit du dich bereit für deine Erfahrung fühlst, indem du Salbei, Räucherwerk und Salzbäder verwendest.

Gehe außerdem eine Woche vor der Reise jeden Tag spazieren oder mache Yoga. Übe ein paar Tage lang achtsames Atmen und Dehnübungen. Wenn du dich sonst eher wenig bewegst, gehe joggen, wandern oder schwimmen, damit dein Körper lockerer wird und deine Lungen offener. Wenn du dich sonst viel bewegst, mache lieber langsame und sanfte Übungen wie regeneratives Yoga, um dein Nervensystem zu beruhigen, ohne gänzlich auf Bewegung zu verzichten. Versuche, dich nicht mit zu viel Aktivität zu erschöpfen, aber bleibe auch nicht zu lange still und bewegungslos. Reduziere Nachrichten, Computer und Bildschirmnutzung auf ein Minimum. Plane für die ersten Tage nach der Reise weniger Aktivitäten und weniger Verpflichtungen ein.

Du kannst durch liebevolle Berührungen und Massagen mit deiner Sinnlichkeit in Kontakt bleiben und mit deinem Partner zärtlich und ohne sexuelle Absichten kuscheln. Vermeide mindestens fünf Tage vor einer Erfahrung Geschlechtsverkehr oder Orgasmen mit anderen (auch mit dir selbst), um deine Energie bei dir zu behalten.

Wenn wir uns vor einer Reise um die Dinge kümmern, die besondere Aufmerksamkeit erfordern, können wir tiefer in die Reise eintauchen. Indem wir uns einfach mehr Ruhe gönnen, gesünder essen und unseren Körper pflegen, begegnen wir den transformativen Erfahrungen, die wir machen werden, mit größerer Aufmerksamkeit und mehr Respekt.

6

NACH INNEN GEHEN
Mentale und emotionale Vorbereitung

—

Bevor du die Güte als das Tiefste in dir erkennst, musst du die Trauer als das andere Tiefste kennenlernen
NAOMI SHIHAB NYE[1]

Greta kam in einem labilen Zustand zu mir. Der kürzliche Tod einer Freundin hatte alte Erinnerungen an den Unfalltod ihres Vaters, als sie noch ein Kind war, und die darauf folgende Trauer in der Familie wieder wachgerufen. Obwohl sie sich intensiv damit auseinandergesetzt hatte, wie diese Tragödie sie auf vielen Ebenen geprägt hatte, litt sie erneut unter Depressionen und war unfähig, weiterzumachen. Sie bat mich um Hilfe, da sie neben der Gesprächstherapie auch andere Heilmethoden ausprobieren wollte. Ich lud sie ein, im folgenden Monat mit mir nach Mexiko zu reisen und sich in den vier Wochen bis dahin darauf vorzubereiten. Sie empfand die Natur als ihre wichtigste Stütze. In den folgenden Wochen führte ich sie daher durch einige Rituale, die in Verbindung mit der Erde stehen.
Zuerst saß Greta an ihrem Lieblingsbaum, erst nur kurz, dann immer länger. Sie war allein, still und ganz bei sich selbst, ihrer natürlichen Umgebung und ihren Gefühlen. Einen heiligen Ort zu schaffen, war ihr vorher fremd, aber mit etwas Ermutigung kam sie auf die Idee, einen eleganten Altar mit Fotos, Kerzen und Blumen zu gestalten. Dann schrieb sie vor dem Altar einen Brief an ihren Vater. Sie vergrub den Brief am Fuße des Baumes und bastelte aus Ästen, Blättern und Steinen eine kleine Skulptur, die sie dem Andenken ihres Vaters widmete. Dann setzte sie sich daneben und spielte auf ihrer Flöte ein Lied für ihren Vater.
Als wir uns anschließend in meinem Büro trafen, meinte Greta, sie fühle sich leichter und weniger von dem Tod ihres Vaters verfolgt. Sie war bereit, nach Mexiko zu reisen und um ihre Freundin zu trauern.

In erweiterten Bewusstseinszuständen können wir in Bereiche vordringen, die über unsere normale Ich-Struktur hinausgehen. Der Schleier zwischen unserem Bewusstsein und dem riesigen, ozeanartigen Reich unseres Unbewussten wird durchlässiger. Weil wir durch das erweiterte Bewusstsein Zugang zu diesen normalerweise schwer fassbaren Schichten unseres Geistes erhalten, sollte man sich als Reisender gut vorbereiten, bevor man sich in diesen Raum begibt. Das können wir tun, indem wir uns mit den Funktionsweisen des Geistes vertraut machen.

DAS EGO UND DER INTELLEKT

Als Menschen entwickeln wir Abwehrmechanismen und Strategien, um mit schmerzhaften Erfahrungen umzugehen, wenn unsere Bedürfnisse nicht erfüllt oder wir in irgendeiner Weise verletzt werden. Diese Abwehrmechanismen und Strategien zeigen sich in Form von Bewältigungsverhalten, Denkmustern, Gewohnheiten und Ängsten. Im Grunde sollen sie uns Sicherheit geben und emotionale Schmerzen vermeiden, die mit schwierigen psychologischen Themen verbunden sind. Es ist ein grundlegender animalischer Instinkt, keinen Schmerz fühlen zu wollen und alles zu tun, um ihn zu vermeiden. Erweiterte Bewusstseinszustände haben die Wirkung, unsere psychologischen Strategien und Abwehrmechanismen zu lockern und uns mit den Inhalten zu konfrontieren, die unsere Ego-Struktur normalerweise versteckt hält.

Um die Intensität dieser Begegnung abzumildern, ist es am besten, wenn wir uns vorher mit diesen Schutzmechanismen vertraut machen. Wir können uns darüber klar werden, mit welchen Methoden wir bisher überlebt haben, und dann unsere Aufmerksamkeit darauf lenken, inwiefern diese Überlebensstrategien vielleicht veraltet sind oder unser jetziges Leben einschränken. Wenn ich zum Beispiel in einer Situation bin, in der jemand unfreundlich zu mir ist, werde ich vielleicht wütend und bin nicht in der Lage, den Schmerz der Ablehnung zu spüren. In meiner Verteidigung werde ich vielleicht aggressiv und weise den anderen zurück, um mich vor Verletzungen zu schützen. Den anderen wegzustoßen ist ein Abwehrmechanismus, der die Aufmerksamkeit auf den anderen lenkt, anstatt zu erkennen, was auf emotionaler Ebene in mir selbst abläuft.

DIE EMOTIONEN

Es geht auch darum, die Emotionen, die in unserem Körper und in unserem Bewusstsein auftauchen, besser kennenzulernen. Je vertrauter wir mit diesen Zuständen sind, desto besser können wir uns in erweiterten Bewusstseinszuständen mit unserem Kernthema beschäftigen. Diese Vertrautheit können wir aufbauen, indem wir auf unsere täglichen Emotionen, Verhaltensmuster und Tendenzen achten.

Bei meinen Erfahrungen mit der Schwitzhütte der amerikanischen Ureinwohner bereitet sich die Gruppe auf das Ritual vor, indem alle zusammen um die Feuerstelle stehen und Steine an ihren Körper drücken. Nacheinander erzählt jeder von seiner aktuellen Lebenssituation und formuliert ein Gebet, das entweder auf seinen Problemen basiert oder von der Dankbarkeit inspiriert ist, die er in diesem Moment empfindet. Auf diese Weise macht jeder seinen aktuellen emotionalen Zustand bewusst, bevor er den Raum des Heilungsrituals betritt. Bevor Meditierende ein Einzelretreat beginnen, kommen sie vielleicht mit ihrem Lehrer zusammen, um zu erzählen, was gerade in ihrer inneren Welt vorgeht. Im Idealfall gibt der Lehrer ihnen dann bestimmte Übungen, je nachdem, wo sie in ihrem spirituellen Entwicklungsprozess stehen. Wenn sie mit unverarbeiteter Wut arbeiten, bekommen sie vielleicht Reinigungsübungen. Wenn sie sich inspirationslos fühlen, bekommen sie vielleicht Übungen, um Energie und Motivation aufzubauen. Auf diese Weise wird die Aufmerksamkeit auf die spezifische Situation und die Bedürfnisse der Person gelenkt, die sich auf die Erfahrung der Selbstfindung einlässt.

Was ein Psychologe vielleicht als quälende Emotion oder psychisches Ungleichgewicht sieht, wird in indigenen Kulturen manchmal ganz anders verstanden. Die Mazatec-Heiler, mit denen ich gearbeitet habe, sprechen von *envidia*, einer negativen Energie, die schamanisch auf eine Person übertragen werden kann. Mir wurde beigebracht, dass es wichtig ist, Bündnisse mit den Geistern des Landes zu schließen, um die Psyche gegen solche Angriffe zu stärken. Obwohl diese Sichtweise nicht in das wissenschaftlich-materialistische Paradigma passt, spiegelt sie vielleicht ein anderes Verständnis von »hier drinnen« und »da draußen« wider. Mein Mazatec-Freund Tiburcio führt Divinationen durch, um festzustellen, ob ein emotionales oder psychologisches Problem auf ein vergangenes Trauma zurückzuführen ist, bei dem ein Teil der Seele einer Person am Ort des Geschehens zurückgeblieben ist, oder ob die Wut einer Person aus ihrem Inneren kommt oder von außen als negative Energie wirkt. Tiburcio empfiehlt dann bestimmte Praktiken und Opfergaben, um den Frieden wiederherzustellen.

Insgesamt habe ich während meiner Zeit in der Mazatec-Gemeinschaft beobachtet, dass meine Gastgeber weniger Zeit damit verbringen, ihre Gedanken, Gefühle und emotionalen Zustände zu analysieren, als ich. Mir ist aufgefallen, dass die Menschen dazu neigen, Emotionen einfach zu erleben, ohne viel darüber nachzudenken. Wenn jemand wütend wird, fragen sie sich nicht: »Warum bin ich wütend?« Sie werden wütend und belassen es dabei, egal ob das gut oder schlecht ist. Sie neigen nicht dazu, Probleme durch Gespräche zu lösen und deren Ursachen zu ergründen. Wenn es in der Familie meines Lehrers Konflikte gibt, beschließen sie manchmal, gemeinsam eine Reise zu unternehmen, um den Familienfrieden wiederherzustellen. In der Mazatec-Gemeinschaft ist es üblich, dass die ganze Familie, einschließlich Mutter, Vater und Kinder ab acht Jahren, gemeinsam an einer Ritual teilnimmt. Ich habe beobachtet, dass die Familie meines Lehrers sich emotional auf eine Reise vorbereitet, indem sie ihre Gefühle in Bezug auf die jeweilige Situation anerkennt. Sie achten auf Harmonie oder Disharmonie in der Familie und erkennen, wann es notwendig ist, den Frieden wiederherzustellen, um sich auf die Erfahrung vorzubereiten.

Im Laufe der Jahre, die ich in Mexiko verbracht und gearbeitet habe, konnte ich aber beobachten, wie sich unsere Art, mit Emotionen umzugehen, gegenseitig beeinflusst hat. In meiner langjährigen Beziehung zu der Familie, mit der ich arbeite, haben wir ein Vokabular entwickelt, um Emotionen zu benennen und schwierige Situationen zu besprechen.

DAS UNBEWUSSTE

Bei der Arbeit mit dem Unbewussten ist der Ansatz in indigenen Kulturen eher anders. Ich habe beobachtet, wie verschiedene Kulturen sich auf ganz eigene Weltbilder und bestimmte Rituale und Gebete stützen, die als Grundlage für die unterbewussten und unbewussten Inhalte ihrer kollektiven Psyche dienen. Die Mazateken sticken Bilder aus der Natur – Tiere, Blumen und Pilze sowie alte Symbole für Sonne, Wasser, Erde und geometrische Muster, die bis in die Zeit ihrer Vorfahren zurückreichen. Ihre Kunst drückt unterbewusste Bilder aus und hält sie gleichzeitig in enger Verbindung mit der Kraft dieser alten Symbole ihrer Ahnenreihe. Was wir als Unbewusstes bezeichnen, nennen sie den Bereich der Seele. Ich habe oft gehört, wie sie das, was ich als kollektives Unbewusstes bezeichnen würde, als »die andere Seite«, »den Ort Gottes«, »den großen Himmel« oder »das große Buch« bezeichneten. Auf meinen Reisen um die Welt, bei denen ich verschiedene Kulturen besucht habe, ist mir auch die einzigartige Schönheit kreativer Ausdrucksformen wie Kunst und Musik aufgefallen, die einzeln oder in Gruppen praktiziert werden und die Verbundenheit und die kodifizierte Identität der Kultur stärken. Auf diese Weise nutzen sie ihre kreativen Kanäle und drücken das, was von »der anderen Seite« kommt, in Form aus. Einige indigene Kulturen nehmen sich Zeit, um gemeinsam über ihre Träume zu sprechen, um so tiefer in das Material einzutauchen, das in der Gemeinschaft vorhanden ist.[2]

Wir Menschen in der modernen industrialisierten Welt nutzen unseren Verstand meistens für seine analytischen und reflektierenden Fähigkeiten. Sich hauptsächlich auf diese analytische Funktion des Verstandes zu verlassen, hat sowohl Vorteile als auch Nachteile. Zu den Vorteilen gehören der Rahmen und die Begriffe, um in uns selbst zu schauen und unsere emotionalen Zustände, Ängste und Schwächen zu erkennen. In unserer Kultur der Heilung und Selbstentfaltung haben wir die Fähigkeit entwickelt, zu reflektieren, zu erkennen, zu benennen und zu teilen. Dies sind einige der wunderbaren Geschenke unserer Kultur, die wir zu unserem Vorteil nutzen können. Wir können ehrlich sagen: »Ich habe eine Schwäche in diesem Bereich« oder »Ich bin in dieser Situation etwas verloren«. Wir verfügen über das Vokabular, um unsere Gefühle zu reflektieren und zu benennen. Der Nachteil dabei ist die Tendenz, unsere inneren Zustände übermäßig zu analysieren und den Kontakt zu unseren tatsächlichen, unverarbeiteten Emotionen, unseren körperlichen Erfahrungen und unseren spirituellen Mitteln zu verlieren.

Um den Vorbereitungsprozess auf der Ebene des Verstandes und der Emotionen bestmöglich zu gestalten, beginnen wir damit, Achtsamkeit auf unsere unmittelbaren Erfahrungen zu richten. Auf diese Weise bereiten wir unser Bewusstsein vor, indem wir uns einfach unseres aktuellen Zustands bewusst werden, wie auch immer dieser aussieht. Wir können damit anfangen, unsere Gedanken und unsere allgemeine Stimmung zu beobachten und zu benennen. Welche Gedanken, Ideen, Ängste oder Sorgen beschäftigen uns gerade? Welche persönlichen Dinge, Erinnerungen oder Gefühle sind uns gerade bewusst? Was fühlen wir auf einer unverfälschten emotionalen Ebene? Welche Gewohnheiten, Tendenzen oder Muster halten uns von unseren unverfälschten Erfahrungen fern?

Und was fühlen wir konkret, wenn wir uns einem erweiterten Bewusstseinszustand nähern? Wir könnten uns ängstlich fühlen, wenn wir zu einer Visionssuche aufbrechen. Vielleicht sind wir auch aufgeregt, wenn wir ein Meditationsretreat beginnen. Wir könnten wachsende Aufregung verspüren, bevor wir an einem Seminar über Atemarbeit teilnehmen. Indem wir uns unserer Gefühle und Gedanken bewusstwerden, können wir unserer unverfälschten Erfahrung begegnen, anstatt uns ihr zu widersetzen oder sie zu vermeiden. Wir können uns auch mit unbewusstem Material befassen, das versucht, sich uns zu offenbaren, indem wir uns auf Übungen einlassen, die das Unbewusste öffnen und aktivieren. Was ist für uns im oder aus dem Gleichgewicht? Was verlangt nach mehr Zuwendung?

Um psychologische Inhalte aus einer archetypischen Perspektive zu erkunden, kann man sich mit Systemen wie dem Enneagramm oder der Astrologie beschäftigen. Diese Landkarten können uns zeigen, wo wir in Beziehung zu allem anderen stehen. Ich finde, dass die Astrologie uns manchmal das große Ganze vor Augen führt. Welche Planetenbewegungen finden gerade statt, während wir uns auf eine Reise vorbereiten, und was bedeutet das für uns? Man kann auch die Divination nutzen, um tiefere Ebenen des Wissens zu erschließen: Tarotkarten, das I Ging, Runensteine oder ähnliche Praktiken.[3]

Für die meisten Leute löst der Gedanke, sich auf eine Reise ins Innere zu begeben, um unbekannte Bereiche des Geistes zu erkunden, spürbare Befürchtung aus. Wenn wir uns für einen erweiterten Bewusstseinszustand öffnen, werden wir manchmal von einer komplexen Mischung aus Ängsten erfasst, die direkt mit unserem biografischen Hintergrund zusammenhängen, egal wie gut wir ihn kennen. Diese Ängste spiegeln oft ungelöste Erinnerungen und Emotionen aus unserer Vergangenheit wider, die sich in uns festgesetzt haben. Sich dem Unbekannten mit einer gewissen Angst zu stellen, ist eine natürliche Reaktion. Wir können das als gesunden Respekt betrachten. In der Mazateken-Kultur geht man davon aus, dass jemand, der Angst vor einer Reise hat, seinen Respekt vor den Pilzen vertiefen muss. Er wird dazu ermutigt, auf göttliche Intervention zu vertrauen und sich der Heilung durch die Medizin hinzugeben. Bei Menschen, die noch keine Erfahrung mit Pilzen haben, entwickelt sich dieses Vertrauen mit der Zeit und mit zunehmender Erfahrung.

Einfache Meditations- oder Entspannungsübungen helfen, den Geist und das Nervensystem zu beruhigen, was vor jeder Art von Reise hilfreich ist. Reisende sollten versuchen, auf jede Unruhe in ihrem Körper zu achten und grundlegende Maßnahmen zu ergreifen, um den Geist zu beruhigen und sich zu entspannen. Am besten ist es, Stressfaktoren so weit wie möglich zu reduzieren. Es ist ratsam, vor einer Reise auf verstörende Filme, intensive zwischenmenschliche Konflikte oder das Anschauen von Nachrichten und deren dramatischen Berichten zu verzichten. Man sollte seine Anspannung und Angst nicht verstärken, bevor man sich in einen erweiterten Bewusstseinszustand begibt. So wie man den Körper beruhigt, um auf der physischen Ebene eine stabile Ausgangsbasis zu schaffen, ist es wichtig, dasselbe mit dem Geist zu tun.

Mehr Zeit in der Natur zu verbringen, kann sowohl unseren Geist als auch unseren Körper beruhigen. Wenn wir in der Natur sind, wirkt die organische Zusammengehörigkeit um uns herum beruhigend. Die Grüntöne, das Schwingen der Bäume und die Erde unter uns helfen gemeinsam dabei, uns zu erden. Die Natur hilft uns, langsamer zu werden, sodass wir die Gedanken und Emotionen wahrnehmen können, die uns von

Moment zu Moment durchströmen. Ein ruhiger, beständiger Ort fördert die Selbstwahrnehmung.

Was das Unbewusste angeht, können wir uns nicht vollständig darauf vorbereiten, weil es ja per Definition unbewusst ist. Oftmals jedoch, wenn wir uns zu einer Reise in einen erweiterten Bewusstseinszustand entschließen und mit den Vorbereitungen beginnen, öffnen sich die tieferen Ebenen der Psyche von selbst. Wir spüren vielleicht stärkere Emotionen, Erinnerungen tauchen auf, wir haben lebhafte Träume oder eine schärfere Wahrnehmungsfähigkeit als sonst. Vielleicht liegt das daran, dass Menschen seit Jahrtausenden auf innere Reisen gehen und unsere Psyche weiß, was zu tun ist. Es ist, als wären wir fest verdrahtet für die Erfahrung, in unsere innere Welt einzutauchen, und unsere Psyche erinnert sich daran.

Es ist hilfreich, Techniken zu üben, die Zugang zum Unbewussten bieten, damit wir nicht völlig unvorbereitet sind, wenn wir auf einer Reise auf unser Material stoßen. Wenn wir bereits die Sprache des Unbewussten verwenden und mit unserem tieferen Material im Dialog stehen, werden wir wahrscheinlich eleganter mit ihm in Kontakt treten. Bei der Vorbereitung auf eine Reise ist es nicht unser Ziel, das Unbewusste komplett ins Bewusstsein zu bringen. Ich sehe das Unbewusste als eine fortlaufende Matrix der Entstehung, in der sich Dinge entwickeln müssen, bevor sie in unseren bewussten Geist hineingeboren werden. Es gibt vieles, was wir über uns selbst nicht wissen, und das ist in Ordnung. Was bereit ist, sich zu zeigen, wird dies zum richtigen Zeitpunkt tun.

PERSÖNLICHE VORBEREITUNG

Denke zunächst über deine Bestandsaufnahme und deinen mentalen und emotionalen Zustand nach, wie in Kapitel 3 dieses Buches beschrieben.

Wenn du dich auf eine Reise auf der Ebene des Geistes und der Gefühle vorbereitest, kann es hilfreich sein, in ein Tagebuch zu schreiben, künstlerisch tätig zu sein, Musik zu machen, zu singen oder zu schreiben, um das, was in dir vorgeht, auszudrücken. Das Führen eines Tagebuchs lenkt deine Aufmerksamkeit auf deine Gefühle und inneren Zustände – schreib jeden Morgen fünfzehn Minuten lang. Lies alte Tagebucheinträge durch und denke darüber nach, wie weit du gekommen bist. Schau dir alte Fotos von dir an. Es kann auch hilfreich sein, einen Therapeuten, einen Älteren, einen Mentor, eine geliebte Person oder eine Selbsthilfegruppe zu haben, mit denen du dich verbinden und deine Gedanken und Gefühle teilen kannst. Je nach deinen Vorlieben und Möglichkeiten kannst du dir einen Therapeuten suchen und deine tiefsten Verletzungen, schmerzhaften Erinnerungen und Probleme erforschen oder dich einem vertrauten Freund emotional öffnen und ihm erzählen, was du gerade durchmachst. Um ein besseres Verständnis von Traumata zu bekommen, kannst du Bücher von Peter Levine oder Bessel van der Kolk lesen,[4] einen Somatic-Experiencing-Therapeuten[5] aufsuchen oder einer Selbsthilfegruppe beitreten.

Wenn du noch nicht meditierst, ist eine einfache tägliche Achtsamkeitsübung ein wunderbarer Einstieg, um bewusst wahrzunehmen, was in dir vorgeht. Nimm dir zehn Minuten Zeit und konzentriere dich auf deinen Atem. Du kannst ein Mantra singen. Du kannst einfach sein, stillsitzen und wahrnehmen, was da ist. Du kannst dich mit geführten Bildern, Atemtechniken und achtsamkeitsbasierter Stressreduktion (Mindfulness Based Stress Reduction MBSR)[6] beschäftigen. Wenn Achtsamkeit neu für dich ist, schau dir zunächst ein paar Videos an oder lies ein paar Bücher von bekannten Lehrern wie Tara Brach, Bhikkhu Bodhi, Pema Chödrön, Jon Kabat-Zinn, Jack Kornfield, Thich Nhat Hanh, Byron Katie oder Larry Yang.[7] Mittlerweile gibt es online viele Angebote, mit deren Hilfe du einfache Achtsamkeitsübungen erlernen kannst – der erste Schritt auf einem bewährten Weg, der zu Heilung und Veränderung führt. Du kannst auch die Praxis der liebenden Güte, in der buddhistischen Tradition auch als Metta-Meditation bekannt, ausprobieren, um Mitgefühl, Vergebung und Freude in dir selbst zu kultivieren.[8]

Um dein Unterbewusstsein vorzubereiten, nimm dir vor, deine Träume zu merken und aufzuschreiben. Auch hier geht es wieder darum, aufmerksam zu sein und nach Themen Ausschau zu halten, da Träume direkte Hinweise auf das sein können, was wir gerade verarbeiten. Welche Charaktere, Beziehungen, Störungen oder Emotionen tauchen auf? Du kannst dir eine Traumgruppe suchen, um dich mit anderen darüber auszutauschen. Beschäftige dich mit Mythen und mit den Schriften von Carl Gustav Jung[9], Joseph Campbell[10], Stanislav Grof[11] und Michael Meade[12]. Lies *The 13 Moon Oracle: A Journey through the Archetypal Faces of the Divine Feminine* von Ariel Spilsbury[13]. Zugang zu unbewusstem Material kannst du auch durch Übungen finden, die auf archetypischer und mythischer Ebene wirken.

Du kannst dein Unterbewusstsein auch durch intuitives Malen, kreatives Schreiben, Musizieren, Bildhauerei oder kreative Bewegung aktivieren. Wie kommt das Unterbewusstsein in deinen Bildern oder anderen künstlerischen Ausdrucksformen zum Vorschein? Du kannst auch nach äußeren Zeichen und Symbolen Ausschau halten, die dir ins Auge springen. Siehst du immer wieder dasselbe Tier, hörst du immer wieder dasselbe Lied oder hast du immer wieder dieselben Gedanken? Warum fallen dir bestimmte Dinge mehr auf als andere, und wie spiegelt sich das in den Bewegungen deines Unterbewusstseins wider?

Da erweiterte Bewusstseinszustände lange unterdrückte Emotionen, Erinnerungen und Ängste lockern und befreien können, ist es ratsam, sich sowohl mit dem Offensichtlichen als auch mit dem zu beschäftigen, was unter der Oberfläche schlummert. Wir wollen nicht abrupt in zarte Erinnerungen und Orte innerer Schmerzen eintauchen. Wenn wir uns stattdessen Zeit nehmen, unseren Geist auf die Reise vorzubereiten, zeigen wir unserer inneren Welt, dass wir ihr mit Sorgfalt und Respekt begegnen. Auf diese Weise können wir Vertrauen in den Weg und in uns selbst entwickeln.

7
HINWENDUNG ZUM ALTAR
Spirituelle Vorbereitung

—

> Der spirituelle Weg ist einfach die Reise unseres Lebens. Jeder ist auf einem spirituellen Weg, die meisten wissen es nur nicht.
> Marianne Williamson

Auf meinen Reisen nach Mexiko mit Klienten verbringen wir oft ein paar Tage damit, uns auf die abendlichen Pilzrituale vorzubereiten. In der Tradition der Mazateken ist es üblich, den örtlichen Geistern Opfergaben darzubringen, um ihnen Respekt zu erweisen und um Erlaubnis zu bitten, an einem Heilungsritual teilnehmen zu dürfen.

Auf einer dieser Touren führte uns José, der Schwiegersohn meines Lehrers, in ein riesiges unterirdisches Höhlensystem unter dem Berg, der Huautla de Jiménez überragt. Die Einheimischen nennen diese Höhlen »die Lungen der Erde«. Wir hatten Stirnlampen, Taschenlampen, Wanderschuhe und Seile dabei. Wir erreichten den Eingang der Höhle, ein riesiges Felsgewölbe voller Fledermausnester, das zu endlosen, dunklen Tunneln führte. José hielt uns am Eingang an. Er öffnete seine Tasche, holte eine Handvoll Kakaobohnen heraus und gab jedem von uns ein paar davon. Wir baten alle still den Geist der Höhle um Erlaubnis, sein Reich betreten zu dürfen, uns zu beschützen und uns einen guten Aufenthalt zu gewähren, während wir unsere Bohnen auf den Boden warfen. Als wir drinnen waren, in völliger Dunkelheit, hielten wir erneut inne. Diesmal holte José einen kleinen Keramiktopf und etwas Holzkohle heraus. Er zündete die Holzkohle an und legte ein Stück Copal-Harz-Räucherwerk darauf. Er sprach leise zu dem Geist der Höhle und dankte ihm, dass er uns willkommen hieß und für die geheimnisvolle Schönheit seiner alten Formationen, Seen und Wände.

Später am Abend, als wir tiefer in das Pilzritual eintauchten, spürte ich, wie die Energie der Höhle einen deutlichen Eindruck auf allen Ebenen meines Wesens hinterließ. Ich fühlte in meinem Herzen, dass ich aufgrund der inneren Haltung unserer Opfergabe und unserer Demut die Gaben dieser mächtigen Kraft empfangen konnte.

Meine Lehrerin Julieta hat mir erklärt, dass die Mazateken den Zustand, den sie während der Pilzritual erreichen, als den Ort betrachten, an dem ihre Vorfahren leben. Sie betonen, wie wichtig es ist, für diesen Bereich ausreichend spirituellen Schutz zu haben, und achten sehr darauf, wie sie ihn betreten und verlassen. Auch andere indigene Kulturen sehen erweiterte Bewusstseinszustände als eine Ausdünnung des Schleiers zwischen der sichtbaren und der unsichtbaren Welt. Auf der Medizinreise verlassen wir diese Realität und unsere Identifikation mit einer bestimmten Persönlichkeit und betreten den Bereich des Formlosen, der Ahnen und des Geistes.

Neben dem Bündnis mit den Ahnen und den örtlichen Geistern gehören zu den erdverbundenen Ritualen zur Vorbereitung auf spiritueller Ebene das Errichten von Altären, die Reinigung und Läuterung des Körpers, das Darbringen von Opfergaben und Zeiten der stillen Einkehr.

DER ALTAR

Die meisten indigenen Kulturen, die Heilrituale oder Rituale mit Pflanzenmedizin durchführen, nutzen während des Rituals einen Altar. Ein Altar ist ein Schrein, ein Tisch, ein Schrank, ein Regal oder eine Ablage, auf dem spirituelle oder religiöse Gegenstände und Bilder so angeordnet sind, dass sie ein Gefühl des Heiligen erwecken. Wenn alle Gegenstände in einer bestimmten Anordnung zusammengebracht werden, entsteht ein ganz besonderes Energiefeld, das die an der Gestaltung Beteiligten repräsentiert und widerspiegelt.

Ein Altar kann auch ein Ort sein, an dem religiöse Rituale durchgeführt werden oder an dem Opfergaben für Götter oder Vorfahren dargebracht werden. In manchen Kulturen wird der Altar selbst als Tor zwischen der physischen und der spirituellen Welt angesehen. *Ayahuasqueros* haben einen Altar mit heilenden Duftwässern, Tabak, Kristallen oder Steinen. San-Pedro-Schamanen haben eine *mesa*, ein Stoffbündel, das Talismane, Wassergefäße und Steine enthält. Pilz-Curanderas haben einen Altar mit heiligen Bildern, Kerzen und Blumen. Kirchen und buddhistische Tempel haben ebenfalls ihre eigenen Altäre. Ein Altar schafft einen Mittelpunkt, an dem die Absicht des Ritualleiters und seine Beziehung zu den Geistern gestärkt werden.

Im Ritualraum meiner Lehrerin Julieta befindet sich ein Altar, der sich über die gesamte Wand erstreckt und in drei Ebenen vom Boden bis zur Decke angeordnet ist. Es ist eine beeindruckende Konstruktion mit großen Bildern, die hauptsächlich die Jungfrau von Guadalupe und Jesus zeigen. Julieta hat die letzten 25 Jahre ihres Lebens viel auf Reisen verbracht und jedes Mal etwas Neues mitgebracht, um es auf ihren Altar zu stellen. Im Laufe der Jahre kamen Bilder von Buddha, indianische Schalen und eine Quan-Yin-Statue hinzu. Es gab Flaschen mit heiligem Wasser aus anderen Kontinenten und ein Foto von Seiner Heiligkeit, dem Dalai Lama, den sie persönlich in Dharamsala getroffen hatte und den sie liebevoll *El Jefe*, »der Chef«, nannte. Es gab riesige Blumenvasen, Fotos von Menschen, für die sie betete, und Kerzen, die zu Beginn und am Ende jeder Ritual angezündet wurden. Ich war immer beeindruckt von der Größe ihres Altars.

Im Jahr 2006 lud Julieta den gesamten Rat der 13 indigenen Großmütter, zu dessen Gründungsmitgliedern sie gehörte, nach Huautla de Jiménez[1] ein. Ein Freund von mir und ich sollten bei der Organisation helfen. Jede Großmutter sollte die Gruppe bei einem rituellen Gebet nach ihrer Tradition anleiten.

Als die beiden Lakota-Großmütter an der Reihe waren, erzählten sie, dass sie aus Sorge, ihre Adlerfedern und andere heilige Gegenstände könnten an der mexikanischen Grenze beschlagnahmt werden, diese nicht mitgebracht hatten. Ich hatte einen

Platz für ihr Ritual vorbereitet: Die Stühle standen in einem Halbkreis am Flussufer, und die Kulisse war wunderschön. Während sie ihren heiligen Raum vorbereiteten, fragte ich sie, ob sie etwas für ihren Altar bräuchten, aber sie verneinten. Sie schauten auf den Boden und wählten vier Steine aus. Sie legten sie achtsam auf den Boden, stellten sich dann in die Mitte und wandten sich mit Tabak in den Händen den sieben Himmelsrichtungen zu. Langsam und bedächtig brachten sie ihn dem Himmel dar.

Dieses einfache, aber bewegende Ritual lehrte mich, das Göttliche in allem zu sehen. Ein Altar kann alles sein, von vier Steinen auf der Erde bis hin zu einem kunstvollen Kirchenaltar, der reich an esoterischer Symbolik ist.

REINIGUNG UND LÄUTERUNG

Ein anderer Weg, sich dem Göttlichen zu nähern, ist die energetische Reinigung, die in vielen indigenen und meditativen Traditionen eine zentrale Rolle spielt. Bei den Mazateken ist eine gründliche Reinigung mit Kräutern, den sogenannten *limpias*, weit verbreitet. Dazu gehen sie in die Berge und sammeln Zweige bestimmter Kräuter. Am Abend, wenn die Teilnehmer den Raum für die Pilzritual betreten, steht die Curandera an der Schwelle mit einem kleinen Tontrinkbecher, dem *copalero*, in dem ihr Räucherharz brennt. Sie führt die Zweige durch den Rauch und streicht dann über den ganzen Körper jedes Teilnehmers, um den Reinigungsprozess abzuschließen. Andere Traditionen nutzen den Rauch von brennendem Salbei, Süßgras, Palo Santo oder Tabak, um angestaute Energien zu reinigen und die Menschen in einen tieferen Zustand der Präsenz zu versetzen.

Ich war einmal in einem buddhistischen Tempel in Singapur. An der Tür des Tempels stand eine riesige Schale mit Sand und etwa 500 brennenden Räucherstäbchen. Wenn die Leute durch den Eingang gingen, als würden sie eine Schwelle überschreiten, passierten sie eine Wolke aus reinigendem Rauch. Der Rauch schien sie zu säubern, während sie den Tempel betraten.

Wasserrituale sind Teil vieler Religionen. Katholiken bekreuzigen sich mit Weihwasser, wenn sie eine Kirche betreten. Baptisten tauchen sich in Flüsse. Muslime waschen sich die Füße, bevor sie eine Moschee betreten.

OPFERGABEN

Indigene Traditionen bringen oft Opfergaben als Teil ihrer spirituellen Vorbereitung dar. Die Familie meiner Lehrerin opfert regelmäßig Blumen, Kerzen, Kopalharz und Kakaobohnen. Viele Gegenstände werden als Opfergaben für das Göttliche und den Geist des Pilzes auf den Altar gelegt.

Bevor wir in Mexiko irgendeine Ritual machen, steigen wir auf den Gipfel des örtlichen Berges Chikon Nindo, dem heiligsten Ort der Region. Die Leute wandern hinauf, um dem *dueño*, dem Schutzgeist der Gegend, der im Berg wohnt und über alle spirituellen und energetischen Angelegenheiten der Region wacht, Opfergaben darzubringen. Junge Eltern gehen den einstündigen Weg, um ihr neugeborenes Kind Chikon Nindo vorzustellen und Opfergaben für den Schutz ihres Kindes darzubringen. Die Einheimischen sind dieser spirituellen Präsenz des Berges tief verbunden.

Die amerikanischen Ureinwohner bieten den Geistern oft Tabak oder heilige Kräuter wie Süßgras, Wacholder oder Zeder an. Bevor sie die Schwitzhütten betreten, sitzen die Teilnehmer zusammen und knüpfen Gebetsbänder in bestimmten Farben, die für die Himmelsrichtungen Ost, West, Nord und Süd stehen. Sie legen ein wenig Kräuter, oft Tabak, in die Mitte eines quadratischen Tuchstücks. (Für amerikanische Ureinwohner wie die Lakota oder Cree ist Tabak eine heilige Medizin, die in Ritualen und Rituale verwendet wird.) Dann falten die Teilnehmer das Tuch zusammen, während sie beten. Sie verknoten das kleine Bündel mit einem Stück Schnur oder einem dünnen Tuch und verbinden es mit anderen solchen Bündeln. Anschließend hängen sie die Gebetsbandgirlanden in der Hütte auf. In der Tradition der amerikanischen Ureinwohner ist es auch üblich, einen Kreis aus Maismehl um den Ort zu ziehen, an dem man eine Visionssuche unternimmt.

Auf Bali bauen die Leute aufwendige Konstruktionen aus Bambus und Palmen und flechten die Blätter zu kleinen Körbchen, die sie mit Reis und Weihrauch füllen. Diese Opfergaben stellen sie den ganzen Tag über auf und verteilen sie rund ums Haus und in Tempeln, um die Geister des Ortes zu besänftigen.

Vor einigen Jahren kam meine Lehrerin Julieta zu uns nach Hause und fragte: »Wo werden wir die Kakaobohnen opfern?« Ich antwortete: »Du meinst auf dem Boden?« Und sie sagte: »Ja, wo ist dein Ritualplatz? Wohin kommen die Opfergaben?« Und ich sagte ihr: »Nun, ich habe da draußen diesen Baum…« Und sie sagte: *Bueno, vamos*! Dann fragte sie: »Verwendest du Kakaobohnen oder etwas anderes?« Ich sagte ihr: »Manchmal verwende ich Reis, manchmal Maismehl und manchmal Kakaobohnen.« Und sie meinte: »Okay, wie du willst. Es ist egal, was du in der Hand hast. Solange du einen heiligen Ort auf deinem Grundstück hast und um Erlaubnis für deine Arbeit bittest, ist alles gut.« Für sie war es unvorstellbar, dass ich auf meinem Grundstück keinen heiligen Ort hatte, um Opfergaben darzubringen.

Wie Julieta schon gesagt hat, geben wir beim Opferritual etwas Symbolisches oder Wertvolles an die Erde und die Geister, um die Erlaubnis für die Ritual zu bekommen oder um Hilfe oder Heilung zu bitten. Damit zeigen wir, dass wir die großzügigen Geschenke der Erde anerkennen und etwas zurückgeben wollen. Es geht darum, »bitte« und »danke« zu sagen und mit Demut und Großzügigkeit das anzubieten, was man hat.

STILLE UND BESINNUNG

Eine andere Art, wie Leute in indigenen Kulturen sich auf Rituale vorbereiten, besteht darin, eine Zeit lang still zu sein. Um in sich selbst hineinzuhören, muss man den Geist beruhigen, zum Beispiel durch Meditation, Beobachtung des Atems, Meditation mit einer Kerze oder einer Figur oder indem man sich mit allen Sinnen auf ein Objekt konzentriert.

Einen ruhigen Geist kann man auch durch das Rezitieren von Gebeten, Mantras oder Sutras erreichen. Meine Lehrerin Julieta war katholisch, und das Beten gehörte zu ihren regelmäßigen Praktiken. Sie betete den Rosenkranz vor ihrem Altar, während sie sich auf die jeweilige Ritual vorbereitete. Dabei sprach sie direkt zu den Pilzen und nannte die Namen der anwesenden Personen. Sie rief auch die Kraft der Erde und des Himmels, den Geist des Regens, des Windes und die Geister des Ortes an. Sie war ständig im Dialog mit den Heiligen und Geistern, pflegte ihre Verbindungen und bekräftigte sie.

Eine kraftvolle Methode, um spirituelle Verbindungen zu pflegen, ist das Gedenken an die Vorfahren. Viele Kulturen halten die Verbindung zu ihren verstorbenen Familienmitgliedern aufrecht, indem sie umfangreiche Rituale zu deren Ehren abhalten. Wie ich schon erwähnt habe, glauben die Mazateken, ähnlich wie einige andere indigene Kulturen, dass man durch Rituale in die Welt der Toten und zu seinen Vorfahren gelangen kann. In der Tradition der Mazateken gibt die Nähe zu den Vorfahren Kraft für schwierige Rituale. Jedes Jahr am Tag der Toten gehen sie als Familie zum Friedhof, schmücken die Gräber der Verstorbenen und erzählen Geschichten über sie.[2]

Viele von uns haben so wenig Kontakt zu unseren Vorfahren, dass wir nicht einmal die Namen unserer Urgroßeltern kennen. Trotzdem ist es wichtig, eine Verbindung zu unseren Vorfahren aufzubauen, nicht nur, weil sie uns bei unserer Heilungsarbeit unterstützen können, sondern auch, weil wir diese Arbeit in gewisser Weise für sie tun.

Wie können wir uns in unserer modernen, industrialisierten Welt, die einen ganz anderen kulturellen Hintergrund hat, spirituell vorbereiten, bevor wir einen erweiterten Bewusstseinszustand erreichen? Es gibt viele Praktiken und Rituale, von denen wir uns inspirieren lassen können. Wir müssen nicht aus einer einzigen spirituellen Quelle trinken. Diejenigen von uns, die aus anderen Ländern kommen, können auf die vorabrahamitischen spirituellen Traditionen unserer Vorfahren und unserer Geschichte zurückgreifen.[3] Im vorchristlichen Europa florierten traditionelle Heiler, Weise, Priesterinnen und Orakel jahrtausendelang, bevor sie als heidnisch verurteilt und unterdrückt wurden.[4] Wenn wir uns zu bestimmten Ritualen und Traditionen hingezogen fühlen, die Tausende von Kilometern entfernt praktiziert werden, können wir sie erkunden. Wir können Beziehungen zu Gottheiten, Devas, Göttern, Ortsgeistern, Engeln, Erzengeln, dem Großen Geist, Gott oder der Göttin aufbauen. Manche von uns fühlen sich tief mit der Heiligkeit der Natur verbunden und nehmen durch die Erde die Göttlichkeit um uns herum und in uns wahr.

Wenn wir an einen schönen Ort in der Natur gehen, eine Kirche betreten oder einem bedeutenden Ritual beiwohnen, kann uns diese Erfahrung selbst in einen erweiterten Zustand versetzen. Wir wollen Praktiken finden, die uns auf diese Ebene führen, damit wir uns für das Göttliche öffnen können.

Wenn wir Bräuche aus anderen Kulturen übernehmen, ist es wichtig, das mit Respekt zu tun. Wir wollen keine Traditionen verwässern oder missachten, sondern uns von ihnen inspirieren lassen und Aspekte ihrer Lebensweise mit Demut übernehmen. Wir können sie integrieren und anpassen, immer mit Respekt. Obwohl ich schon seit vielen Jahren nach Mexiko reise, verstehe ich noch immer vieles nicht. Ihre Rituale, mit denen sie den ersten Mais des Jahres und den Frühling feiern, sind für mich unbegreiflich, aber es gibt viele Aspekte dieser Rituale, die ich verstehen kann, die mich inspirieren und die ich auf meine eigene Weise in mein Leben integrieren kann.

Der Sinn der spirituellen Vorbereitung besteht darin, sich mit Praktiken und Bräuchen zu beschäftigen, die uns ansprechen. Wir wollen eine Grundlage schaffen und unsere Beziehung zum Geistigen durch Praktiken pflegen, die uns mit dem Heiligen verbinden.

PERSÖNLICHE VORBEREITUNG

Um dich auf der spirituellen Ebene gezielt vorzubereiten, schau dir die Bestandsaufnahme aus Kapitel 3 an, um dir über deine spirituellen Stärken und Schwächen klar zu werden. Denke über deine Beziehung zu diesen Aspekten deines Lebens nach und wähle Vorbereitungsübungen aus, die dir helfen, dort, wo es nötig ist, mehr Ausgeglichenheit und Stärke zu finden. Du kannst dich auf spiritueller Ebene vorbereiten, indem du zu Hause einen Altar mit besonderen Gegenständen, Blumen, Kristallen und Statuen aufstellst. Wenn du schon einen Altar hast, räume ihn ab und richte einen neuen ein. Es ist erfrischend, einen Altar von Zeit zu Zeit neu zu gestalten. Nimm alles weg und stelle alles bewusst wieder an seinen Platz. Nimm dir Zeit für jeden Gegenstand, berühre ihn, halte ihn in der Hand, und lege ihn wieder zurück. Selbst wenn du denselben Gegenstand an denselben Platz zurücklegst, erfrischt deine Aufmerksamkeit die Energie deines Altars. Oder baue einen neuen Altar mit Gegenständen, die für dich aktuell und bedeutungsvoll sind. Das Ritual des Altaraufbaus beginnt, unseren inneren Zustand zu entspannen, da der bewusste Akt des Schaffens selbst unsere Psyche für einen weiteren Bewusstseinszustand öffnet.

Für die Reinigung kannst du dein Zuhause und deinen Altar mit Palo Santo, Räucherstäbchen oder Salbei reinigen. Du kannst Tabak, Harze, Hölzer, Kräuter oder andere Dinge verwenden, die dir besonders gut gefallen. Manche Leute spritzen Salzwasser, läuten Glöckchen um sich herum oder beten beim Baden zum Wassergeist. Andere sprühen sich mit Rosenwasser oder Lavendelwasser ein oder salben sich mit Öl. Es geht darum, die Absicht zur Reinigung zu haben und eine physische Übung durchzuführen, um diese Absicht umzusetzen.

Du kannst auch dein eigenes Ritual für Opfergaben entwickeln. Suche dir einen Ort in der Nähe deines Zuhauses oder in einem Park, der dir besonders oder heilig erscheint, und bringe bestimmten Bäumen und Pflanzen, dem Bach oder dem Berg in deiner Umgebung Opfergaben dar. Du kannst Reis, Kakaobohnen, Münzen, Blumen, Tabak, Wasser oder alles andere opfern, was dir wichtig erscheint. Es ist ehrenvoll, diese

Geste der Opfergabe zu vollziehen, bevor du etwas von der Erde nimmst, einen Apfel pflückst oder Gemüse aus deinem Garten erntest. In der Tradition der amerikanischen Ureinwohner ist es üblich, Tabak zu opfern, aber Reis, Maismehl oder Kakaobohnen sind ebenso geeignet, sofern sie für dich eine Bedeutung haben.

Setz dich allein in die Natur, sei still und konzentrier dich auf deine inneren Erlebnisse oder beginne täglich fünf bis zehn Minuten lang eine Kontemplations- oder Meditationsübung. Gehe in eine Kirche, einen Tempel oder eine Moschee oder nimm an verschiedenen Ritualen und Rituale teil, die dich ansprechen. Lies Bücher über Gebet und Kontemplation aus verschiedenen Traditionen. Sprich Dankesgebete für deine Lieben und deine Gemeinschaft oder für deine persönlichen Anliegen.

Recherchiere zu deinen Vorfahren. Wenn du kannst, sprich mit Familienmitgliedern, um ihre Namen herauszufinden, und höre dir ihre Geschichten an oder nimm sie auf. Vielleicht kannst du Fotos finden, die du auf deinen Altar stellen kannst. Wenn du keine Fotos hast, kannst du ihre Namen auf eine Karte schreiben und diese auf deinen Altar legen. Wenn du keine lebenden Verwandten hast, kennst du vielleicht zumindest die Länder, in denen deine Vorfahren gelebt haben. Lies über die Geschichte dieser Länder, hör dir ihre traditionelle Musik an, probiere das Essen aus und finde zurück zu der Kultur, die in deinem Blut und deinen Knochen steckt. Auf diese Weise kannst du die Verbindung zwischen dir und denen, die vor dir da waren, stärken. Wenn du dann an Ritualen und Rituale teilnimmst, kannst du deine Vorfahren und ihre Weisheit, die durch dich weiterlebt, anrufen. Studien zu transgenerationalen Traumata haben gezeigt, dass Ereignisse, die bis zu drei Generationen zurückliegen, Auswirkungen auf die Lebenden haben. Wenn du keine Verbindung zu deinen Vorfahren als Quelle der Weisheit hast, kannst du andere Ältere oder Weise aus der Geschichte anrufen, deren Lehren oder Schriften dich inspirieren. Wenn du durch Geburt, Praxis oder Mentoren ein spirituelles Erbe hast, mit dem du dich identifizierst, dann integriere es auf jeden Fall in deinen Vorbereitungsprozess.

Es ist egal, ob wir neben einem aufwendigen Altar oder einem Bach sitzen. Was zählt, ist die Absicht und die Erinnerung daran, einen Bund mit dem Heiligen zu schließen. Während wir uns auf spiritueller Ebene vorbereiten, erleben wir etwas, das größer ist als wir selbst, und entdecken, wie wir mit der unsichtbaren Welt verbunden sind. Wenn wir uns schließlich dieser Welt öffnen, beginnen wir zu spüren, wie sie uns nährt. Wie alle Beziehungen braucht auch unsere Verbindung zur spirituellen Dimension Zeit und Einsatz.

8

PFLEGE DES NETZES

Vorbereitung der Gemeinschaft

—

Reichtum (bei den Dagara) hängt nicht davon ab, wie viel du hast, sondern wie viele Leute um dich herum sind.
MALIDOMA PATRICE SOMÉ[1]

Ich bin beim Volk der Mosetén im bolivianischen Amazonasgebiet. Im Dorf ist es ruhig. In den Hütten suchen die Frauen die Halsketten aus, die sie zu ihren weißen Kleidern tragen wollen. Jede Flussmuschel, jeder Tierzahn und jeder Samen hat eine besondere Bedeutung. Die Männer setzen sich Masken auf und bereiten ihre Trommeln und Flöten vor. Die Kinder beobachten die Vorbereitungen still und verfolgen jedes Wort und jede Bewegung. Die Flöten ertönen, und aus jeder Hütte kommen Familien, die tanzen, von einem Fuß auf den anderen hüpfen und ein Lied mit hohen Tönen singen, das wie Tierlaute klingt.
Die Kinder starren still vor sich hin, und die Erwachsenen scheinen wie in Trance zu sein. Ich werde in einen seltsamen Raum versetzt, sowohl in meinem Inneren als auch in den Wald, der mich umgibt. Ich verstehe nicht, was dieses Ritual bedeutet, doch ich fühle mich in eine längst vergangene Zeit zurückversetzt. Ich erlebe die Verbindung zwischen Mensch und Natur im heiligen Netz des Stammeslebens.

Ein erweiterter Bewusstseinszustand kann uns an einen Ort der Klarheit bringen, an dem man grundlegende Wahrheiten tief spürt. Eine dieser Wahrheiten ist die gegenseitige Abhängigkeit zwischen uns und allen Menschen in unserem Leben – unserer Familie, unseren Freunden, Lehrern, Nachbarn, Kollegen und allen anderen, die uns umgeben. Seit jeher leben Menschen in Gruppen und Clans. Einsiedler, die alleine leben, sind die seltene Ausnahme; sie leben oft in inniger Verbindung mit der Natur und pflegen ein Gemeinschaftsgefühl mit Tieren und Pflanzen. Für den Rest von uns ist das Zusammenleben, gemeinsames Kochen und Essen, die Zusammenarbeit, gemeinsame Rituale und die gegenseitige Fürsorge die Lebensweise. Durch unsere Beziehungen zu den vielen Menschen in unserem Leben erfahren wir einen Großteil unserer Heilung.
In indigenen Kulturen sind Rituale, die Menschen in erweiterte Bewusstseinszustände versetzen, oft der Kern des Gemeinschaftslebens. Die Ältesten leiten alleingegangene Visionssuchen und Initiationsriten. Diese Rituale werden als Gemeinschaft vorbereitet, gemeinsam erlebt und als Gemeinschaft wieder in den Alltag integriert.

Ein Freund von mir unternahm eine viertägige alleingegangene Visionssuche in den Bergen von Montana. Zur Vorbereitung nahmen alle Teilnehmer an einer Schwitzhüttenritual teil. Anschließend erhielten sie Anweisungen, wie sie sich der Suche am besten nähern sollten. Am dritten Tag erlebte mein Freund einige Stunden intensiver Panik und Einsamkeit. Er wurde sich bewusst, dass er ganz allein in einer rauen Umgebung war, umgeben von wilden Tieren, und begann, sich in Angst um sein Wohlergehen und seine Sicherheit zu verlieren. Er sagte, nur weil er sich an seine Mitstreiter erinnerte, die auf ihrer jeweiligen Suche waren und ähnliche Erfahrungen machten, und weil er wusste, dass sie alle bald wieder zusammenkommen würden, konnte er mit seiner Angst umgehen. Er erinnerte sich daran, dass es ein größeres Gefäß der Sicherheit gab, und konnte sich darin entspannen.

Einmal fragte ich Julieta, ob ich alleine mit den Pilzen auf eine Reise gehen könne. Sie stimmte zu und meinte, ich sei bereit, und es würde mir helfen, eine Verbindung zu den *Chikones*, den Geistern des Landes, und den alten Traditionen ihrer Kultur aufzubauen. Ich wurde zu einem nahe gelegenen Berg gebracht, wo ich am nächsten Morgen abgeholt werden sollte. Ich sollte einen Altar aufbauen und während meiner Reise davor sitzen bleiben. Ich sollte singen, beten und zuhören. Ich verband mich mit der Magie des Landes und nahm Lehren wahr, die ich noch nie in Worte zu fassen versucht hatte. Obwohl ich allein in den Bergen war, konnte ich die Gebete und die Unterstützung von Julieta und ihrer Familie spüren. Es war eine kraftvolle Initiation, die Nacht in einem Zustand tiefen Zuhörens zu verbringen.

Wie schon erwähnt, wird in der Tradition der Mazateken eine Pilzritual oft als Familie abgehalten. Die Gruppe bereitet sich gemeinsam vor, betet und singt. Dann nehmen alle zusammen die Pilze ein. Während der Ritual teilen sie ihre Sorgen, Ängste und Erkenntnisse miteinander. Bei körperlichen Krankheiten oder Verletzungen unterstützt die ganze Familie ein Mitglied bei der Heilung, was als eine Aufgabe angesehen wird, die gemeinsam bewältigt werden muss.

Im Amazonasgebiet haben sich Heilrituale mit psychotropen Pflanzen parallel zum Gemeinschaftsleben entwickelt. Die Ureinwohner und Pflanzen leben eng zusammen, und die Pflanzen werden in Gruppenritualen verwendet. Die Vorbereitung umfasst oft bestimmte Diäten, bestimmte Aktivitäten, die Art und Weise, wie sie sich kleiden und ihren Körper schmücken. Wie auch immer die Vorbereitung aussieht, sie wird oft in der Gruppe gemacht. Männer und Frauen bereiten sich vielleicht anders vor oder haben unterschiedliche Rollen, aber sie bleiben trotzdem in ihren jeweiligen Gruppen zusammen.

Ich habe ein paar gute Freunde, die regelmäßig nach Gabun in Afrika reisen, um an einem Trance-Tanz-Ritual teilzunehmen. Das gemeinsame Tanzen bringt sie in eine einheitliche Schwingung, in der sie sich zu einem Organismus verbinden können. Die Gemeinschaft ist das Gefäß, in dem die Leute zusammen tanzen können, erfüllt von der heilenden Kraft des Geistes.

Bei meinen Erfahrungen mit Schwitzhüttenritualen werden alle Vorbereitungen vor Ort als Gemeinschaft erledigt: der Bau der Hütte, das Entfachen des Feuers und das Anfertigen der Gebetsbänder. Ich nehme seit vielen Jahren an solchen Ritualen teil und habe festgestellt, wie sehr diese verschiedenen Gruppenaktivitäten zur Verbundenheit und Sicherheit aller während der Erfahrung in der Hütte beitragen.

Vor vielen Jahren wurde bei meinem Freund Oscar die Lou-Gehrig-Krankheit diagnostiziert. Er wusste, dass seine Krankheit unheilbar war und dass er bald sterben würde. Er wollte sich vorher von seinen Freunden verabschieden, also versammelte ich seine engsten Freunde in meinem Wohnzimmer.

Er drückte jedem von uns seine Liebe und Dankbarkeit aus und erzählte lustige Geschichten aus unserer gemeinsamen Vergangenheit. Er legte sich in die Mitte, und wir bildeten einen Kreis um ihn herum und legten jeweils eine Hand auf seinen Körper. Wir summten Lieder und wünschten ihm einen sanften Übergang auf die andere Seite, wie er es nannte. Wir fühlten uns geehrt, sein Leben zu feiern und ihn bei seinen Vorbereitungen auf den Tod zu begleiten. Die gemeinsame Zeit mit ihm hat alle Anwesenden tief bewegt. In diesem Moment war es Oscar, der unserer Gemeinschaft ein Geschenk bereitet hat.

DIE BEDEUTUNG DER GEMEINSCHAFT

Auch wenn wir in der modernen industrialisierten Welt anders leben als die Leute im Amazonas-Dschungel, in einem Reservat oder in einem Dorf in Mexiko, haben wir alle das gleiche menschliche Bedürfnis nach Verbundenheit. Eine der schlimmsten Folgen der Industrialisierung ist die Vereinsamung. Die Leben der Menschen sind voneinander getrennt. Kleine Familien oder Einzelpersonen leben alleine in Häusern oder Wohnungen, und ältere Menschen leben oft alleine in Pflegeheimen. Da die moderne industrialisierte Welt keine Gemeinschaft fördert, liegt es an ihren Bewohnern, diese zu schaffen und zu pflegen. Während wir versuchen, Rituale so gut wie möglich zu erforschen, wiederherzustellen und zurückzugewinnen, können wir von den indigenen Völkern lernen, wie sie ihre Gemeinschaft in ihre Rituale integrieren. Wir können Gemeinschaft schaffen, indem wir Zeit mit den Menschen in unserem Leben verbringen, unsere Verletzlichkeit teilen und Rat und Unterstützung suchen.

Das Engagement in der Gemeinschaft beginnt mit dem Kontakt, der zwischen einem Ritualleiter und einem Reisenden hergestellt wird. Der Ritualleiter baut eine Verbindung zum Reisenden oder zwischen den Mitgliedern der Gruppe auf, indem er eine sichere Umgebung schafft und mitfühlende Unterstützung bietet. Selbst wenn du dich alleine auf eine Reise oder Suche begibst, triffst du dich vorher mit dem Ritualleiter, um die Reise und das, was du dir davon erhoffst, zu besprechen. Allein schon das Teilen der eigenen Gefühle mit dem Ritualleiter, dem Anführer oder der Gruppe schafft eine Gemeinschaft auf der grundlegendsten Ebene.

Als ich mit meinem Lehrer Pablo arbeitete, führte er uns vor einer Reise durch eine vierstündige Vorbereitung. Wir machten rituelle Kunst und schrieben, verbrachten Zeit als Gruppe miteinander und tauschten uns auf verschiedene Weise aus.

Jeder von uns erzählte, was gerade in seinem Leben los war, wie er sich fühlte und was er sich für das bevorstehende Ritual vorstellte. Wir gaben uns gegenseitig Fuß- und Nackenmassagen. Wir saßen zusammen im Kreis, sangen leise und traten nacheinander in die Mitte der Gruppe, um über schmerzhafte Erfahrungen aus unserem Leben zu sprechen. Als wir die Medizinreise begannen, fühlten wir uns als Gruppe verbunden, jeder von uns umgeben von Mitgefühl und Unterstützung der anderen. Wir fühlten uns sicher und hatten das Gefühl, zusammenzugehören. Meiner Meinung nach ist das der beste Weg, um mit einer Gruppenarbeit zu beginnen, und ich habe diese Methode mit großem Erfolg übernommen.

Eine Möglichkeit, die Gemeinschaft in die Vorbereitungsphase einzubeziehen, besteht darin, sich Zeit zu nehmen, uns vorzustellen, was wir nach einer Reise brauchen könnten. Wir beziehen unsere Gemeinschaft mit ein, indem wir uns verletzlich zeigen und um ihre Unterstützung bitten. Wenn es angebracht ist, können wir einen Freund in unsere Pläne einbeziehen und ihn einladen, uns zu begleiten und uns anschließend zu unterstützen. Wenn wir uns allein auf eine Reise begeben, können wir einem Freund erzählen, was wir in unserem bevorstehenden Ritual vorhaben, und ihn bitten, für uns zu beten. Vielleicht können wir ihn bitten, uns zum Ritual zu fahren und uns danach wieder abzuholen. Er kann für uns eine Kerze anzünden und uns positive Gedanken schicken.

Bevor wir uns auf eine Reise begeben, können wir uns an Personen wenden, die über ein gewisses Maß an Einfühlungsvermögen und Mitgefühl verfügen. Wir erkennen den Wert bestimmter Beziehungen und den Reichtum, den sie uns bieten können, insbesondere wenn es sich um Freunde handelt, die ähnliche Erfahrungen gemacht haben. Ihre Sichtweise kann uns unterstützen und ermutigen und uns daran erinnern, wie wichtig Gemeinschaft ist.

Ein Ritualleiter sollte schon vorher darauf achten, was jemand brauchen könnte, um diesen Aspekt zu berücksichtigen, bevor die Reise losgeht. Wenn jemand einsam ist, kann es sinnvoll sein, schon vorher Kontakt aufzunehmen, und der Ritualleiter kann den Reisenden ermutigen, sich mit einer Gemeinschaft oder einer Gruppe mit gemeinsamen Interessen zu verbinden. Wenn jemand dagegen übermäßig beschäftigt und sehr gesellig ist, wäre es ratsam, vorher Zeit für sich allein vorzuschlagen.

PERSÖNLICHE VORBEREITUNG

Um dich auf eine Reise vorzubereiten, empfehle ich dir, deine Bestandsaufnahme anzuschauen und zu überlegen, wie du zu deiner Gemeinschaft stehst. Du kannst die Beziehungen in deinem Leben genauer ansehen. Kurz gesagt: Wenn du das Gefühl hast, dass dir Gemeinschaft fehlt, suche nach Aktivitäten, Kursen und Veranstaltungen, bei denen du Gleichgesinnte treffen kannst. Finde eine Meditationsgruppe, eine Wandergruppe, eine Tanzgruppe, einen Kochkurs, einen Chor, eine Malgruppe oder einen Buchclub in deiner Nähe. Nimm Kontakt auf und schließe dich Gruppen an, mit denen du dich verbunden fühlst, wie zum Beispiel vor Ort tätige gemeinnützige Organisationen und Wohltätigkeitsvereine.

Nimm dir vorher Zeit für deinen Partner, deine Freunde oder deine Familie und erkläre ihnen deine Absicht und dein Vorhaben. Bitte deine Freunde oder Familie, eine Kerze für dich anzuzünden und dir positive Gedanken zu senden. Wenn du an einem Gruppenritual teilnimmst, bitte den Ritualbegleiter darum, früher kommen zu dürfen, und ob du beim Vorbereiten helfen kannst. Versuche, durch Fahrgemeinschaften Kontakt zu anderen Teilnehmern aufzubauen oder dich mit jemandem in Verbindung zu setzen, der mehr Erfahrung mit dieser Tradition oder Methode hat. Sorge dafür, dass du danach Unterstützung von einem Freund, Partner oder Familienmitglied bekommst. Stelle gleichzeitig sicher, dass du eine ruhige Umgebung hast, in die du nach Hause zurückkehren kannst, falls nötig. Der Kontakt zu anderen Menschen kann überfordernd sein, und es kann sein, dass du dich zurückziehen musst, um dich auszuruhen.

Wenn du hingegen in deinem Alltag zu viel Kontakt zu anderen Menschen hast, nimm dir im Rahmen deiner Vorbereitung mehr Zeit für dich selbst.

Seit Jahrhunderten bereiten sich indigene Kulturen auf Rituale vor, die Menschen in einen erweiterten Bewusstseinszustand versetzen. Diese Erfahrungen stärken dann die Bindungen zwischen den Mitgliedern der Gemeinschaft. Wenn wir diese Rituale wieder aufleben lassen, muss unsere Reise der Selbstfindung und Heilung kein einsamer Weg sein. Wenn wir keine gute Gemeinschaft haben, können wir diesen Teil unseres Lebens pflegen und fördern. Indem wir starke Verbindungen zu anderen pflegen und sie in die verletzlichen Bereiche unseres Lebens einbeziehen, können wir die menschliche Verbundenheit erfahren, nach der wir uns alle sehnen. Es ist ein Geschenk, um Unterstützung zu bitten, und ein Geschenk, sie anzubieten. Ich ermutige jeden Reisenden, seine Gemeinschaft in den Vorbereitungsprozess einzubeziehen, da dies die Erfahrung erheblich bereichern wird. Unsere Heilung ist die Heilung all derer, mit denen wir in Beziehung stehen.

9

UNSERE WURZELN NÄHREN

Vorbereitung der Umgebung

Bleib dem Herzen der Natur nah... und reiß dich ab und zu los, um einen Berg zu besteigen oder eine Woche im Wald zu verbringen. Reinige deinen Geist.
John Muir[1]

Ming, eine langjährige Kundin von mir, wollte ein Meditationsretreat für sich allein durchführen und fragte mich, wie sie den Raum dafür vorbereiten könnte. Sie hatte eine kleine Hütte im Wald gemietet, wo sie die meiste Zeit verbringen würde, und wünschte sich eine Umgebung, die ihr dabei helfen würde, sich ganz auf ihre Übungen zu konzentrieren. Ich schlug ihr vor, den Raum zu reinigen, da dies ein wichtiger Teil der Vorbereitung sei. Ich schlug ihr außerdem vor, die Hütte zu lüften, den Boden zu fegen, die Fenster zu putzen, den gesamten Raum mit Salbei zu räuchern und die Möbel so umzustellen, dass sie für ihre Übungen geeignet waren. Anschließend könnte sie sich darum kümmern, dass ihr Schlafbereich angemessen und bequem war.

Dann schlug ich ihr vor, sich mit der Umgebung vertraut zu machen, indem sie den nahe gelegenen Bach besuchte, einen Ort im Freien zum Üben suchte und sich mit Bäumen vertraut machte, zu denen sie eine Verbindung spürte. Ich fügte noch hinzu, dass sie beim ersten Anzünden des Holzofens bestimmte Gebete sprechen könnte. Außerdem schlug ich ihr vor, als Schutzopfer kleine Schalen mit Getreide und Weihrauch in allen vier Himmelsrichtungen um das Haus herum aufzustellen.

Ming kam mit einem neuen Gefühl der spirituellen Verbundenheit aus ihrem Retreat zurück und berichtete, dass die Aufmerksamkeit, die sie der Schaffung einer unterstützenden Umgebung gewidmet hatte, entscheidend gewesen sei. Sie habe erkannt, wie wenig Aufmerksamkeit sie normalerweise ihrem eigenen Zuhause schenkte. Sie erzählte, dass schon allein die Beschäftigung mit dem Raum ihr innere Heilung und Kraft gegeben habe und dass sie sich jeden Tag darauf gefreut habe, einen Blumenstrauß für ihren Altar zu pflücken. Sie sagte, dass sie nun die klare Absicht habe, sich genauso achtsam um ihr Zuhause zu kümmern wie um ihren Meditationsraum. Ihre »Hauspflege«, wie sie es nannte, wurde zu einer fortwährenden Übung in Achtsamkeit, die sie auf eine Weise beruhigte, mit der sie nicht gerechnet hatte.

Wenn wir in erweiterte Bewusstseinszustände eintreten, werden wir sensibler für unsere Umgebung. Das betrifft die Menschen, mit denen wir zusammen sind, und den physischen Raum, in dem wir uns befinden: das Zimmer, das Gebäude oder die Natur, aber auch die Tiere und Pflanzen in unserer Nähe. Vielleicht erleben wir aufgrund dieser erhöhten Sensibilität eine tiefere Verbindung zur Natur. Oft nehmen wir die komplexe Schönheit der Natur wahr, aber auch unseren Schmerz angesichts des aktuellen ökologischen Ungleichgewichts.

In Kapitel 3 haben wir über Set und Setting gesprochen und darüber, wie wichtig es ist, die unmittelbare Umgebung vorzubereiten. Damit meinen wir das Gebäude oder den Ort, an dem ein Ritual stattfindet. Wir sollten uns aber auch auf die weiter gefasste Umgebung vorbereiten: alle Tiere, Pflanzen, Mineralien und Elemente der Natur.

In indigenen Kulturen ist die Vorbereitung des Ortes für ein Ritual eine Kunst für sich. Bei der Vorbereitung eines Schwitzhüttenrituals zum Beispiel hat jede Geste eine symbolische Bedeutung und wird als Gebet angesehen. Viel Aufmerksamkeit wird dem Bau der Hütte gewidmet. Lange Weidenzweige werden zu einem Bogen geformt und so positioniert, dass sie die Kuppel der Hütte bilden. Dann wird der Lehmboden gereinigt und sorgfältig mit Decken ausgelegt, während die Feuerstelle vorbereitet wird. Hier werden die Steine erhitzt. Meine Lehrerin Marilyn Youngbird, eine hervorragende Schwitzhüttenleiterin, achtet darauf, dass die Decken in der Hütte nirgendwo Falten werfen. Wie sie sagt: »Eine gefaltete Deckenkante ist ein unvollendetes Gebet.« Die Tür der Schwitzhütte ist nach Osten ausgerichtet, sodass sie mit einem Altar außerhalb der Hütte auf einer Linie liegt: einem kleinen Erdhügel, auf den die Menschen persönliche Gegenstände legen. Bestimmte Steine werden sorgfältig in die Grube gelegt und markieren die vier Himmelsrichtungen. Während das Feuer die Steine erhitzt, fertigen die Teilnehmer Gebetsbänder aus Bio-Tabak und Baumwollstoff in verschiedenen Farben an, die jeweils eine andere Himmelsrichtung symbolisieren. Die Bänder werden dann entlang der Innenseite der Hütte in den entsprechenden Richtungen aufgehängt.

In der Tradition der Mazateken ist das Betreten des Raumes, in dem die Pilzritual stattfindet, wie das Betreten eines Heiligtums. Es ist ein heiliger Ort, der vorbereitet wurde, um die Geister willkommen zu heißen. Der Reinigung, Läuterung und Dekoration des Raumes wird viel Aufmerksamkeit gewidmet. Sobald der Ritualleiter den Raum vorbereitet hat, werden die Plätze für jeden Teilnehmer mit Kissen und Decken ausgestattet. Vor dem Altar werden frische Blumen aufgestellt. Auch wenn er nicht jedes Mal neu gestaltet wird, wird der Altar sorgfältig gepflegt. Der Ritualleiter zündet neue Kerzen aus heimischem Bienenwachs an. Zweige einer bestimmten Pflanze werden gesammelt und liegen bereit, um sie für die *limpias* (Reinigungen) der Teilnehmer zu verwenden. Der *Copalero*, ein rituelles Gefäß aus Ton, steht bereit, um das Harz des Copal-Baums darin zu verbrennen.

In indigenen Kulturen ist die Natur ein zentraler Teil von Ritualen, bei denen es um erweiterte Bewusstseinszustände geht, weil sie diese Zustände hervorbringt. Aus dem Körper der Erde selbst sprießen die Pflanzen und Pilze, die in Ritualen verwendet werden, um Visionen und tieferes Verständnis zu bringen. Julieta hat erklärt, dass die Natur – der Erdboden, die Berge, die Wege, die Wasserfälle, die Höhlen, der Regen und bestimmte Orte – die Quellen der heilenden Kraft der Erde sind.

Je nachdem, wo eine indigene Kultur lebt, sind die Elemente, die ihr Leben am meisten prägen, wahrscheinlich in ihre Mythen und Bräuche eingebunden. Die seltenen werden zum Mittelpunkt ihrer Gebete und Wünsche. Die südafrikanischen San, die in einer Wüstenregion leben, legen großen Wert auf Rituale, die das Element Wasser anrufen, das für sie eine knappe und wertvolle Ressource ist. Die Rituale der Yupik-Eskimos[2], deren Überleben vom Fischfang abhängt, drehen sich um den Reichtum des Ozeans.2 Indigene Völker arbeiten in ihren Ritualen häufig mit den Elementen – Erde, Wasser, Feuer, Luft und Raum oder Geist. In vielen Kulturen werden seit Jahrtausenden Reinigungsrituale mit Wasser praktiziert: durch vollständiges Untertauchen, Waschen der Füße und Hände oder durch Übergießen des Kopfes mit Wasser. Das Verbrennen von Salbei oder Harzen reicht bis in biblische Zeiten zurück und hat eine Bedeutung der Reinigung und des Schutzes, sei es für die Lakota in den heiligen Black Hills oder für die weisen Frauen des alten Europas. Im afrikanischen Bwiti-Ritual, bei dem Iboga eingenommen wird, ist die Körperbemalung ein zentraler Bestandteil der Vorbereitung: Sie symbolisiert die Verbindung mit der Erde und das Tor zum Reich der Ahnen.

Das Anrufen oder physische Darstellen von Erde, Wasser, Feuer, Luft und Raum hilft uns, ihre Präsenz in unserem Körper und in unserer Umgebung wahrzunehmen. Auch wenn wir keinen wissenschaftlichen Beweis dafür haben, wie diese Praktiken auf uns wirken, spüren wir eine immer stärkere Verbindung zu dem, was wir anrufen. Wir können uns mit den Geistern eines Ortes vertraut machen.

Neben den Elementen beginnen indigene Rituale oft mit einer Anrufung der Himmelsrichtungen. Diese Anrufung wird in jeder Kultur zwar anders durchgeführt, doch ihre beständige Präsenz ist bemerkenswert. Es handelt sich um ein Ritual, bei dem man seine physische Orientierung erkennt. Durch das Anrufen dessen, was jede Himmelsrichtung verankert (Orientierungspunkte, Energien und Geister), wird die Mitte definiert und erkannt. Die Hawaiianer bezeichnen ihre Himmelsrichtungen anders als die San in Südafrika. Ich habe einmal ein Ritual auf einer hawaiianischen Insel geleitet, das mit dem Anrufen der Himmelsrichtungen begann. Ich merkte schnell, dass alle vier Kardinalpunkte zum Meer ausgerichtet waren und dass Wasser offensichtlich das dominierende Element war, mit dem ich arbeiten würde.

Im Osten liegt vielleicht eine Wüste, ein Ozean oder ein Berg. Das Ritual, die Himmelsrichtungen zu benennen, ist eine konkrete Übung, die uns helfen kann, eine Verbindung zwischen der Außenwelt und uns selbst herzustellen. Es ist eine Möglichkeit, mit der Natur in Kontakt zu treten und die Kraft und Unterstützung jeder Himmelsrichtung und dem, was sie repräsentiert, zu empfangen. Wie in indigenen Kulturen sollten wir unser Ritual an unseren geografischen Standort anpassen. Obwohl es zwischen einigen Traditionen Übereinstimmungen gibt, hat jede Himmelsrichtung für jeden Menschen eine andere Bedeutung. Für den einen steht der Osten vielleicht für Geburt und neues Leben. Für den anderen ist der Osten vielleicht mit einem bestimmten Tier oder einer bestimmten Jahreszeit verbunden. Diese einfache Praxis, die allen Menschen zusteht, wieder aufzunehmen, bedeutet, seiner Inspiration zu folgen und zu entscheiden, was sich am authentischsten anfühlt. Anstatt blind eine bestimmte Tradition zu kopieren, öffnen wir uns durch die Übung, auf das zu achten, was in jeder Himmelsrichtung vorhanden ist, für die Erdung, die das Ritual bietet.

Diejenigen von uns, die losgelöst von der Natur leben, müssen Wege finden, sich auf der Ebene der Umgebung vorzubereiten. Wie können wir Inspiration und Orientierung aus einer naturverbundenen Lebensweise schöpfen?

PERSÖNLICHE VORBEREITUNG

Schau dir deine Antworten auf die Liste der Bestandsaufnahme noch einmal an und denke darüber nach, wie du mit deiner unmittelbaren und weiter entfernten Umgebung verbunden bist. Sei ehrlich zu dir selbst. Wie kannst du eine stärkere Verbindung zu deiner Umgebung aufbauen, bevor du dich auf ein Ritual zur Bewusstseinserweiterung einlässt?

Wenn du eine Ritual durchführen oder daran teilnehmen möchtest, richte deine Aufmerksamkeit und deine Sorgfalt auf den Ort, an dem sie stattfinden wird. Wie sieht das Zimmer aus? Wie kannst du den Raum am besten vorbereiten? Wenn das Ritual draußen stattfindet, ist es weit genug von der Straße entfernt, sodass du nicht gestört wirst? Wenn du etwas im Wald machst, ist der Boden eben genug? Wirst du dich wohlfühlen und es warm genug haben? Am besten beobachtest du, was um dich herum passiert und wie du darauf reagierst. Wie beeinflusst das deine Erfahrung oder deine Stimmung? Die Weite, die Baumaterialien, die Geräusche und das Licht beeinflussen alle, wie du dich in einem Raum fühlst.

Du kannst deinen Raum vor einem Ritual reinigen und klären, wobei die Absicht, mit der du diese Reinigung durchführst, wichtig ist. Du kannst dazu reinigende Klänge oder Feuer verwenden, um die Energie eines Raumes zu reinigen. Du kannst den Raum mit Kerzen, Blumen, Stoffen, Bildern oder Dingen dekorieren, die dir ein Gefühl von Sicherheit und Verbundenheit vermitteln. Auch nach einem Ritual möchtest du dich sicher fühlen, daher ist es empfehlenswert, dein Zuhause zu putzen und für deine Rückkehr vorzubereiten. Dein Zuhause sollte ein einladender und unterstützender Ort sein, an dem du nach deiner Heilungsarbeit wieder ankommen kannst.

Während wir uns auf unsere Reise vorbereiten, sollten wir auch unsere Umgebung auf einer umfassenderen Ebene betrachten. Wir sind eng mit unserer Umgebung verbunden. Sie ist nicht etwas Abgetrenntes und »da draußen«. Was um uns herum geschieht, beeinflusst, was vor, während und nach einer Reise in uns vor sich geht.

Wie kümmern wir uns um die Umwelt um uns herum? Wie schützen wir sie? Was machen wir dafür? Wie engagieren wir uns?

Um dich auf der Ebene der äußeren Umwelt vorzubereiten, kannst du die Elemente anrufen – Feuer, Wasser, Erde, Luft und Raum. Du kannst die Himmelsrichtungen anrufen – Osten, Westen, Norden, Süden, oben, unten und innen. Gehe an einem unberührten Ort spazieren, um dich mit der Natur zu verbinden. Setze dich allein in die Natur und höre einfach zu oder baue dir am Strand oder im Wald einen Altar aus natürlichen Materialien. Bade in einem Fluss. Kümmere dich um die Pflanzen um dein Haus herum. Beobachte mehrere Tage hintereinander den Sonnenaufgang oder -untergang und achte auf die Mondphasen. Gehe zu Bergen, Flüssen und, wenn möglich, Orten, die von den Einheimischen als heilig angesehen werden. Bitte die Natur, dich auf deiner Reise zu unterstützen. Dekoriere und verschönere deinen Ritualraum.

Die Vorbereitung auf der Ebene der Umgebung ist sowohl eine praktische als auch eine spirituelle Handlung. Indem wir unseren Ritualort, unsere Umgebung und den Planeten als Ganzes in den Fokus rücken, stärken wir unsere Beziehung zu allem Leben. Unser Gewahrsein beeinflusst nicht nur, wie wir uns in unserer Umgebung verorten, sondern auch, inwieweit wir uns mit ihr verbunden oder von ihr getrennt fühlen.

Dieser umfassende Überblick über die Vorbereitungen mag für einige Leser an dieser Stelle etwas überfordernd sein. Es sind viele Informationen, die es zu verarbeiten gilt. Wie soll man sich auf so viele verschiedene Arten vorbereiten, alle Aspekte seines Lebens akribisch planen, geschweige denn den Prozess für jemand anderen begleiten? Das mag wie eine unmögliche Aufgabe erscheinen. In Wirklichkeit sind diese Vorschläge aber nur Empfehlungen.

Sie sind eine Einladung, sich selbst besser kennenzulernen und mit Freundlichkeit auf Bereiche deines Lebens zu schauen, die von liebevoller Aufmerksamkeit profitieren könnten, während du dich auf den Sprung in einen erweiterten Bewusstseinszustand vorbereitest. Die Wahrheit ist, dass niemand sich perfekt vorbereiten kann. Das Leben hat seine Höhen und Tiefen, jeden Tag gibt es neue Wellen: emotionale Ereignisse, körperliche Belastungen und Krankheiten und unseren fortwährenden Tanz der Beziehungen zu anderen Menschen. Alles verändert sich ständig und hält uns auf Trab. Die Praxis, den verschiedenen Aspekten unseres Lebens mit mitfühlender Aufmerksamkeit zu begegnen, ist eine wunderbare Aufgabe, an der wir ständig arbeiten. Die Absicht, sich vorzubereiten, ist ein Weg an sich, ohne endgültiges Ziel, außer der kontinuierlichen Stärkung unserer Fähigkeit, ehrlich mit uns selbst, anderen und dem ganzen Leben umzugehen.

10

DAS UNBEKANNTE BETRETEN

Reise in einen erweiterten Bewusstseinszustand

> Der Weg, den ich gehen muss, führt durch Dunkelheit in Dunkelheit – Oh Mond über dem Bergkamm, bitte leuchte ein wenig weiter auf meinen Weg.
> IZUMI SHIKIBU[1]

Wenn alles vorbereitet ist, kann die Reise losgehen. Egal, ob wir für eine Woche in den Wald gehen, um eine Visionssuche zu machen, in eine Schwitzhütte kriechen oder eine pflanzliche Medizin nehmen – wir verlassen die gewohnte Welt und betreten einen Raum, in dem Heilung und Veränderung stattfinden können.

Die beiden Eigenschaften Vertrauen und Hingabe, die ich in Kapitel 1 erklärt habe, sind entscheidend, wenn sich Ritualleiter und Reisende diesem erweiterten Raum nähern. Um die blockierten Kanäle zu öffnen, braucht es diesen Glauben und diese Hingabe. Die äußeren und inneren Erfahrungen einer Reise sind wahrscheinlich ungewohnt und außergewöhnlich. Das Betreten eines erweiterten Bewusstseinszustands erfordert Mut, Flexibilität, Gewahrsein und Selbstvertrauen. Die Reise hat das Potenzial, Harmonie zwischen den verschiedenen Ebenen des Seins herzustellen: der physischen, emotionalen, spirituellen, energetischen und kosmischen. Es ist wie eine Entdeckungsreise in einen dunklen Abgrund voller alter Kisten, von denen einige mit Staub und andere mit Gold gefüllt sind. Das Unbewusste ist voller schattiger Ecken, unvorstellbarer kollektiver Resonanzen, kosmischer Einheit, nicht-gefühlter Schwingungen, vergessener emotionaler Knoten und sogar schrecklicher Angst. Mit einer gründlichen Vorbereitung, einer klaren Absicht und einem erfahrenen Ritualleiter kann ein Reisender jedoch davon ausgehen, dass die Erfahrung, so herausfordernd und seltsam sie auch sein mag, so sicher wie möglich begleitet wird.

Die Ankunft an dem Ort, an dem die Reise stattfinden wird, kennzeichnet den Beginn eines aktiven Prozesses. Der Reisende überschreitet die Schwelle vom normalen Alltag in eine Zeit und einen Raum, die für ein Ritual der inneren Erkundung vorgesehen sind. Vielleicht geht er von seinem Auto zu dem Ort, an dem er eine Woche lang auf Visionssuche sein wird. Vielleicht betritt er den Raum, in dem er an einer abendlichen Tanzritual teilnehmen wird. Vielleicht sucht er sich seinen Platz in einer Schwitzhütte und wartet gespannt auf die heißen Steine.

Die Psyche erkennt diesen Moment als den Punkt, an dem es kein Zurück mehr gibt, ähnlich wie beim langsamen Aufstieg auf einer Achterbahn. Der Reisende wird wahrscheinlich nervös oder aufgeregt sein. Er könnte große Angst oder Bedauern empfinden und sich fragen: »Was habe ich mir dabei nur gedacht?« Andererseits könnte er sich auch voller Tatendrang und Bereitschaft fühlen, loszulegen, und einen ungewohnten, aber aufregenden Mut in sich verspüren.

Verschiedene Techniken bringen einen Reisenden in unterschiedliche Tiefen. Für Menschen, die diesen Weg gerade erst erkunden, ist es wunderbar, Zugang zu sanften Techniken zu haben, die weniger einschüchternd oder überwältigend sind, wie Atemarbeit, Malen oder Tanzen. Reisende mit mehr Erfahrung sind vielleicht bereit, mit einer Visionssuche, einer Schwitzhütte oder bewusstseinserweiternden Substanzen in tiefere Bereiche ihrer Psyche einzutauchen. Die Vorfreude hängt oft davon ab, wie außergewöhnlich die gewählte Technik ist und wie groß die erwartete Herausforderung ist. Aber auch eine Technik, die sanft erscheint, kann jemanden an einen ausgesprochen tiefgründigen Ort führen. Dieser Bereich der Erforschung ist geheimnisvoll. Der Ritualleiter wird den Zustand des Reisenden bereits beobachten, ob er voller Vorfreude, weinerlich oder ängstlich ist. Sobald der Reisende den Ritualraum betritt, hat der Prozess bereits begonnen.

DIE VIER PHASEN EINER REISE

Auch wenn die inneren Erfahrungen jedes Menschen einzigartig und nicht linear sind und nicht unbedingt diesem Schema folgen, verlaufen doch die meisten Reisen in etwa nach einem grundlegenden Muster, das sich grob in vier Phasen einteilen lässt: Einstieg, Eintauchen, Reflexion und Rückkehr. Die Beschreibungen der vier Phasen liefern einen groben Überblick, während die spezifischen Arten von Erfahrungen, die dabei auftreten können, im folgenden Kapitel näher betrachtet werden. Jede dieser Phasen hat ihre eigene Intensität, ihre besonderen Merkmale und Erkenntnisse.

DER EINSTIEG

Sobald der Ritualleiter und der Reisende an ihrem Platz sind und alles bereit ist, können sie mit der Reise beginnen. Die erste Phase des Einstiegs beginnt, sobald die Technik angewendet wird. Bei einer Ritual mit einer pflanzlichen Medizin nimmt der Reisende das Sakrament ein, und der Ritualleiter kann mit dem Singen beginnen. Bei einer Schwitzhütte werden jetzt die Klappen geschlossen. Bei einem Tanz-Retreat beginnt die Musik. Bei einer Visionssuche schlägt der Reisende sein Lager in der Wildnis auf und spricht seine Absicht aus. Jetzt ist es an der Zeit, sich der Erfahrung hinzugeben, wie auch immer sie sich entfalten mag.

Der Reisende wird Veränderungen bemerken, wenn er mit den neuen inneren Zuständen in seinem Körper und seinen Gefühlen vertraut wird. Ist er in einer Schwitzhütte, besteht diese Phase darin, sich an die Dunkelheit, die Hitze, die Enge und den eigenen Atem zu gewöhnen. Das Hören der Gebete anderer Menschen schafft ein Gefühl von Gemeinschaft, Vertrauen und Verbundenheit in diesem gemeinsamen Moment. Ist er auf einer Visionssuche, ist dies der erste Tag. Möglicherweise spürt er seine Einsamkeit, da diese alte Wunden oder grundlegende Überlebensängste auslöst.

Oder aber er erlebt ein Gefühl der Befreiung. Wenn der Reisende ein psychoaktives Sakrament eingenommen hat, kann er ungewöhnliche körperliche Empfindungen verspüren: Kribbeln, Summen, Wärme, Entspannung oder Gefühlswellen.

Wenn unbekannte körperliche und psychische Wirkungen auftreten, entsteht oft Angst. Die Konfrontation mit einer unbekannten Situation kann einen gewohnten Bewältigungsmechanismus hervorrufen. Die Abwehrmechanismen des Egos können mobilisiert und aktiviert werden. Es ist normal, sich um sein Wohlbefinden zu sorgen, wenn sich die Wahrnehmung verändert und erweitert. Besonders in dieser Phase ist es die Aufgabe des Ritualleiters, dem Reisenden ein Gefühl der Sicherheit zu vermitteln.

Dies ist der Zeitpunkt, an dem der Reisende tief atmen, sich entspannen und dem Prozess und seinem Ritualleiter vertrauen sollte. Bei einer Ritual mit psychoaktiven Substanzen kann sich der Reisende nun darauf konzentrieren, seinen Körper zu entspannen und sich an seine Absicht für diese Erfahrung zu erinnern. Er kann sich der beruhigenden Anwesenheit des Ritualleiters hingeben, während dieser zu singen beginnt, betet oder still den Raum hält, während die Substanz zu wirken beginnt. Gefühle und Emotionen, Erinnerungen und Gedanken werden an die Oberfläche steigen. Dieser Moment kann überwältigend und beängstigend oder vertraut und angenehm sein, oder alles zusammen. Das Bewusstsein beginnt sich zu erweitern.

Die Klappe der Hütte ist jetzt zu. Wir sitzen in völliger Dunkelheit. In der Mitte der Hütte liegt ein Haufen Steine, der unglaublich heiß ist. Mein Körper wird schnell warm, und ich fange an zu schwitzen. Ich atme langsam und entspanne meinen Körper. Ich senke meinen Kopf, um etwas kühlere Luft zu bekommen. Meine Nachbarin atmet schwer und stöhnt. Sie macht dieses Ritual zum ersten Mal mit, und ich spüre ihre Angst. Marilyns Gesänge erfüllen den kleinen Raum und geben mir irgendwie ein Gefühl von Sicherheit.

Die Leute fangen an, ihre Gebete mitzuteilen. Ich höre jedem Einzelnen zu und spüre die Aufrichtigkeit ihrer Worte. Meine Nachbarin erzählt von ihrer Mutter, die sich auf eine Operation vorbereitet. Meine Freundin auf der anderen Seite der Hütte weint, als sie von ihrer jüngsten Tochter erzählt. Ich spüre, wie die Hitze jeden von uns sowohl körperlich als auch emotional weicher werden lässt. Als die Hitze beginnt, in meine Knochen zu dringen, spüre ich, wie ich mich hingebe, während meine Gefühle an die Oberfläche meines Gewahrseins steigen. Ich spreche mein Gebet, Worte für meine Schwester und ihre Krebsbehandlung. Ich spüre meinen Wunsch nach ihrer Heilung und meine Liebe zu ihrem Leben.

EINTAUCHEN

Die zweite Phase einer Reise ist das Eintauchen, in der die Reise am intensivsten ist. An diesem Punkt kann sich der Reisende wie überflutet fühlen; er hat vielleicht das Gefühl, von der Erfahrung mitgerissen zu werden, anstatt die Kontrolle zu haben.

Tiefere Dimensionen psychologischer und energetischer Inhalte können in Bewegung geraten, und der Reisende kann Angst verspüren, wenn er einen Raum betritt, der sich chaotisch anfühlt. Das Ego kann sich noch fester festklammern, um eine Auflösung zu vermeiden. Der Reisende kann sich festgefahren und verwirrt oder überwältigt und panisch fühlen. Oder aber die Abwehrmechanismen des Egos beginnen sich zu lockern. Aspekte der Psyche und des Unbewussten zeigen sich auf geheimnisvolle und unvorhersehbare Weise. Der Reisende kann intensive Emotionen spüren, lebhafte Bilder sehen, Stimmen hören oder erleben, wie Erinnerungen auftauchen, wenn er Zugang zu seiner tiefen inneren Welt findet. Reisende können Wunden aus ihrer Vergangenheit aufreißen. Sie können kathartische Kämpfe, Wut oder Frustration erleben. Emotionale Verspannungen können sich lösen, wenn das Bewusstsein bestimmte Aspekte ihres Lebens beleuchtet. Manchmal tauchen Erinnerungen an die Zeit vor der Geburt oder an die Geburt selbst auf. Reisende können auch Synästhesie erleben, wenn ihre Sinneseindrücke ineinanderfließen und sich überlagern. Die Auflösung der Ego-Struktur öffnet uns für eine Erfahrung transpersonaler Natur.

Reisende finden sich vielleicht in kosmischer Kontemplation wieder und sehen die Matrix der Schöpfung als ein sich ständig drehendes Rad der Ewigkeit. Es kann ein Gefühl von majestätischer Befreiung, unendlicher Schönheit oder authentischer Zugehörigkeit entstehen. Es kann zu Gestaltwandlungen in Tiere oder zu Verbindungen mit Material aus früheren Leben kommen. Erfahrungen von kollektivem oder kosmischem Bewusstsein werden möglich. Manche Menschen erleben vielleicht sogar ein Gefühl des Göttlichen durch Visionen oder durch ihren Körper. Manche Menschen stimmen sich auf ein Gefühl der Feierlichkeit, dynamischer Vitalität und Leidenschaft ein. Andere fühlen sich vielleicht erschöpft von der Komplexität der schwierigen menschlichen Existenzsituation.

In dieser Phase haben viele Menschen das Gefühl, endlich ihren Platz im Universum zu verstehen, da sie erkennen, dass Liebe die schöpferische Kraft ist, die ihrem Leben Gestalt verleiht. Sie erleben möglicherweise eine tiefe Klarheit des Geistes oder finden zu innerer Stille. Manchmal entsteht ein Gefühl der überwältigenden Akzeptanz und des Mitgefühls, wenn der Reisende über die vergängliche Kostbarkeit seines Lebens nachdenkt. Dies kann eine Zeit sein, in der man sich in diesem Gefühl des höchsten Wohlbefindens treiben lässt und ausruht. Die Vielfalt der möglichen Erfahrungen in dieser Phase ist unendlich.

Ich bin im Amazonas-Dschungel, mitten in einem Ayahuasca-Ritual, und meine Visionen werden langsam intensiver. Neongrüne und pinkfarbene Insekten schwirren um mich herum und vermehren sich in meinem Gewahrsein. Die Augen eines auftauchenden Jaguars blitzen schwarz und gold. Mir wird schwindelig, ich kann kaum atmen, weil die Angst um mein Leben mich überwältigt. Es ist fast mehr, als ich ertragen kann. Aber ich erkenne diesen Ort wieder und beginne, tief in meinen Bauch zu atmen, während ich nach dem Boden der Maloca unter mir taste. Plötzlich verändern sich meine Visionen und werden weicher. Mein Körper entspannt sich, und ich spüre, wie mein Atem mich auf der Erde verankert. Es geht mir gut.

REFLEXION

Die dritte Phase einer Reise ist die der Reflexion. Diese Phase beginnt, wenn die Intensität der Erfahrung nachlässt und der innere Beobachter des Reisenden wieder auftaucht. Der Reisende befindet sich nun auf der anderen Seite des kathartischen Eintauchens und kann beginnen, das Gewahrsein wieder auf die anderen Menschen im Raum zu richten. Dies ist eine Zeit, in der Erkenntnisse gewonnen werden und man beginnt, über den Reichtum des Erlebten nachzudenken.

Es kann zu instinktiven Erkenntnissen oder kognitivem Verständnis kommen, wenn sich die Inhalte der vorherigen Phase wie Puzzleteile zusammenfügen. Diese Erkenntnisse werden oft als verkörperte Wahrheiten empfunden, ohne dass sie logisch oder rational sein müssen. Ein Reisender kann aus einem übergeordneten Blickwinkel über Menschen, Situationen und andere Aspekte seines Lebens nachdenken. Er kann erkennen, wie Lehrer, Freunde und andere einflussreiche Menschen in seinem Leben seinen Zustand widerspiegeln. Komplexe Situationen können in ihrer Vielschichtigkeit und ihrem Wert für das Wachstum verstanden werden. Wenn wir über die unzähligen Verbindungen in unserem Leben nachdenken, können wir überwältigende Dankbarkeit empfinden. Oder wir nehmen das Fehlen sinnvoller Verbindungen wahr und erkennen ein echtes Bedürfnis nach Gemeinschaft.

Meine Tanzlehrerin rückt in mein Gewahrsein. Sie ist manchmal eine so herausfordernde Frau. In diesem Moment spüre ich ihre Leidenschaft und Liebe ganz deutlich. Sie ermutigt mich, Gaben zu entdecken, von denen ich nicht wusste, dass ich sie habe. Jetzt verstehe ich, warum ich diese herausfordernde Frau in mein Leben gebracht habe: um mich anzuspornen, mein Bestes zu geben und meine Fähigkeiten voll auszuschöpfen. Meine vertraute Irritation ihr gegenüber verwandelt sich in aufrichtige Dankbarkeit, als ich ihre Rolle in meinem Leben erkenne, eine Rolle, für die ich offensichtlich bereit war, da ich sie selbst gesucht hatte. Zumindest bewusst war mir nicht klar, wie wichtig ihre Anwesenheit für meine eigene Selbstermächtigung werden würde. Ich schätze meine eigene unbewusste Intelligenz. Ich lächle über meine innere Entschlossenheit, zu wachsen, und über die geheimnisvolle Art und Weise, wie all dies geschieht.

AUFTAUCHEN

Die vierte Phase einer Reise ist das Auftauchen. Das Auftauchen besteht aus der Rückkehr in die normale Realität. Wenn die Reise Medizin beinhaltete, kehrt der Reisende zu seiner normalen Wahrnehmung zurück. Er beginnt, die Musik, die Stille, die Lieder oder die Gebete mit größerer Wertschätzung zu hören. Die Empfindungen des Reisenden normalisieren sich wieder, auch wenn sie sich noch etwas zart oder sogar ziemlich ungeschliffen anfühlen können. Wenn dies der letzte Tag einer Visionssuche oder die letzten Tage eines Meditationsretreats sind, beginnt man instinktiv, sich wieder auf den Abschluss auszurichten. Manche Menschen haben Schwierigkeiten, in die normale Realität zurückzukehren, während andere einfach nur Erleichterung empfinden. Ein Reisender hat möglicherweise eine Vielzahl von Einsichten und Erkenntnissen in Bezug auf seine Beziehungen oder seinen Lebenszweck gewonnen. Es kann ein Gefühl neuer Klarheit und innerer Reinheit entstehen. Wenn er mit schwierigen Emotionen in Kontakt gekommen ist, fühlt er sich oft zu zerbrechlich, um mit anderen umzugehen, ist in seiner Kommunikationsfähigkeit beeinträchtigt und etwas desorientiert. Zu diesem Zeitpunkt ist die Wahrnehmung noch geschärft, und es ist normal, sich sehr sensibel zu fühlen. Die Reisenden brauchen einen einfühlsamen Ritualleiter, der ihnen durch diese Phase hilft und sie in ihrem empfindlichen Zustand sanft unterstützt. Dies ist ein guter Zeitpunkt, um sich auszuruhen. Diese letzte Phase setzt sich in den folgenden Tagen und Wochen fort, während die Erfahrungen allmählich in den Alltag einfließen.

Dies ist eine Zeit, in der man sich wohlfühlen und es sich gemütlich machen sollte, während man sich langsam wieder an die Außenwelt gewöhnt. Selbst wenn die Erfahrung positiv war, kann der Reisende zu diesem Zeitpunkt Angst oder Traurigkeit empfinden. Es ist wichtig, einfach offen für das zu bleiben, was ist, während das Bewusstsein in einen vertrauteren Zustand zurückkehrt. Am Ende eines Retreats in Schweigemeditation gibt es oft ein Ritual, um das Sprechen wieder zu erlauben. Nach Abschluss einer Visionssuche versammeln sich die Teilnehmer möglicherweise um das Feuer und berichten dem Ritualleiter von ihren Visionen. Am Ende einer Schwitzhütte spülen sich die Teilnehmer vielleicht mit kaltem Wasser ab und legen sich auf den Boden. Wenn eine Medizinreise zu Ende geht, schauen die Teilnehmer vielleicht auf den Altar und denken über ihre Erfahrungen nach oder genießen einen Zustand des offenen Gewahrseins. Unmittelbar nach einer individuellen Reise ist nicht unbedingt der richtige Zeitpunkt, um über den Inhalt der Erfahrung zu sprechen. Dies ist eine Zeit, um etwas zu essen und Tee zu trinken, sich still auszuruhen oder behutsam wieder Kontakt zu anderen aufzunehmen.

Ich bin am Ende einer Gruppensitzung für holotropes Atmen. Nach einer Stunde intensiver Bewegung und Visionen hat sich mein Atem wieder normalisiert. Die Musik ist leise, weit und melodisch. Mein Körper entspannt sich und sinkt in den Boden und die Kissen, die mich umgeben. Ich höre Menschen in meiner Nähe seufzen, leise weinen und lange, tiefe Atemzüge nehmen. Ich kehre zurück zu meinem Gewahrsein für alles um mich herum. Ich fühle mich erschöpft, aber erfüllt. Zärtlichkeit erfüllt mein Herz.

Nach einer Reise ist die Erholung für den Ritualleiter genauso wichtig wie für die Reisenden. Der Ritualleiter sollte sich gut ernähren und bei Kräften bleiben, da es anstrengend und kräftezehrend sein kann, andere bei ihrer Bewusstseinserweiterung zu unterstützen.

Eine Reise kann eine Fülle von Einsichten, Heilungen, Aha-Momenten, großartigen Visionen, kosmischem Bewusstsein und emotionalen Lösungen mit sich bringen. Möge mein Bericht über eine Gruppenreise in Mexiko dich in einen erweiterten Raum entführen.

Es ist 18 Uhr, und Julieta ist im Ritualeraum im unteren Geschoss ihres Hauses. Die Wände sind weiß, und die Fenster sind mit dicken grünen Samtvorhängen verhängt. Auf dem Holzboden liegen Schaumstoffmatratzen, die mit weißen Baumwolltüchern bedeckt sind. Ich kann schon den Rauch des Copal-Weihrauchs riechen, der die Treppe hinauf in den Innenhof steigt. Ich gehe hinunter und finde Julieta über ein Bündel grüner, blättriger Zweige gebeugt. Oben beginnt eine Gruppe von zehn Männern und Frauen, die den langen Pilgerweg nach Huautla de Jiménez zurückgelegt haben, sich zum Treppenabsatz zu bewegen, um sich still und leise darauf vorzubereiten, in den Ritualeraum hinabzusteigen. In den Tagen vor dieser Ritual am Mittsommerabend sind wir auf den Bergpfaden der Umgebung gewandert, haben in den Wasserfällen gebadet und Zeit auf dem lebhaften Marktplatz verbracht. Die Teilnehmer, die sich auf das Ritual heute Abend freuen, haben den Tag mit Selbstreflexion verbracht und über ihre Absichten und Wünsche nach Unterstützung und Heilung nachgedacht.

Einer nach dem anderen halten sie an der Tür, wo Julieta mit einem Bündel Blätter in der Hand steht. Sie hält die Blätter in den Rauch und streicht dann mit den Zweigen über den Körper jedes Einzelnen. Dabei betet sie laut auf Mazatec, Worte des Schutzes und der Reinigung. Julieta bittet mich, die Teilnehmer, die besondere Aufmerksamkeit brauchen, in der Nähe des Altars zu platzieren, damit sie spirituelle Unterstützung bekommen. Ich leite jeden zu seinem Platz auf dem Boden, auf Matten, die so angeordnet sind, dass sie zum gigantischen Altar zeigen. Der Altar reicht vom Boden bis zur Decke in drei gigantischen Ebenen und ist mit einer Vielzahl von Fotos, Ikonen, Statuen, Kreuzen und Kraftgegenständen bedeckt. Es gibt riesige Statuen von Heiligen und religiösen Figuren, und der gesamte Altar ist von hohen Vasen mit überquellenden weißen Tuberosen eingerahmt. Alle sind jetzt still und auf ihrem Platz.

Julieta beginnt die Ritual, indem sie schlanke Bienenwachskerzen auf ein Holzbrett auf dem Boden stellt und sie nacheinander anzündet. Sie setzt sich auf ihr Kissen, und ich setze mich neben sie auf meines. Wir bereiten für jede Person einen kleinen Teller mit frischen Pilzen vor. Sie staunt über die Größe einiger Pilze und kichert wie ein Kind. Sie sagt: »Diese werden mit Sicherheit die Türen ihrer Gedanken und Herzen öffnen. Es ist eine ehrbare Arbeit, die ich hier mache, und das hier sind

Geschenke von Mutter Erde für unsere Gesundheit.« Ich übersetze ihre Worte für alle, und sie nickt zustimmend. Ich lege einen Löffel Honig und drei Kakaobohnen auf jeden Teller, wie es die Tradition vorschreibt.
Julieta scherzt und sagt, dass der Honig den Leuten eine süße Reise bescheren wird. Unsere Teller stehen jetzt vor uns, und Julieta beginnt zu beten. Sie liest aus ihrem großen Gebetbuch, verwebt ihren Rosenkranz mit Mazatec-Gebeten und bittet Gott und die Erde, uns ihre Geheimnisse zu offenbaren, ihr Licht auf uns zu scheinen und uns zu helfen, die Wahrheit zu sehen. Ihre Gebete werden von den Namen der anwesenden Personen unterbrochen. Sie gibt ein Zeichen, dass alle in Stille mit dem Essen der kleinen goldbraunen Pilze beginnen können, während sie ihren Rosenkranz beendet.
Die Teilnehmer legen sich hin und bedecken sich mit gewebten Decken. Wir schalten das Licht aus und löschen die Kerzen. Es ist jetzt stockdunkel. Innerhalb kurzer Zeit verändert sich die Atmosphäre im Raum. Die Atmung aller beruhigt sich, und die Stille wird tiefer. Die Teilnehmer gähnen, ein Zeichen dafür, dass sich ihr Körper auf die Reise einlässt, während sich die Chemie im Gehirn als Reaktion auf das Psilocybin in den Pilzen zu verändern beginnt. Julieta und ich knabbern nun selbst ein paar Pilze, um unsere Wahrnehmung zu schärfen und uns mit der Gruppe zu verbinden. Wir nehmen weniger als die Teilnehmer, damit wir die Arbeit leiten und auf die Bedürfnisse der Gruppe eingehen können. In den nächsten fünf Stunden werden Julieta und ich beten, singen, schweigen, die Teilnehmer unterstützen, wenn sie Angst bekommen oder sich unwohl fühlen, und Körperarbeit mit ihnen machen, wenn sie Schmerzen haben.
Es herrscht eine unheimliche Stille im Raum. Als ich die Wirkung der kleinen Menge Pilze spüre, die Julieta mir gegeben hat, wird die kollektive Energie spürbar. Julietas synkopische Gebete nehmen Gestalt an als Bilder und Muster in der Luft, die ich vor meinem inneren Auge sehen kann. Ich werde tiefer in mich selbst hineingezogen. Es ist ein vertrauter Ort aus Licht und Formen, der mir dennoch in seiner Beschaffenheit neu ist. Der Raum wird weit und offen, als wären die Wände verschwunden und der nahegelegene Berg würde mit uns allen atmen. Im Verlauf der Ritual wird die Luft immer stiller, als würde sie in Ehrfurcht erstarren.
Auf der anderen Seite des Tals bellt ein Hund; der ganze Berg erwacht zum Leben, erfüllt von Klangwellen, Echos und Wind.
Überall ist das Raunen des Lebens zu hören.
Feuchtigkeit und Luft, uralte Berge, Pyramiden und Felswände tauchen auf, übersät von Tropen aus Licht, mit dem Wissen der Menschheit erfüllt.
Die Seele des Berges tritt hervor.
Seine Geister sind in dunkelgrüne Umhänge gehüllt und tanzen alte Tänze des Wohlwollens und des Schutzes.
Eine geheimnisvoll vertraute Stimme fragt: »Hast du den Geistern deinen Tribut gezahlt? Ich bin der Berg. Ich spreche Worte der Beständigkeit und Geduld. Bist du mein Bote zu anderen?«

Eine Resonanz umfasst uns nun alle durch Raum und Zeit, während sich eine durchsichtige Membran ausdehnt und alle Zivilisationen hier und überall umspannt.
Wissen, Instinkte, Einsichten, Verstand und Herz verschmelzen nun zu reiner Intelligenz.
Julietas Worte treffen ins Schwarze: »Das ist das Licht der Erkenntnis. Das ist das Licht der Wahrheit.« Jeder nimmt ihre Gebete auf, während sie sich für immer in unser Innerstes einbrennen.
Die Wahrheit fühlt sich jetzt an wie Wasser – oder ist es der Regen, der draußen in einem stetigen Strom fällt, destilliert, läutert und Verwirrung hinwegspült? Diese Wahrheit wird uns für immer daran erinnern, wofür wir stehen und woran wir glauben.
Alles ist eins, verschmilzt zu Bewusstsein, spiralförmig durch das Universum. Wir sind eine ewige Nebelwolke von Seelen, vereint im Fluss eines Geistes, schwebend und alles segnend, was wir berühren.
Alles steht in seiner Essenz und Herrlichkeit.
Die Zeit verdichtet sich zu einem winzigen Punkt, wird dann bedeutungslos und verschwindet. Alles ist jetzt in der Schwebe, in die Ewigkeit gefaltet, verschwindet aus dieser Realität in ein Reich des Lichts, der Tiefe, des Geheimnisses und der göttlichen Vereinigung. Alles verdunstet in der ewigen Leere, wo selbst Geister nicht wohnen.
Hinter einem Geräusch tauchen düstere Schatten auf.
Es ist das vertraute Gesicht der Angst und der Geschmack der Scham.
Alte Ungeheuer, Enge und Schweiß.
Ein uralter Vogel flattert mit seinen Flügeln neben einer Eidechse, die dicht über dem Boden kriecht, still, aber wachsam.
Es wird eine Schlacht geben, einen heftigen Kampf ums Überleben.
Als der Kampf plötzlich beginnt, nimmt pure Wildheit Gestalt an.
Stille Schreie, Zähne, Schnäbel, Krallen und Klauen.
Herzklopfen. Angst.
Ich knie neben jemandem und lege meine Hand auf seinen Rücken, um ihm zu bedeuten: Ja, du kannst das schaffen. Du hast das Zeug dazu, dich ein für alle Mal der Vergangenheit zu stellen, die dich verfolgt. Ich bin hier, und ich werde bleiben und dich unterstützen, was auch immer als Nächstes kommt. Eine Seele, die neben einer anderen Seele sitzt. Eine einfache Geste auf der Suche nach Freiheit und Liebe.
Plötzlich ändert sich alles.
Auf dem Schlachtfeld tauchen leuchtend rote Blutstropfen auf.
Der Vogel verliert Federn, die Eidechse ihren Schwanz.
Niemand hat gewonnen.
Es geht einfach nur um den Kampf.
Traurigkeit und Kummer erfüllen den Raum.

Es tauchen eindringliche Bilder von Leichen, Blut, Tränen und alten Gespenstern auf.
Julietas Stimme ertönt und erfüllt den Raum mit Worten von Überleben, Mut, Glauben und Erlösung.
Wir hören Tränen und Keuchen, während der Kampf um das Herz in der Dunkelheit der Nacht weitergeht.
Sie singt weiter – eine ewige Präsenz durch all das hindurch.
In dieser schnellen Entscheidung zu überleben steckt eine Kraft, ein Hauch von Beharrlichkeit. Das lässt alle Zweifel an der Stärke des menschlichen Geistes in den Hintergrund treten. Diese Tränen können die Seele ertränken oder ihr helfen, zu schwimmen. Was wird es sein?
Es wird Erlösung sein.
Die aufblühende Blume der Hoffnung ist zu kostbar, um zerstört zu werden, wenn sie unter den Trümmern hervorkommt.
Ein weiterer Atemzug. Und noch einer.
Ich singe.
Eine zarte Melodie entfaltet ihre Flügel aus weichen, weißen Blütenblättern, während die Stimme einer alten Mutter ein Lied für alle schmerzenden Herzen singt. Neue Tränen fließen. Tränen der Dankbarkeit für die liebevolle Umarmung der heiligen Pilze, die Seele und Fleisch heilen, und für das Heilige Weibliche, das alle Leben in seinen großen blauen Mantel hüllt.
Draußen regnet es und spült die Anspannung weg, die sich in unseren Körpern aufgebaut hat, während wir uns jetzt strecken und die Position wechseln. Die Feuchtigkeit hüllt alle in eine Wolke aus Erde und Himmel, vereint durch das Wasser, das in dicken Tropfen auf die Erde fällt. Das Bewusstsein des Myzels lebt in dieser heiligen Begegnung der Elemente. Überall sprießen Niños Santos. Man kann sie fast hören, wie sie aus der Unterwelt aufbrechen, um dem Himmel und der Luft zu begegnen, wie sie aus der Erde auftauchen, um uns an das Wesentliche zu erinnern.
Julieta bittet mich, eine neue Kerze in der Nähe des Altars anzuzünden; die Ritual neigt sich dem Ende zu.
Die Teilnehmer beginnen sich aufzurichten. Sie lehnen sich an die Wand, ruhen sich aus und beobachten die Schatten der Blumen, die an der Decke tanzen. Einige blicken auf das große Bild der Jungfrau von Guadalupe auf dem Altar und verbinden so behutsam ihre innere Welt mit der äußeren Realität. Augenblick für Augenblick, Lied für Lied tauchen wir alle aus dem Mysterium auf und kehren langsam in die vertraute Welt der menschlichen Sanftheit zurück.
Ich entzünde noch eine Kerze und singe noch ein Lied. Die Stimmung im Raum ist gedämpft. Alle sind still und in sich gekehrt. Ich zünde den Copalero für die letzte Reinigung mit Copal an, einem Segen aus brennendem Baumharz, dem für uns sichtbaren Blut der Erde. Rauch füllt den Raum, während ich von Person zu Person gehe und damit das Ende des Rituals anzeige.

Julieta schaut sich im Raum um und fragt mit einem Lächeln: »Also, sind alle glücklich?« Alle lachen. Was für eine Frage von der Frau, die uns gerade in die tiefsten, schrecklichsten Winkel unseres Inneren geführt hat. Sie ist eine echte Trickserin, meine liebe Freundin, und sie weiß genau, wo jeder gewesen ist und wie schwer es war, sich durch das Labyrinth der Erinnerungen und der Trauer zu navigieren. Sie weiß auch ganz genau, wie sehr alle vom Geist des Göttlichen beflügelt wurden, der durch das Fleisch der Pilze greifbar wurde. Sie weiß, wie jeder einzelne wieder zu seinem inneren Glauben gefunden hat. Alle Teilnehmer werden gebeten, an ihrem Platz zu bleiben und sich auszuruhen. Es ist eine Zeit der persönlichen Reflexion und Stille. Ich begleite Julieta, als wir Arm in Arm den Raum verlassen.
Es besteht kein Bedarf zu sprechen.

11

LEHREN UND HEILUNGEN

Kategorien transformativer Erfahrungen

Denke immer daran, dass du absolut einzigartig bist. Genau wie alle anderen auch.
AUTOR UNBEKANNT

Eine der wichtigsten Lehren, die wir aus erweiterten Bewusstseinszuständen gewinnen, ist das intuitive Verständnis dafür, wie die verschiedenen Aspekte unseres Seins miteinander verbunden sind. Wir erfahren eine tiefgreifende Heilung, wenn wir uns als einheitliche und ganzheitliche Wesen erleben. Wir können zum Beispiel verstehen, wie sich unser Körper auf unsere Gefühle auswirkt und wie sich unsere Gefühle auf unsere Beziehungen auswirken. Oder wir können sehen, wie unsere Beziehung zur Natur unser spirituelles Empfinden fördert, was wiederum unser emotionales Wohlbefinden beeinflusst. Wir können das empfindliche Ökosystem unseres Lebens verstehen und wie diese verschiedenen Aspekte in einer ständigen Beziehung zueinander stehen. Das ist kein intellektueller Vorgang, sondern ein intelligenter.

Auch wenn das Ganze mehr ist als die Summe seiner Teile, schauen wir uns jeden Aspekt einzeln an, mit dem ganzheitlichen Modell für ein ausgeglichenes Leben. Wir erklären die verschiedenen Arten der Erfahrungen, die auftreten können, und geben Tipps, wie ein Ritualleiter am besten dabei helfen kann. Diese Untersuchung ist natürlich nicht komplett, weil die Möglichkeiten der Erfahrungen wirklich unendlich sind. Nachdem ich mich aber viele Jahre damit beschäftigt und diese Arbeit begleitet habe, sind mir einige allgemeine Themen und Gemeinsamkeiten aufgefallen.

Jede Art von Erfahrung hat ihren Platz und ist mit ihrem Reichtum und ihrem besonderen Zweck, den Reisenden zum Gleichgewicht zu führen, für sich genommen nützlich. Es gibt schwierige Erfahrungen, aber es gibt keine schlechten Erfahrungen. Die wichtigste Aufgabe eines Ritualleiters ist es, Vertrauen in den Prozess zu haben. Sich dem Heilungsprozess hinzugeben bedeutet, der inneren Weisheit und Intelligenz des Reisenden als einem sich selbst organisierenden Organismus zu vertrauen. In Zuständen der Erweiterung wandeln sich Erfahrungen oft und entwickeln sich zu anderen, und ein Ritualleiter muss wissen, wie er mit einem Reisenden umzugehen hat. Transformation ist, ähnlich wie Geburt, ein ko-kreativer Prozess, und der Heilungsprozess ist oft sehr praktisch. Der Ritualleiter wartet nicht immer darauf, dass sich die Dinge von selbst entwickeln. Er kann sich dafür entscheiden, die Energie aktiv in Bewegung zu bringen und die Richtung der Erfahrung zu lenken.

Zum Beispiel kann er sanfte Berührungen anbieten, stimmungsvolle Musik spielen, die Tür öffnen, um frische Luft hereinzulassen, Räucherstäbchen anzünden, ein

Lied singen oder einen Gesang anstimmen. Alle Dinge haben ihren eigenen natürlichen Zeitplan, und der Prozess kann im physischen Bereich passiv oder aktiv unterstützt werden.

KÖRPERZENTRIERTE ERFAHRUNGEN

Mein Körper fühlt sich unbeweglich an, als bestünde mein ganzes Sein aus gefrorenen Metallrohren. Ich fühle mich eingeengt und habe Angst und sehe keinen Ausweg. Ich finde meinen Atem. Er ist noch da. Ich kann atmen. Ich bin noch ein Mensch.

Luft strömt ein, Luft strömt aus, und die Rohre beginnen zu schmelzen. Ich dehne mich aus und fühle mich lebendig, während mein Körper sich erwärmt. Mein Körper lächelt innerlich leicht und taut langsam die Angst aus seinem Innersten auf. Ich spüre, wie das Blut zirkuliert, wie Ströme von Flüssigkeit durch meine Adern fließen. Ich ruhe mich aus, gestützt von meiner Struktur, meinen Knochen, in meinem Körper.

Françoises Reisetagebuch, März 2001

Als das Vehikel unseres Lebens und unserer Erfahrungen speichert unser Körper Erinnerungen, Eindrücke und Emotionen, die manchmal in unserem Gewebe und unserer Muskulatur festgefroren sind. Wie ich oben beschrieben habe, können Reisen das Gewahrsein auf diese festgefrorenen Muster lenken und den Auftauprozess anstoßen. Die psychoaktiven Alkaloide und anderen Moleküle wie Psilocybin, DMT, LSD und MDMA beeinflussen Hormone und Neurotransmitter im Gehirn, die eine Kaskade von Effekten in unserem Körper auslösen. Diese chemischen Veränderungen bewirken, dass sich unsere Psyche öffnet. Wie bereits erwähnt, hat die Forschung gezeigt, dass wir durch bestimmte Meditationstechniken unsere Herzfrequenz verlangsamen und das Gehirn in Theta-Wellen versetzen können. In tiefen meditativen Zuständen können Menschen einen Punkt erreichen, an dem sie kaum noch atmen. Bei der holotropen Atemarbeit werden die Atemfrequenz und die eingeatmete Sauerstoffmenge drastisch erhöht. Wenn wir rhythmischen Trommelklängen lauschen, synchronisiert sich unsere Herzfrequenz mit dem Schlag der Trommel. Durch Tanzen schüttet unser Körper Oxytocin, Dopamin und andere Neurotransmitter aus.

In erweiterten Bewusstseinszuständen können folgende Arten von körperzentrierten Erfahrungen auftreten:

1) Kontraktion und Schmerz

2) Taubheitsgefühl und körperliche Entfremdung

3) Kathartische Entladung

4) Vitale Verkörperlichung

5) Ruhe, Stille und Leichtigkeit

1) Kontraktion und Schmerz Kontraktion bedeutet, dass der Körper ganz steif und angespannt ist. Es gibt kaum Bewegung oder Atmung, und die Person fühlt sich körperlich unwohl. Schmerzen können als Krämpfe, Pochen, Pulsieren, Brennen oder Anspannung auftreten. Die Person zittert vielleicht leise oder rollt sich zusammen. Manchmal gibt es während der Reise keine offensichtliche Veränderung oder Lösung. Ob der Ritualleiter eingreift und Unterstützung anbietet, hängt von der Geschichte, dem Hintergrund und der Absicht der Person ab. Die Aufgabe des Ritualleiters ist es, den Kontext des Reisenden zu kennen und zu erkennen, was die Heilung am besten unterstützen kann. Es ist die Aufgabe des Ritualleiters, zu entscheiden, ob es sinnvoller ist, die Spannung zu lösen und den Energiefluss anzuregen oder den Reisenden seinen Schmerz erleben zu lassen. Braucht er Zuwendung oder muss er etwas Wichtiges aus dem Schmerz lernen? Hat er genug psychische Kraft, um diese Konfrontation zu durchstehen und daran zu wachsen?

Wenn der Reisende aufgrund einer unsicheren oder unberechenbaren Umgebung in seiner Kindheit Entwicklungsstörungen oder chronische Traumata hat, ist es von entscheidender Bedeutung, ihm beständige, beruhigende emotionale Unterstützung zu gewähren. Sei sanft und biete ihm körperlichen Kontakt, wie das Halten der Hand oder das Streicheln seines Kopfes. Du kannst ihn zu kleinsten Bewegungen anleiten oder seine Aufmerksamkeit auf seine Atmung lenken, um einen Bewegungsfluss im Körper anzuregen. Sprich ihm Mut zu, sich zu entspannen, und versichere ihm, dass du für ihn da bist. Der Ritualleiter sollte vorsichtig mit den Abwehrmechanismen des Reisenden umgehen und alle Ängste respektieren; das Schaffen und Bestärken von Sicherheit stehen an erster Stelle. Manchmal ist es am besten, einen Reisenden in seiner Blockade zu lassen. Das setzt voraus, dass der Ritualleiter mit seinem eigenen Unbehagen umgehen kann. Es ist wertvoll, wie ein Freund von mir es nennt, »vorsichtig *nichts* zu tun«.

Das Ziel ist nicht, Schmerzen oder Verletzungen zu verursachen, sondern darauf zu vertrauen, dass der Reisende aus seiner Erfahrung lernen kann, so wie sie ist, ohne zu versuchen, ihn aus seinem Zustand zu befreien. In diesem Fall kann der Ritualleiter ein »heiliger Zeuge« sein und einfach für den Reisenden da sein, im Vertrauen darauf, dass er das Unbehagen so lange erleben wird, wie es nötig ist. Oftmals kann man erst dann, wenn man lange genug mit seinem Schmerz aushält, entdecken, was auf einer tieferen Ebene vor sich geht. Welche Spannungsmuster tragen zu diesen Schmerzen bei? Wie wirken sich diese Spannungsmuster auf den Rest des Körpers und das gesamte Leben aus? Wie sind diese Spannungsmuster überhaupt entstanden? Auch wenn ich als Ritualleiterin nicht sofort verstehe, welchen Nutzen es hat, wenn jemand ein paar Stunden lang feststeckt, kann ich das Geheimnis seines Entfaltungsprozesses respektieren.

2) Taubheitsgefühl und körperliche Entfremdung Dies ist ein Zustand, in dem man sich von seinen Sinnen entfremdet fühlt. Der Reisende fühlt sich körperlos, dissoziiert und energielos. Er atmet kaum und bewegt sich nicht.

Der Ritualleiter muss herausfinden: Ist der Reisende jemand, der ständig auf Hochtouren läuft und einmal abschalten muss? Wenn ja, kann der Ritualleiter während der Reise einfach still daneben sitzen. Es gibt nicht viel zu tun, außer auf die

Kraft der Erfahrung zu vertrauen. Der Ritualleiter kann beruhigende Musik spielen, pfeifen, summen oder einfache Instrumente spielen. Das Ziel ist, den Reisenden dabei zu unterstützen, sich zu entspannen.

Der Ritualleiter könnte aber auch feststellen, dass die Taubheit eher einem Zustand der Erstarrung gleicht. Hat der Reisende in der Vergangenheit ein unbewältigtes Trauma oder eine Dissoziation erlebt? In diesem Fall kann der Ritualleiter den Reisenden mit Atemübungen und kleinsten Bewegungen unterstützen. Atme neben ihm, erinnere ihn daran, ein- und auszuatmen. Leite langsame Bewegungen ein, indem du ihn sanft ermutigst, ein Gliedmaß zu bewegen oder den Kopf von einer Seite zur anderen zu neigen. Oder berühre sanft die Füße des Reisenden oder streiche ihm über den Rücken und die Schultern. Der Ritualleiter kann leise summen und den Reisenden einladen, mitzusummen, um mit Hilfe von Klängen den Atem und die Bewegung zurück in den Körper zu holen.

3) Kathartische Befreiung

> Ich höre eine Stimme, die aus meinem Innersten kommt und Angst vor ihrer eigenen Kraft hat. Ich atme ganz leise, um sie zu kontrollieren. Aber sie wird immer lauter und breitet sich langsam in meinem Körper aus. Schließlich höre ich, wie sich ein lauter Schrei aus meinem Inneren befreit, ein Schrei, der auf seine Freiheit gewartet hat. Mit ihm kommen Kraft, Möglichkeiten und Freude. Er spricht von der rohen, animalischen Kraft, die meine wahre Natur ist, und setzt die Schönheit und den Fluss meines Lebens frei.
> Françoises Reisetagebuch, Januar 1995

Die Verbindung zu meinem Atem und meiner Kraft wiederzufinden, war ein wichtiger Moment in meiner Heilung. Wenn diese Erweiterung und Befreiung geschieht, wird alte, stagnierende oder eingefrorene Energie durch Schwitzen, Aufstoßen, Gähnen, Husten, Erbrechen, Schleimauswurf oder den Gang zur Toilette aus dem Körper freigesetzt. Das kann auch durch Weinen, Schreien, Zittern, Schütteln oder Schaukeln passieren. Es kann zu schwerem Atmen und kräftigen Ausatmungen kommen. Stagnierende Energie wird auf kathartische Weise aus dem Körper ausgeschieden.

Diese Art der Entspannung kann jederzeit während einer Reise auftreten und eine Weile dauern. Wenn jemand einen eher ruhigen Lebensstil hat und jetzt durch diese möglicherweise explosive Spannungsentladung einen dynamischen Energiefluss erlebt, ist es am besten, wenn der Ritualleiter diese Aktivität zulässt. Der Ritualleiter kann auch die nach außen gerichtete Ausdrucksform des Prozesses unterstützen, da dies die Entspannung vertieft. Ermutige den Reisenden, zu spucken, Geräusche zu machen oder sich zu bewegen. Achte dabei auf seine Sicherheit und sorge für genügend Platz um ihn herum, damit er sich frei bewegen kann.

Wenn jemand in der Vergangenheit ein Trauma erlebt hat, kann dies eine Freisetzung von lang angestauter Energie sein, die im Körper eingefroren war. In diesem

Fall sollte der Ritualleiter den Prozess unterstützen und den Reisenden daran erinnern, dass er loslassen kann und sich in einer sicheren Umgebung befindet. Dies hilft ihm, sich nicht von der Intensität dieser Erfahrung überwältigt zu fühlen. Die Ermutigung sollte sanft, aber beständig sein.

4) Lebendige Verkörperung Das ist ein Erlebnis von Lebendigkeit. Energie fließt durch den Körper. Der Atem ist kräftig, und die Empfindungen sind lebendig. Es kann eine sinnliche, wahrnehmungsbezogene Offenheit auftreten, und der Reisende kann mit seiner Stimme und seinen Bewegungen in Kontakt kommen. Es entsteht ein Gefühl der verkörperten Empfänglichkeit. Es kann zu einer Erfahrung von Energiekanalisierung oder Synästhesie kommen. Während die Energie durch den Körper fließt, kann es zu Lachen, Weinen oder Ehrfurcht kommen. Der Körper kann erregt werden, wobei der Reisende leichte Lustgefühle bis hin zu Ganzkörperorgasmen erleben kann. Diese vitale erotische Energie steigt aus dem Kreuzbein auf, und starke Vibrationen durchströmen den physischen Körper. Es kann zu Wärme oder Kribbeln kommen, und der Reisende verspürt oft den Wunsch, sich zu winden und zu drehen. Dies ist eine Zeit, in der Erfahrungen der Gestaltwandlung in Tiere stattfinden können, wie z. B. das Gefühl, dass sich Flügel öffnen oder Antennen wachsen.

Der Ritualleiter kann den Reisenden darin bestärken, dass diese Erfahrung für ihn genau richtig ist, auch wenn sie wild und grenzenlos erscheint. Vielleicht möchte der Reisende seine Kleidung ausziehen, weil er das Bedürfnis verspürt, in seiner körperlichen Energie und sinnlichen Offenheit gesehen zu werden. Die Aufgabe des Ritualleiters ist es, nicht zu urteilen und für die Sicherheit des Reisenden zu sorgen. Selbstverständlich sollte der Ritualleiter seine eigenen klar definierten persönlichen Grenzen wahren.

5) Ruhe, Stille und Gelassenheit Dies ist eine Erfahrung von Weite und Stille. Es gibt kaum oder gar keine Bewegung oder Gedanken. Diese Art von Erfahrung sieht angenehm aus und fühlt sich auch so an. Der Reisende atmet sanft und verspürt ein Gefühl der Entspannung und Regeneration.

Der Ritualleiter kann die Stille durch leise Musik oder Gesänge unterstützen und sollte darauf achten, nicht zu viel Bewegung im Raum zu verursachen. Der Ritualleiter sollte bewusst still und ruhig bleiben, um das Gefäß auf die Erfahrung des Reisenden auszurichten.

ERFAHRUNGEN, DIE SICH AUF DEN GEIST KONZENTRIEREN

Wenn sich der physische Körper öffnet, kommen schnell auch die Gefühle. In einer Schwitzhütte zum Beispiel führen die intensive Hitze und Dunkelheit zusammen mit der Nähe zu anderen dazu, dass der Körper buchstäblich in einen anderen Zustand übergeht, weil Oxytocin und andere Bindungshormone ausgeschüttet werden. Wenn sich der Reisende der Intensität hingibt und sich den Gebeten und Absichten der Gruppe öffnet, entspannt sich der physische Körper, und die emotionalen Schichten beginnen sich zu öffnen. Die körperliche Öffnung läutet eine tiefere emotionale Erfahrung ein.

In erweiterten Bewusstseinszuständen durchlaufen uns oft Wellen von Emotionen. Wir können alles erleben, von Angst bis Ekstase. Angst ist oft die erste Schicht, auf die wir stoßen. Der unbekannte innere Raum ist ungewohnt und kann manchmal verwirrend oder beängstigend sein. Mit der richtigen Unterstützung und Bestärkung beim Betreten dieses unbekannten Raums können wir uns entspannen. Wir können ungelöste Ängste, die sich in unserem Körper festgesetzt haben, aufarbeiten. Diese Angst ist oft mit psychologischem Material verbunden, das sich erst jetzt offenbart. Da unsere üblichen Abwehrstrategien außer Kraft gesetzt sind, können wir nun direkt erleben, wie Angst in unserer Psyche und unserem Körper festgehalten wird.

Wir können möglicherweise Zugang zu verdrängten Traumata finden und diese artikulieren. Es kann zu Einsichten und Aha-Momenten kommen, wenn plötzliche Erkenntnisse auftauchen. Wir können das Geheimnis unserer instinktiven Intelligenz begreifen, was zu einer klaren Wahrnehmung der Realität unserer ungelösten psychologischen Probleme führt. Manchmal verurteilen wir uns selbst für diesen Zustand der Ungelöstheit, manchmal empfinden wir Mitgefühl und Liebe für uns selbst; Liebe für die Art und Weise, wie wir durchgehalten haben, wie wir überlebt haben und wie wir uns jetzt die Möglichkeit geben, gesund zu werden. Wir können eine Reinigung erfahren, die Schichten von Angst auflöst und ein Gefühl der Ganzheit hinterlässt.

Verschiedene Techniken, die uns in erweiterte Bewusstseinszustände bringen, ermöglichen auch den Zugang zu unserem Unterbewusstsein. Eingeleitete Visualisierungen, schamanisches Trommeln, Tanzen oder eine Reise mit einer psychedelischen Substanz ermöglichen es uns, mit den innersten Inhalten unseres Unterbewusstseins in Kontakt zu treten. Nach jahrelangen Experimenten mit vielen dieser Techniken habe ich festgestellt, dass alle Methoden für verschiedene Stadien der Erforschung wertvoll sein können. Aufgrund der Intensität und Tiefe der Erfahrungen, die sie auslösen, bin ich jedoch der Meinung, dass heilige Pflanzenmedizin, die in einem hochgradig unterstützenden Umfeld verabreicht wird, die Tür zu den tiefsten Höhlen des Unbewussten öffnet.

Wenn uns das kollektive Unbewusste zugänglich wird, können wir manchmal die Erfahrung machen, dass wir uns an einem Ort und in einer Zeit befinden, die weit von uns entfernt sind. Dann wird es möglich, Zugang zu anderen Realitäten zu erlangen und uns mit alten Schöpfungsmythen, Ritualen, Sprachen und Geschichten zu verbinden, von denen wir vielleicht nichts wissen. Nachdem ich viele Erfahrungen in erweiterten Bewusstseinszuständen gemacht habe, darunter auch meine eigenen, habe ich beobachtet, dass die Inhalte, die dabei auftauchen, mit Jungschen Karten des Unbewussten übereinstimmen. Das Leben als mythische Reise mit verschiedenen Archetypen, der Anwesenheit von Anima und Animus, männlichen und weiblichen Kräften sowie der Thematik des Schattens zu erleben, ist eine kraftvolle Erfahrung, aus der man Selbsterkenntnis gewinnen kann.

Die folgenden Kategorien umfassen die häufigsten bewusstseinszentrierten Erfahrungen, die in erweiterten Bewusstseinszuständen auftreten:

KOGNITIVE/INTELLEKTUELLE PROZESSE
1) Widerstand
2) Einsichten und Führung

EMOTIONALE PROZESSE
3) Angst und Panik
4) Persönliche Konfrontation
5) Emotionale Öffnung und Loslassen
6) Selbstliebe und Selbstfürsorge

ZUGANG ZUM UNBEWUSSTEN
7) Kindheitserinnerungen
8) Visionen

KOGNITIVE/INTELLEKTUELLE PROZESSE

1) Widerstand

Juan kam zu mir, um seine unterdrückten Gefühle nach Jahren strenger katholischer Internatsausbildung in seinem Heimatland zu verarbeiten. Während unserer wöchentlichen Sitzungen begann er, seine Beziehung zur Spiritualität wiederzubeleben, indem er ein paar Praktiken ausprobierte, die ihn neugierig machten. Als er mich schließlich auf eine Reise nach Mexiko begleitete, war er total gespannt auf die Pilzritual. Während des Rituals in der ersten Nacht stieß er auf starken Widerstand gegen die katholischen Themen, obwohl wir diese vorher besprochen hatten. Ich saß neben ihm, versicherte ihm, dass er in Sicherheit war, und achtete darauf, seinen Widerstand nicht zu unterdrücken. Ich wusste, dass es die Kraft seines inneren Kindes war, das nie eine Stimme gehabt hatte, um sich zu wehren. Er begann zu nicken und entspannte sich langsam wieder. Bald begann er zu zittern und zu weinen und drückte alte Wut, Trauer und Schmerz aus. Später erzählte er mir, dass er noch nie zuvor in einem rituellen Rahmen die Erfahrung von festen Grenzen in Verbindung mit Liebe gemacht hatte.

Wie Juan sträuben sich manche Reisende trotz ihres Interesses an Bewusstseinserweiterung gegen den Prozess. Während einer Reise oder Ritual halten sie oft die Augen offen, sitzen aufrecht und verhalten sich normal, indem sie ihren Platz herrichten, sich umsehen oder versuchen, mit dem Ritualleiter der anderen in ein vernünftiges Gespräch zu kommen. Wenn sie eine pflanzliche Medizin eingenommen haben, sagen sie vielleicht, dass sie nichts spüren. Wenn sie in einer Gruppe sind, stören sie möglicherweise die allgemeine Atmosphäre, indem sie Geräusche machen oder andere ablenken. Sie können wütend oder aggressiv werden. Sie möchten vielleicht den Raum verlassen oder beschweren sich, dass der Rahmen für sie nicht funktioniert, werden sehr kritisch oder verkünden, dass sie ihre Meinung geändert haben. Es ist die Aufgabe des Ritualleiters, zwischen »absichtsvollem« Widerstand und Widerstand aufgrund einer traumatischen Vergangenheit zu unterscheiden.

Wenn ein Reisender sich absichtsvoll gegen die Erfahrung wehrt, kann es sinnvoll sein, diesen Widerstand zuzulassen und darauf zu vertrauen, dass dies Teil seiner Lernerfahrung ist. Manchmal müssen Reisende ihre Widerstandsenergie erst einmal ausschöpfen. Dies kann ein kraftvoller Befreiungsprozess sein, auch wenn er während der Reise selbst nicht angenehm erscheint. Es ist schwierig, einen Reisenden zu beruhigen, der entschlossen ist, Widerstand zu leisten. An einem bestimmten Punkt kann es hilfreich sein, Atem- und Dehnungsübungen vorzuschlagen, um den Energiefluss im Körper anzuregen. Es ist aber nicht sicher, dass der Reisende bereit ist, den Anweisungen zu folgen. Der Ritualleiter muss den Reisenden möglicherweise aus der Gruppe in einen abgelegeneren Raum in Begleitung eines Assistenten bringen, damit der Reisende diesen herausfordernden Bereich erkunden kann. Auch in diesem Fall besteht die Hauptaufgabe des Ritualleiters darin, darauf zu vertrauen, dass alles, was geschieht, für die Entwicklung des Reisenden genau richtig ist.

Wenn ein Reisender traumatische Erfahrungen gemacht hat und sein körperlicher Widerstand lediglich eine angstbasierte Reaktion ist, um überwältigende psychische oder physische Empfindungen zu vermeiden, ist es sinnvoll, den Reisenden sanft zum Atmen anzuleiten. Der Ritualleiter kann ihn berühren und dem verängstigten Kind in ihm versichern, dass es sich in einem sicheren und unterstützenden Gefäß befindet, in dem es seine Angst fühlen und loslassen kann. Sanfte Worte der Ermutigung sind hilfreich, um den Reisenden an die mitfühlende Präsenz des Ritualleiters zu erinnern.

2) Einsichten und Anleitung Während der Reise können kreative Einsichten, Ideen, Inspirationen und Visionen in Hülle und Fülle auftauchen. Dazu können praktische Einsichten über Finanzen, Zeitplanung, Energiemanagement oder Ernährung gehören. Oft fühlt man sich gestärkt und emotional gefestigt, wenn man den Sinn seines Lebens oder Einsichten in seine Berufung oder Beziehungen gewinnt. Manchmal bringt die Erfahrung auch wissenschaftliche Einblicke in die Natur der Realität mit sich. Wenn der Reisende seine Erkenntnisse äußert und es angebracht ist, kann der Ritualleiter Notizen dazu machen. Ansonsten sollte er sich gedanklich Notizen machen und sie sich für später merken. Der Ritualleiter kann die zum Ausdruck gebrachte Lebendigkeit und Klarheit widerspiegeln, um den Prozess zu fördern.

EMOTIONALE PROZESSE

3) Angst und Panik An dieser Stelle kann der Reisende von beängstigenden Bildern, Empfindungen oder Gedanken überwältigt werden oder anfangen zu weinen, zu zittern, sich zu winden, zu wimmern oder zu schreien. Manchmal strecken die Reisenden die Hände aus, um Hilfe zu suchen, Kontakt herzustellen oder der Erfahrung zu entfliehen. Ich habe gesehen, wie Atemarbeitssitzungen Ängste aktiviert haben, als die Personen ihre Geburt noch einmal erlebten und sich mit beängstigenden Momenten aus ihrer frühen Kindheit wieder verbanden.

Manchmal ist es am besten, wenn der Ritualleiter einfach seine Hilfe anbietet. Wenn es sich um eine Reise mit einem Sakrament handelt, kann ein Wechsel der Musik oder der Umgebung die Panik lindern und den Reisenden beruhigen. Das Beste ist, in Kontakt zu bleiben; es bringt nichts, jemanden mit dieser Art von Panik und Angst allein zu lassen. Der Ritualleiter kann den Reisenden bei der Atmung anleiten oder ihm durch gemeinsames, langsames, rhythmisches Atmen helfen, sich zu regulieren. Er kann anbieten, dem Reisenden einen kühlen Waschlappen auf den Kopf zu legen oder Aromatherapie einzusetzen, z. B. Lavendelöl zur Beruhigung und Entspannung oder Vetiveröl, um die Erdung zu unterstützen.

Während einer Angsterfahrung sollte der Ritualleiter präsent bleiben, sanften Körperkontakt herstellen, beruhigende Worte sprechen und den Reisenden dazu auffordern, zu atmen und sich auf seine Atmung oder die Musik zu konzentrieren. Die Ausgeglichenheit des Ritualleiters ist entscheidend, um die Unruhe des Klienten zu lindern, da sich der verängstigte Reisende in dieser schwierigen Phase auf die Anwesenheit des Ritualleiters verlässt. Wenn die Erfahrung den Konsum einer psychedelischen Substanz beinhaltet, kann der Ritualleiter dem Reisenden einfach (wenn auch nicht unbedingt leicht) dabei helfen, abzuwarten, bis die Wirkung nachlässt. In der Zwischenzeit kann der Ritualleiter für eine möglichst ruhige Umgebung sorgen. Er kann den Reisenden daran erinnern, dass er sich an einem sicheren Ort befindet und dass er ihn vor Schaden bewahrt.

4) Persönliche Konfrontation Manchmal erlebt man in einem erweiterten Bewusstseinszustand, dass man sich selbst gegenübersteht und die Auswirkungen seiner negativen Verhaltensmuster erkennt. Diese Erkenntnis bietet einen Moment aufrichtiger Einsicht in den Schaden, den man sich selbst oder anderen zugefügt hat.

Ein Reisender kann echte emotionale Schmerzen empfinden, wenn er das Ausmaß seines ungesunden Verhaltens und seiner selbstzerstörerischen Handlungen erkennt. Dazu können Selbsttäuschung, Lügen, Vermeidung, Verleugnung, Selbstverletzung, Drogenmissbrauch, Sucht oder die Destabilisierung der Gesundheit oder von Beziehungen gehören. Dies kann eine schmerzhafte Erfahrung sein, und der Reisende kann Wut, Traurigkeit oder Reue zum Ausdruck bringen, wenn er sich seiner Schattenseite stellt. Dies ist ein wertvoller Moment der Verantwortungsübernahme.

Wenn sich ein Reisender mit den zerstörerischen Auswirkungen einer Sucht oder mangelnder Selbstfürsorge konfrontiert sieht, ist es am besten, wenn der Ritualleiter ihn *nicht* rettet. Lasse es zu einer Konfrontation kommen und gib dem Gewahrsein

Raum, sich zu entfalten. Der Ritualleiter kann ein mitfühlender Zeuge bleiben. Mitgefühl bedeutet nicht, den Schmerz zu beseitigen.

In einer persönlichen Gegenüberstellung kommt fast immer ein gewisses Maß an Scham zum Vorschein, und es kann hilfreich sein, den Reisenden einfach damit allein zu lassen. Am besten ist es, wenn er die Konsequenzen seiner Entscheidungen sowie den Grad seiner Verantwortung anerkennt. Es ist sinnvoll, den Prozess so lange dauern zu lassen, wie er dauert: Es ist nicht die Aufgabe des Ritualleiters, alles besser zu machen. Vielmehr müssen die Reisenden ihre Erfahrungen in ihrem eigenen Tempo verarbeiten.

5) Emotionale Öffnung und Loslassen

Clark hatte als Kind die meiste Zeit allein verbracht. Sein Vater war oft auf Militäreinsätzen unterwegs, und seine Mutter ging trinken, um ihre Ängste und ihre Einsamkeit zu betäuben. Er stürzte sich in die Schule, was ihm Lob von seinen Lehrern und gelegentlich Aufmerksamkeit von seiner Mutter einbrachte. Er wuchs zu einem scharfsinnigen Wirtschaftsanwalt heran. Er war erfolgreich, aber er klagte: »Ich fühle mich innerlich leer. Mein Erfolg ist in Ordnung, aber er macht mich nicht glücklich. Ich langweile mich in meinem Leben.« Ich spürte eine depressive Verstimmung, die aus unterdrückten Gefühlen entstanden war. Ich schlug ihm vor, an einer Schwitzhütte teilzunehmen, damit er in einer heilenden Umgebung mit anderen Menschen in Kontakt kommen könnte. Ich erklärte ihm einige der Rituale und Praktiken, an denen er teilnehmen würde, und beschrieb ihm die Dunkelheit und die Hitze.

Clark kehrte zurück, um zu berichten, wie es ihm in der Lodge ergangen war, und das Erste, was er erzählte, war, wie er zusammengebrochen war. »Es war so gut. Ich meine, es war hart, aber ich habe mich darauf eingelassen.« Es stellte sich heraus, dass die Leiterin der Lodge ihn neben sich gesetzt hatte, als die Hitze für ihn zu unerträglich wurde. Sie sagte ihm, er solle sich hinlegen und seinen Kopf auf ihren Schoß legen. Sie legte ihre Hand auf seine Wange und sang weiter ihre Gesänge. Ihre aufmerksame Fürsorge rührte ihn zutiefst, und er weinte wie ein kleines Kind. Sie sang weiter und streichelte ihn von Zeit zu Zeit sanft. Als er an der Reihe war, ein Gebet zu sprechen, betete er für alle Kinder, die keine Eltern hatten, und bat darum, dass sie alle eines Tages ihren Weg zu Liebe und Unterstützung finden mögen.

Ein emotionaler Moment wie der von Clark kann verdrängte oder unausgesprochene Gefühle wieder hochkommen lassen. Das können Wut, Groll, Traurigkeit oder Kummer sein, aber auch Akzeptanz, Vergebung, Freude, Dankbarkeit oder bedingungslose Liebe. Schmerzhafte Erinnerungen, die nicht vollständig verarbeitet wurden oder unbewusst sind, können wie schwere Steine auf dem Grund eines Teiches in uns liegen. Dazu können verdrängte Erinnerungen wie sexueller Missbrauch gehören, da die Details eines Ereignisses nach vielen Jahren wieder auftauchen können.

Ein Reisender kann sich vielleicht überfordert fühlen, wenn er merkt, wie sehr ein ursprüngliches Ereignis sein Leben beeinflusst hat. Manche Menschen sind richtig wütend auf den Täter oder haben Mitleid mit sich selbst aufgrund dessen, was sie als Kind durchgemacht haben. Manchmal führt das Öffnen der Gefühle dazu, dass man Verständnis dafür entwickelt, warum ein Täter oder die eigenen Eltern sich damals so verhalten haben.

Wenn es einem Reisenden am Anfang peinlich ist, seine Gefühle zu zeigen, kann der Ritualleiter ihn dazu ermutigen, Geräusche zu machen und sich zu bewegen. Der Ritualleiter kann sich ihm anschließen und ebenfalls Geräusche machen, um ihn zu unterstützen, wenn es sich um eine Entladung voller Kraft und Stärke handelt. Wenn die Emotion in erster Linie Wut ist, sind ermutigende und bestätigende Worte hilfreich, um den Prozess im Gang zu halten. Wenn der Ausdruck Trauer oder Kummer ist, kann der Ritualleiter physisch in der Nähe der Person bleiben, nicht unbedingt um sie zu beruhigen oder zu trösten, sondern um präsent zu sein. Es ist am besten, diesen Trauerprozess zuzulassen, ohne ihn durch gesprochene Worte oder die Suche nach einer Bedeutung zu unterbrechen.

Wenn Erinnerungen noch im Körpergewebe vorhanden sind, was bei sexuellen Missbrauchsopfern oft der Fall ist, kann es erhebliche Energie kosten, sie aus dem Körper freizusetzen. Zittern, Schütteln oder ein synkopisches Atemmuster können auf die Freisetzung eines Traumas auf der Ebene des Zellgedächtnisses hinweisen. Wenn Menschen mit sexuellem Missbrauch zu kämpfen haben, neigen sie dazu, sich zu dissoziieren. Der Ritualleiter sollte den Reisenden dabei unterstützen, durch Augenkontakt, sanfte Berührungen und verbale Ermutigung in seinem Körper zu bleiben. Dies unterstützt den Prozess als eine verkörperte, bewusste Reinigung von Energie und Erinnerungen, anstatt in eine Abwärtsspirale zu geraten, die durch die Reaktivierung eines ursprünglichen Traumas entstehen kann.

6) Selbstliebe und Selbstfürsorge Das ist ein Gefühl des emotionalen Wohlbefindens und der Sanftheit gegenüber sich selbst. Der Reisende ist oft entspannt und lächelt, fühlt sich locker und fröhlich. Der Körper ist offen, vielleicht sogar voller Glückseligkeit, während der Reisende die heilende Kraft der Liebe spürt. Der Reisende findet ein Gefühl von Geborgenheit, Sicherheit, Zuversicht, Selbstfürsorge und Verbundenheit. Aus einem gestärkten Gefühl der Autonomie heraus, während man sich in Liebe und Wohlgefallen entspannt, gewinnt man vielleicht Einblick in das, was das eigene Wesen nährt.

Der beste Weg für einen Ritualleiter, diese Erfahrung zu unterstützen, ist, sie anzuerkennen und zu bestätigen. Der Ritualleiter kann den Reisenden mithilfe von geführten Bildern oder Ermutigungen in die Erfahrung eintauchen lassen. Er kann ihn dazu anleiten, sie in seinem Körper zu spüren und zu verankern. Oder er kann sie einfach geschehen lassen und die Ehrfurcht und das Staunen über die Erfahrung widerspiegeln, um die Heilung zu unterstützen.

ZUGANG ZUM UNBEWUSSTEN

7) Kindheitserinnerungen

> Ich bin sieben Jahre alt. Mein Vater hat ein Netz zum Garnelenfischen gebaut. Bei Ebbe gehen wir zum Strand. Das Wasser ist weit vom trockenen Sand entfernt. Die Farben des Sonnenuntergangs umgeben uns, während ich neben ihm herlaufe, das Wasser reicht mir bis zu den Knöcheln. Er taucht das Netz ins Wasser und zieht es dann wieder hoch. Wir beugen uns darüber und beobachten Dutzende von Garnelen, die herumhüpfen. Ich sammle sie in meinem kleinen Eimer. Das ist der stille Tanz meines Vaters und mir, draußen in der Natur. Es herrscht eine vertraute Intimität. Keine Worte, nur Wasser, Sand, Tiere und das Netz, das er für uns gebaut hat. Es ist eine schlichte Zärtlichkeit, die sich in meinen jungen Knochen festsetzt.
>
> Françoises Reisetagebuch, Dezember 1997

Diese Art der Erfahrung beinhaltet Erinnerungen an wichtige Kindheitserlebnisse, die meinem eigenen ähnlich sind, und oft auch psychologische Einsichten über deren Bedeutung. Ein Reisender denkt vielleicht über längst vergessene Erinnerungen und Erfahrungen nach, egal ob positiv oder negativ. Eine Erinnerung wie die, wie ich mit meinem Vater Garnelen gefangen habe, kann sehr bereichernd und wichtig sein. Schwierige Erinnerungen können mit offenem Herzen und offenem Geist angenommen werden, wenn wir erkennen, was wir als Kind durchgemacht haben und wie wir versucht haben, damit umzugehen. Es ist schwer, wütend auf ein kleines Kind zu sein, das sich bloß nach Kräften bemüht hat, zu überleben. Wir wollen die Erfahrungen des inneren Kindes nicht verdrängen, sondern sie annehmen und integrieren. Mitgefühl entsteht ganz von selbst, wenn das erwachsene Selbst nun begreifen kann, wonach das Kind gestrebt hat, ohne es erreichen zu können.

Ein Ritualleiter kann diese Art der Erfahrung nicht groß unterstützen, außer das Gefäß vertrauensvoll zu halten. Wenn die Erfahrung schwierig erscheint und der Reisende zerbrechlich wirkt, kann der Ritualleiter in der Nähe bleiben. Er kann angemessenen Körperkontakt anbieten, indem er die Hand des Reisenden hält oder ihm eine Hand auf den Rücken legt. Meistens ist das Reflektieren über die eigene Lebensgeschichte aber eine Erfahrung der persönlichen Stärkung. Am besten lässt man den Reisenden seine eigene Kraft und sein eigenes Verständnis innerhalb seiner Lebensgeschichte wiederfinden.

8) Visionen Bei dieser Erfahrung projiziert der Reisende die Bilder seiner inneren Welt nach außen auf seine Erfahrung. Der Reisende kann Formen, Farben oder Muster sehen. Je nach Technik kann die Intensität der Visionen unterschiedlich sein. Atemarbeit ist dafür bekannt, Visionen auszulösen, und auch ein langer Meditationskurs kann eine visionäre Welt eröffnen. Viele pflanzliche Medizinmittel lösen Visionen aus, in denen alles verschmilzt und sich verdreht; in manchen Zuständen erscheint die

Außenwelt wie durch ein Kaleidoskop. Manchmal sieht der Reisende fraktale Muster, wenn er Visionen von subatomaren Strukturen wahrnimmt.

Es kann zu Visionen von fernen Ländern und Zeiten kommen. Bei pflanzlichen Medizinmitteln ist es normal, Visionen der ursprünglichen Umgebung einer Pflanze zu haben. Ein Reisender könnte vielleicht einen Jaguar sehen oder sogar das Gefühl haben, sich in einen zu verwandeln. Er kann vielleicht spüren, wie sich Myzel aus seinem Körper ausbreitet. Die Musik, der Raum, die Körperhaltung des Ritualleiters, die Absicht des Reisenden, sein Geisteszustand und seine Stimmung beeinflussen die Visionen eines Reisenden. Der Ritualleiter kann den Reisenden ermutigen, sich auf seine Visionen einzulassen und interessiert zu bleiben, auch wenn etwas herausfordernd oder beängstigend erscheint.

Sind die Visionen schwierig, kann der Ritualleiter die Hand des Reisenden halten oder in seiner Nähe bleiben. Es kann auch hilfreich sein, dem Reisenden vorzuschlagen, sich ein wenig zu bewegen, ihn leicht zu berühren oder zu massieren, um den Prozess zu unterstützen. Erinnere den Reisenden daran, bei schwierigen Visionen tief zu atmen. Der Ritualleiter sollte präsent, ruhig und besänftigend bleiben, damit sich der Reisende sicher fühlt, wenn er sich auf die Visionen einlässt. Der Ritualleiter kann ihn ermutigen, interessiert zu bleiben, was auch immer ihm gezeigt wird.

LEBENSENERGETISCH-SPIRITUELLE ERFAHRUNGEN

In erweiterten Bewusstseinszuständen können wir auch Visionen von religiösen und spirituellen Bildern haben, die wir vielleicht erkennen oder auch nicht. Manchmal erinnern sie uns an unsere religiöse Erziehung in der Kindheit, manchmal sind sie völlig neu. Wir verbinden uns mit Vorfahren, Geistern, Engeln, Devas oder dem Geist in unbelebten Objekten. Wir verstehen tiefgründige spirituelle Lehren, die wir erhalten oder in Büchern gelesen haben. Manchmal verbinden wir uns mit den Geistern des Ortes, an dem ein Ritual stattfindet, die uns zuvor unbekannt waren. Diese Erfahrungen werden eher als intuitives Verständnis denn als intellektuelle Einsichten wahrgenommen.

Wenn wir die Auswirkungen jeder Handlung und jedes Ereignisses in unserer persönlichen Geschichte erkennen, werden wir uns der Möglichkeit karmischer Ursache und Wirkung bewusst. Wenn wir diese Erfahrungen aus der Perspektive eines objektiven Beobachters betrachten, sehen wir, wie sie sich in die Vollkommenheit unseres Lebens einfügen. Indem wir akzeptieren, was ist, können wir mehr Vergebung, Sanftmut und Mitgefühl für uns selbst und alles Leben empfinden.

Über unsere menschliche Fähigkeit zu akzeptieren und zu vergeben hinaus können wir auch das Göttliche und das Profane als ein und dasselbe erleben. Alle Dinge werden in der göttlichen Matrix der Schöpfung, in der wir die Akteure sind, vereint. Wir können den Widerspruch erkennen, wie unser Schicksal mit unserem freien Willen zusammenwirkt.

Wenn wir unsere Fähigkeit nutzen, das Heilige in allem und jedem zu sehen, haben wir die Chance, unsere eigene Göttlichkeit zu erkennen. Die folgenden fünf Kategorien umfassen die häufigsten Arten spiritueller Erfahrungen, die Menschen in erweiterten Bewusstseinszuständen machen.

1) Sinnlosigkeit
2) Rückeroberung unseres spirituellen Lebens
3) Messianische und spirituelle Archetypen
4) Die zugrunde liegende Vollkommenheit aller Dinge
5) Auflösung des Egos

1) Sinnlosigkeit Dies ist eine Erfahrung, bei der man die Sinnlosigkeit und Leere seines Lebens erkennt. Es handelt sich jedoch um eine spirituelle Erfahrung, da man die Leere eines Lebens ohne Sinn wahrnimmt. Dies kann als Zustand der Leere empfunden werden oder sich in mechanischen, öden oder kargen Visionen zeigen. Es können metallische Welten oder unwirtliche Landschaften erscheinen oder ein allgemeines Gefühl der Sinnlosigkeit aufkommen.

Der Ritualleiter kann einfach da sein und zuschauen. Es ist meistens ein innerer Prozess, bei dem von außen kaum etwas zu sehen ist. Versuche nicht, den Reisenden aus dieser Erfahrung, in der er spirituell gesehen den Tiefpunkt erreicht hat, zu retten oder zu befreien. Ein lauter Weckruf ist wertvoll und sollte nicht unterbunden werden. Vertraue darauf, dass diese Erfahrung der Tiefpunkt ist, von dem aus der Reisende wieder emporsteigen wird. Als Ritualleiter ist es wichtig, den richtigen Zeitpunkt für ein Eingreifen zu erkennen. Hat der Reisende genug Kraft, um in dieser schwierigen Situation zu bleiben, oder driftet er in ein schwarzes Loch?

2) Rückeroberung unseres spirituellen Lebens Dies ist eine Erfahrung, bei der man einen Mangel an spirituellem Glauben in der Kindheit erkennt oder beklagt, sich mit religiösen Strukturen aus der Kindheit versöhnt oder über die eigene spirituelle Geschichte nachdenkt. Manchmal findet ein Reisender wieder Anschluss an das spirituelle Gerüst seiner Kindheit, das er irgendwann abgelehnt oder aufgegeben hat. In anderen Fällen eröffnet sich eine bisher unbekannte spirituelle Welt. Dies kann eine Begegnung mit einer spirituellen Gottheit sein, beispielsweise mit einem Gott, Jesus oder Buddha. Ein Christ hat vielleicht eine Erleuchtung buddhistischer Art. Ein Jude begegnet vielleicht dem Christusbewusstsein und spürt die Lehre Jesu in seinem Innersten. Ein Agnostiker hat vielleicht eine unerwartete Glaubenserfahrung. Es kann zu einer tieferen Wertschätzung von Ritualen und Gebeten kommen, oder man sieht bestimmte religiöse Symbole, Visionen oder Bilder oder hört Mantras. Man kann ein Gefühl reiner Gnade erleben oder sich in der Gegenwart des Göttlichen vollständig erweckt fühlen.

Manchmal geht diese Erfahrung auch mit einem Gefühl der Verbundenheit mit unseren spirituellen Lehrern oder unseren Vorfahren einher, wenn wir unsere spirituelle oder geburtliche Abstammung anerkennen – oder möglicherweise mit einer bisher unbekannten Abstammungslinie in Verbindung treten.

Das Beste, was der Ritualleiter an dieser Stelle tun kann, ist zuzuhören und den Prozess zu fördern. Er kann sich Notizen zu dem machen, was erzählt wird, um die weitere Erforschung während der Integrationsphase zu unterstützen.

3) Messianische und spirituelle Archetypen

> Ich bestehe aus Feuer, zusammengerollt im Zentrum der Erde. Ich wirbele und brodle. Ich bin Liebe und Zerstörung. Ich bin sexuelle Kraft und Hitze, die dein kaltes Herz erwärmen wird. Spür mich unter deinen Füßen, immer da, präsent und bereit, in explosiven Ausbrüchen aufzutauchen, die alles in meinem Weg mitreißen und verbrennen. Ich war schon immer hier, habe dich aus der Tiefe gewärmt, voller Kraft und Anmut. Ich bin wild und sanft. Ich bin Pele, Göttin des Feuers, aus dem Blut der Mutter gemacht.
>
> Françoises Reisetagebuch, September 1986

So wie ich mich wie Pele gefühlt habe, kann jemand auf einer Reise das Gefühl haben, eine andere Person oder sogar ein Gott oder eine Göttin zu sein und sich mit purer Schaffenskraft verbinden. Man kann sich wirklich wie der Große Geist, Buddha, die Göttin oder eine andere Gottheit fühlen. Manche Leute auf einer Reise werden vielleicht zu einem Archetyp wie dem Liebhaber, dem Krieger oder Kali oder verbinden sich mit großen Lehrern wie Gandhi, Nelson Mandela oder Mutter Teresa. Diese Erfahrungen können einen bleibenden Eindruck von Kraft, Mut und Liebe hinterlassen.

Diese starken Visionen sind, wenn sie innerlich erlebt werden, für einen externen Beobachter selten sichtbar. Wenn der Reisende erzählt, was er erlebt, kann der Ritualleiter zuhören, nachdenken, Notizen machen und passende Musik spielen, um die Begegnung zu unterstützen. Der Ritualleiter kann einfach ein respektvoller Zeuge dieser Erfahrung sein, während sie sich entfaltet.

4) Die zugrunde liegende Vollkommenheit aller Dinge Bei dieser Erfahrung bekommt jemand auf einer Reise ein besseres Verständnis für die Umstände, die zu seinen Grundüberzeugungen geführt haben. Was sollen wir in diesem Leben lernen? Es geht dabei darum, Verantwortung zu übernehmen und zu verstehen, warum bestimmte Dinge geschehen sind und wie sie zu unserer Entwicklung beigetragen haben. Wir erkennen vielleicht, wie wichtig genau die Umstände waren, die unsere Seele dabei unterstützt haben, sich so zu entwickeln, wie sie es getan hat. Das kann ein Prozess sein, in dem sich heimlicher Groll in Selbstmitgefühl, Akzeptanz und Liebe verwandelt. Diese Erfahrung kann zeigen, dass alles miteinander verbunden ist und nichts getrennt ist. Es kann ein Verständnis für die Vergänglichkeit aller Dinge und die Vollkommenheit des Entfaltungsprozesses entstehen. Menschen berichten von einer gefühlten Erfahrung von Liebe und wohlwollender Energie im Zentrum aller Schöpfung. Der Reisende nimmt Liebe als die Kraft wahr, die alles zusammenhält und in allem, was er tut, spürbar und sichtbar wird. Solche Einsichten können zu Sanftmut, Vergebung, bekräftigten Werten und liebevollen Handlungen führen, die auf Solidarität und Teilen beruhen.

Auch hier ist die innere Erkenntnis der zugrunde liegenden Vollkommenheit aller Dinge so tief und persönlich, dass ein Ritualleiter nur einfach da sein kann. Der Ritualleiter kann diese Erfahrung unterstützen, indem er einen ruhigen Raum in sich selbst findet, sodass der Klient und der Ritualleiter in Resonanz treten können, wenn auch nur unterschwellig. Wenn ein Reisender seine Erfahrungen durch Worte oder Gesten mitteilt, sollte der Ritualleiter ein stiller Zeuge dieser tiefen Öffnung bleiben. Der Ritualleiter sollte darauf achten, diesen spirituellen Zustand nicht durch körperliche Bewegungen, Geräusche oder zu viel Reden zu stören. Es ist am besten, die zarte Schwingung eines so erhabenen Zustands zu unterstützen.

5) Auflösung des Egos

Ich sehe die Ahnen als nebelhafte, wabernde Gestalten in unterirdischen Höhlen. Es ist dunkel, und der Flug der Fledermäuse ist der einzige Windhauch, der dort weht. Die Ahnen winken mich zu sich, und ich gehe näher. Sie umringen mich und hüllen mich in ihren formlosen Mantel aus Grau und Braun. Ich habe keine Angst. Ich sage Ja zu ihrer Gewissheit, und ich sterbe. Ich spüre, wie mein Wille sich auflöst wie eine Linie, die auf einem Blatt Papier ausgelöscht wird, nichts weiter. Ich höre auf zu existieren. Ich bin von mir selbst und allem, was ich zu sein glaube, getrennt worden. Ich verschmelze mit der Leere, die um mich herum und in mir vibriert. Meine Gestalt verschwindet, und ich bin die grauen und braunen Vorfahren der Vergangenheit und der Zukunft. Ich existiere nur noch in meiner Essenz und wirble durch Millionen Jahre alte Höhlen. Hier gibt es keine Angst, während ich in die Ewigkeit entschwinde. Es gibt kein »Ich« mehr.

Françoises Reisejournal, März 2005

Viele Methoden können zu einer Erfahrung der Ich-Auflösung führen, die auch als Ich-Tod bezeichnet wird. Die Ich-Auflösung kann auf vielen Ebenen stattfinden; die erste Ebene besteht in der Loslösung des Reisenden von seiner Fähigkeit, bewusste Entscheidungen zu treffen. Die zweite Ebene ist die Loslösung von der eigenen Identität, wobei das Bewusstsein als Beobachter erhalten bleibt. Die tiefste Ebene ist der Verlust jeglicher Wahrnehmung, wobei möglicherweise ein weit geöffnetes Bewusstsein erhalten bleibt oder sogar dieses verloren geht. Die Erfahrung der vollständigen Auflösung spiegelt den schamanischen Prozess der Zerstückelung und des Todes wider. Dies kann erschreckend, aber auch transformierend sein. Diese letzte Ebene der Auflösung bleibt nicht immer in Erinnerung, kann jedoch ein Gefühl der Befreiung hinterlassen, das nach der Rückkehr des Reisenden in den normalen Bewusstseinszustand zu einem bedeutenden Wachstum führen kann.

Wenn jemand während des Prozesses unterstützt wird und sich hingeben kann, kann er Zustände atemberaubender Glückseligkeit, des Wohlbefindens und der Liebe erreichen. Dies kann zu einer Erfahrung der Einheit mit allem führen. Es kann einen Reisenden wieder mit seiner spirituellen Mitte verbinden. Der Reisende kann die Erfahrung machen, alle Zustände zu transzendieren und in reinem, unendlichem Gewahrsein zu ruhen. Jemand in diesem Zustand ist jenseits von Worten und wird nur sehr wenig kommunizieren. Sein normales Selbst hat sich vollständig aufgelöst. Seine Identität ist vorübergehend »gestorben«.

Dies ist die höchste Erfahrung, die man machen kann, wenn man seine Ängste überwindet und sich ins Unbekannte begibt.

Diese Stufe der Auflösung erfordert ein großes Vertrauen in den Ritualleiter und die Umgebung. Für jemanden, der diesen Zustand erreicht, kann es anfangs zu Widerstand kommen. Es ist ganz normal, dass man sich gegen die Auflösung dessen wehrt, was man für seine Identität hält. Der Ritualleiter kann den Reisenden unterstützen, indem er ihm Sicherheit gibt und ihn daran erinnert, loszulassen. Er kann ihn zu langsamer Atmung ermutigen und ihm körperlichen Kontakt anbieten.

Manche Menschen gelangen mühelos in diesen Zustand, der dann ereignislos erscheint und von einem Gefühl des friedlichen Schwebens und der Gelassenheit begleitet wird. Manchmal scheint der Atem des Reisenden stillzustehen, während er voller Ehrfurcht und Staunen in der Schwebe verharrt. Ein Ritualleiter kann in einer solchen Situation einfach durch seine Anwesenheit und Unterstützung helfen. Indem er während der Erfahrung weiterhin für Sicherheit sorgt, kann der Reisende loslassen, da er weiß, dass der Ritualleiter den Rahmen für diese Erfahrung hält. Die Integrationsphase ist wichtig, aber die Erfahrung geschieht von selbst und erfordert keine weitere Hilfe, außer dass der Reisende körperlich sicher ist.

GEMEINSCHAFTSORIENTIERTE ERFAHRUNGEN

Der Aspekt der Gemeinschaft ist eng mit der emotionalen Seite unseres Lebens verbunden. In erweiterten Bewusstseinszuständen ist es normal, über die Beziehungen in unserem Leben nachzudenken. Viele Gefühle können aufkommen, wenn wir erkennen, welche Arten von Beziehungen in unserem Leben vorhanden sind oder fehlen. Wir können erkennen, wie vergangene Beziehungen unsere heutige Fähigkeit, mit anderen in Kontakt zu treten, beeinflusst haben.

Ein Reisender kann Einblicke in seine Beziehungen zu den Menschen in seinem Leben gewinnen: Partner, Kinder, Lehrer, Freunde, Familie oder sogar flüchtige Bekannte. Er kann vielleicht erkennen, welche Rolle er in seiner Partnerschaft, seiner Familie oder seinem weiteren Umfeld spielt, oder feststellen, wie tief oder oberflächlich seine Beziehungen tatsächlich sind. Er wird vielleicht erkennen, wie er sich den Menschen in seinem Leben gegenüber verhält oder auch nicht verhält. Für einige von uns kann diese Erkundung dazu führen, dass wir ein gewisses Maß an Vereinsamung und die Angst erkennen, nicht dazuzugehören oder nicht so gesehen und akzeptiert zu werden, wie wir wirklich sind. Diese Erfahrung kann zwar schmerzhaft sein, aber sie kann uns auch dazu bringen, uns mit den Ereignissen in unserer Vergangenheit auseinanderzusetzen, die zu unserer aktuellen Situation beigetragen haben.

Möglicherweise erleben wir ein gesteigertes Gewahrsein anderer Menschen, ihrer Geheimnisse und ihrer Bedeutung in unserem Leben. Wir gewinnen vielleicht Einblicke in vergangene Traumata und unsere Fähigkeit, Verbindungen aufzubauen, oder wir fühlen uns zum ersten Mal wirklich gesehen von unserem Ritualleiter oder unserer Gemeinschaft.

Einige von uns werden möglicherweise mit ihrer Angst vor dem Anderen konfrontiert, in welcher Form auch immer sich dieses für uns darstellt: Rasse, Religion, sexuelle Identität, Lebensstil oder alles andere, was uns fremd und schwer akzeptabel erscheint.

Das kann dazu führen, dass wir uns alten Ängsten stellen, die wir aus unglücklichen Erfahrungen übernommen haben oder die uns in der Kindheit beigebracht wurden, und uns für mehr Akzeptanz öffnen. Möglicherweise verspüren wir ein Gefühl der Zugehörigkeit zur Menschheit und bekräftigen unsere Entscheidung, ein inkarniertes Leben zu führen. Wir empfinden vielleicht Dankbarkeit und Ehrfurcht für alles Menschliche und Nicht-Menschliche, da sich unser Zugehörigkeitsgefühl auf den gesamten Planeten und den gesamten Kosmos ausdehnen kann.

Zu Beginn eines Rituals mit anderen Menschen fühlen sich manche Reisende vielleicht unwohl in Bezug auf die Rolle des Leiters und sind misstrauisch oder haben Angst vor seiner Macht. Wut und Unruhe gegenüber der Stimme oder den Worten eines Leiters können auf frühere Erfahrungen mit Machtmissbrauch oder auf Widerstand gegen Unterstützung zurückzuführen sein. Ein Reisender fühlt sich vielleicht unsichtbar oder deprimiert durch die Menschen um ihn herum, weil dies seine inneren Prozesse widerspiegelt.

Andere Menschen nehmen an demselben Ritual teil und schätzen die Fürsorge und Unterstützung des Begleiters und geben sich der Struktur und Form des Rituals hin, wodurch sie sich genährt fühlen. Was auch immer in einer Reise zu diesem Thema auftaucht, spiegelt wider, wie eine Person in ihrem Leben mit Sicherheit, Autorität und Nähe umgeht.

Wir Menschen sind soziale Wesen. Wir kommen nicht einfach so auf die Welt. Wir sind mit anderen Menschen und Gemeinschaften verbunden, egal ob es unsere Familie, Freunde, Schule oder Arbeitskollegen sind. Wir alle wollen dazugehören; wir alle sehnen uns nach Verbindung. Gemeinschaft ist etwas, in das wir hineingeboren werden. Es ist unvermeidlich, dass wir uns irgendwann mit unseren Beziehungsdynamiken auseinandersetzen müssen. Welche Technik wir auch immer für die innere Erkundung anwenden, wir werden wahrscheinlich auf andere Menschen treffen. Wenn wir uns auf ein Ritual einlassen, sind wir, sofern wir nicht völlig allein sind, mit mindestens einer Person zusammen, oft sogar mit mehreren. Wir werden mit einem Ritualleiter, einem

Gruppenleiter oder anderen Teilnehmern in Kontakt sein. Wir werden wahrscheinlich von jemandem betreut werden, was unser allgemeines Gefühl der Geborgenheit – oder des Unbehagens – in der Obhut einer anderen Person widerspiegelt. Diese Dynamik spiegelt oft unsere Erfahrungen mit unseren Eltern wider und wie sie uns gefördert oder nicht gefördert haben. Sie zeigt uns nicht nur, wie wir in Eins-zu-Eins-Beziehungen umgehen, sondern auch, wie wir mit unserer größeren Gemeinschaft umgehen.

Das Teilen von erweiterten Bewusstseinszuständen in einer Gruppe kann zeigen, wie wichtig es ist, Teil einer Gemeinschaft zu sein, da die Reisenden Verbundenheit, gegenseitige Unterstützung und Begeisterung erleben können. Eine Gruppe kann aber auch Unsicherheiten, Selbstbewusstsein und Vorurteile hervorbringen. Wie auch immer wir uns in einer Gruppe und in unserem Leben im Allgemeinen fühlen, es wird auf einer Reise verstärkt.

Die folgenden Kategorien umfassen die meisten gemeinschaftsorientierten Erfahrungen, die in erweiterten Bewusstseinszuständen auftreten:

1) Auswirkungen von Vereinsamung wahrnehmen
2) Unsere Beziehungen heilen
3) Zugehörigkeit feiern
4) Weltweite Menschheitsfamilie

1) Auswirkungen von Vereinsamung wahrnehmen

Renee wollte mit niemandem eine Beziehung anfangen, obwohl ihre Freunde sie dazu ermutigten. Sie war stur, was dazu führte, dass sie sich zurückzog und Kontakt mied, obwohl sie wusste, dass es gut für sie wäre, auf andere zuzugehen. In unserer gemeinsamen Arbeit haben wir uns mit ihrer Selbstunsicherheit, ihrer Schüchternheit und ihren Geschichten beschäftigt. Jetzt lag es an ihr, neue Wege zu finden, um Beziehungen aufzubauen und sich auszudrücken.

Während ihrer Pilzreise in Mexiko fühlte sie sich einsam. Sie erkannte, wie sehr sie sich selbst verletzte, indem sie sich keine Chance gab, ihre Vergangenheit zu heilen. Sie erkannte, dass sie die Angewohnheit hatte, sich selbst zu bestrafen. Sie sah, wie ihr Körper durch den Mangel an menschlicher Nähe und Berührung schrumpfte. Sie hörte ihre innere Stimme, die in ihrer Kehle gefangen war. Ihr Herz schien wie ein einsamer Teil von ihr selbst, unfähig, Liebe zu empfangen, abgeschirmt durch Angst und Starrköpfigkeit. Sie erkannte, dass sie so nicht weitermachen konnte. Es war ein langsamer Selbstmord. Ihre Einsamkeit war schmerzhaft; sie wusste, dass sie jetzt etwas Besseres verdient hatte. Sie wollte leben.

Renees Erfahrung der Vereinsamung und die Wahrnehmung der inneren Leere ihrer Gefühlswelt sind ein Beispiel dafür, welche Einsichten auf der Ebene der Gemeinschaft jemand während einer Reise gewinnen kann. Es können Erinnerungen an Einsamkeit in der Kindheit auftauchen, und man wird sich der schmerzhaften Aspekte der eigenen Biografie bewusst. Es können Gefühle der Leere und Orientierungslosigkeit auftreten. Der Reisende kann sich vielleicht traurig, abgekoppelt oder verlassen fühlen. Er kann zerbrechlich wirken, zittern oder wimmern. Er kann eine leere Stille oder eine kalte, dunkle Leere erleben. Das kann eine nonverbale Erfahrung sein.

Wenn eine Erfahrung in die Kindheit zurückführt, sollte der Ritualleiter physisch präsent bleiben und Fürsorge und Verbundenheit vermitteln. Durch beruhigende Aufmerksamkeit kann der Ritualleiter dabei helfen, neue Bahnen im Gehirn zu schaffen, die mit Verbundenheit und Geborgenheit verbunden sind, und so Heilung von der Vereinsamung ermöglichen.

2) Unsere Beziehungen heilen Bei dieser Erfahrung denken wir über unsere Beziehungen zu Partnern, Eltern, Kindern, Freunden, Haustieren, der Gemeinschaft und unseren Vorfahren nach. Vielleicht kommen Erinnerungen an verschiedene Personen aus der Kindheit hoch, wie Lehrer, Mentoren oder Personen, die uns verletzt haben. Der Reisende erhält möglicherweise Einblicke in den Charakter, die Persönlichkeit, die Bindungsmuster oder die Prägung von Menschen, die er gut kennt. Vielleicht denkt der Reisende über schwierige Situationen und Verletzungen nach und gewinnt ein Verständnis für bestimmte Beziehungsdynamiken. Er versteht möglicherweise seine eigenen Muster und Tendenzen in Beziehungen.

Das kann (muss aber nicht) zu mehr Mitgefühl oder Akzeptanz führen. Ein Reisender könnte mit unverfälschten Emotionen in Kontakt kommen und erkennt vielleicht Verletzungen, Verrat, Wut oder Trauer an. Die endgültige Auflösung findet nicht unbedingt während der Reise selbst statt.

Reisende können zum ersten Mal bestimmte Gefühle, Erinnerungen oder Gedanken zulassen. Wenn sie feststellen, wie wertvoll und richtig alle Menschen sind, die ihren Weg gekreuzt haben, denken sie vielleicht über die wichtigen Personen in ihrem Leben nach und erkennen, wie perfekt die Rollen in ihrem Leben verteilt sind. Das führt oft dazu, dass man die Beziehungsdynamik akzeptiert, durch die wir alle wachsen und uns weiterentwickeln.

Während dieser psychologischen und emotionalen Erfahrung sollte der Ritualleiter dem Reisenden erlauben, sich auf einen inneren Reflexionsprozess einzulassen. Wenn der Reisende diese Erfahrung in Worte fasst, kann der Ritualleiter Erkenntnisse bestätigen und geschickte Fragen stellen, um die Erfahrung zu vertiefen. Der Ritualleiter kann den Reisenden behutsam zu Mitgefühl führen und ihn ermutigen, den emotionalen Prozess auszudrücken, während er sich Notizen zu den Erkenntnissen oder beabsichtigten Handlungen für die Zukunft macht.

3) Die Zugehörigkeit wertschätzen Das ist eine positive Erfahrung, bei der ein Reisender merkt, wie wichtig es ist, Teil einer Gemeinschaft zu sein. Man spürt die starke Präsenz anderer, die Liebe und Unterstützung, die da sind, und auch den eigenen Drang, andere zu unterstützen. Man erkennt den eigenen Wert und die eigenen Talente, die von der Gruppe zurückgespiegelt werden. Man kann die Verbindung zur

Gemeinschaft und den eigenen einzigartigen Beitrag wahrnehmen. Die Wertschätzung der Zugehörigkeit zu einer Gemeinschaft aufgrund ähnlicher Interessen oder Aktivitäten kann unerwartete Freude mit sich bringen. Diese Erfahrung der Zugehörigkeit vertieft das Gefühl der Sicherheit in der Welt, denn sobald man mit anderen verbunden ist, durch ein gemeinsames Interesse zusammengeschweißt, kann die damit einhergehende Heilung ein Gefühl der Leere aus früheren Lebensphasen lindern. Für Menschen, die Einzelkinder waren, verwaist sind oder in einer Familie aufgewachsen sind, in der sie vernachlässigt wurden, eröffnet die Erneuerung des Gemeinschaftslebens und die geteilte Freude eine völlig neue Realität.

Wenn diese Zugehörigkeit zu einer Gemeinschaft eine innere Erfahrung ist, wird der Ritualleiter die Tiefe der Einsicht nicht erkennen. Wenn die Person aber darüber spricht, kann der Ritualleiter die Schönheit gemeinschaftlicher Bindungen bestätigen, bekräftigen und widerspiegeln. Halte die Entfaltung in ihrem Geheimnis fest und fördere sie. Der Ritualleiter kann alles, was zum Ausdruck kommt, unterstützen und darauf vertrauen, dass das, was sich entfaltet, fruchtbar sein wird.

4) Weltweite Menschheitsfamilie

> Ich bin ein Kind der Welt. Mein Herz schlägt im Einklang mit anderen. Ich bin das Kind in Tibet, die afrikanische Großmutter und der englische Geschäftsmann. Meine Familie ist die Menschheit. Ich habe diese riesige, bunte und vielfältige Familie gewählt, um in diesem Leben etwas über mich selbst zu lernen. Ich bin die Schwester des Mannes, der Bäume in den abgeholzten Dschungel pflanzt. Ich bin der Vater des Jungen, der in Indien auf der Suche nach Essen in einem Müllhaufen wühlt. Ich bin der verwirrte Geschäftsmann, der Geld als Beweis für seinen Erfolg sieht. Ich bin sie alle. Meine Familie ist komplex und vielschichtig. Liebenswert und schrecklich. Meine Eltern sind alle Menschen, die vor mir da waren. Meine Kinder müssen erst noch geboren werden. Ich bin ein Hologramm des Ganzen. Das Ganze bin ich.
>
> Françoises Reisetagebuch, Juli 1986

Dieses Gefühl, direkt Teil einer weltweiten Familie zu sein, hatte ich schon ganz am Anfang meiner eigenen Erkundungen. Als Kind war ich sehr neugierig auf andere Kulturen und Orte. Als junge Frau fiel es mir leicht, mit Menschen aus anderen Ländern und Kulturen in Kontakt zu kommen. Diese Reiseerfahrung hat mich an meine frühen Gefühle gegenüber anderen erinnert.

Solche Erfahrungen bringen ein tiefes Gefühl der Verbundenheit, Solidarität und Empathie für die Freuden und Leiden anderer mit sich. Der Reisende mag während einer Reise das kollektive Unbewusste erforschen und sogar eine neue kulturelle Identität erleben. Es entsteht eine emotionale Einsicht, dass wir alle dieselben grundlegenden Instinkte für Liebe und Verbundenheit teilen, unabhängig von unserer Kultur oder unserem Standort. Die Aufmerksamkeit gegenüber diesen grundlegenden Instinkten ermöglicht es uns, die Verbundenheit aller Wesen zu spüren. Es entsteht ein Gefühl der Zugehörigkeit, das über persönliche Interessen hinausgeht und auf menschlichen Werten und unserem gemeinsamen planetarischen Bewusstsein basiert.

Der Ritualleiter kann diese Erfahrung der Zugehörigkeit und die damit verbundene Selbstermächtigung bestätigen, indem er nach Wegen sucht, wie die Erkenntnisse entfaltet und weiter erforscht werden können. Er kann zuhören und reflektieren, bestätigen und dem Reisenden helfen, tiefer in die Erfahrung einzutauchen und Erkenntnisse in Handlungen umzusetzen. Wie fühlt es sich emotional und körperlich an, diese Erkenntnis zu haben? Verbinde die Punkte.

UMWELTBEZOGENE ERFAHRUNGEN

In erweiterten Bewusstseinszuständen denken Reisende oft intensiv über ihre Umwelt nach. Die erste Stufe dieser Erkundung besteht darin, das eigene Zuhause als Spiegelbild der eigenen inneren Welt zu betrachten. Ist es gepflegt, vernachlässigt, unordentlich oder aufgeräumt? Die Tendenz, Dinge in einer Ecke zu stapeln, kann darauf hindeuten, was in der eigenen Psyche vernachlässigt wird. Müll, der auf der Küchentheke liegt, kann dazu führen, dass man sich fragt, ob in der Psyche vielleicht Schattenmaterial gärt. Viele Leute berichten, dass sie in einem erweiterten Zustand inspiriert sind, ihren Wohnraum aufzuräumen und zu organisieren. Andere erkennen vielleicht, wie wichtig eine angenehme Umgebung ist und wie die Schönheit, die ihren Alltag umgibt, sie nährt. Man kann sehen, wie sich die Aufmerksamkeit oder Vernachlässigung des eigenen Wohnraums auf die Beziehung zu sich selbst auswirkt.

Die nächste Stufe beschäftigt sich mit der Beziehung zur Natur. Diese Einsicht stellt sich schnell ein, vor allem wenn das Ritual Elemente der Natur enthält, auf alten schamanischen Praktiken basiert oder draußen stattfindet. Der Reisende fühlt sich vielleicht mit dem Planeten und allen seinen Bewohnern verbunden. Er erkennt möglicherweise die tiefe Realität der gegenseitigen Abhängigkeit aller Lebewesen und wird sich zum ersten Mal bewusst, wie sehr sein Überleben vom empfindlichen Ökosystem der Erde abhängt. Vielleicht fühlt er sich sogar als Teil des Planeten, als ein wandelnder, sprechender Spross dieser Erde.

In Traditionen, die Pflanzenmedizin nutzen, nimmt der Reisende einen Teil einer Pflanze oder eines Pilzes ein. Er nimmt die lebendige Umwelt buchstäblich als Sakrament in seinen Körper auf. Was bedeutet es, die Natur auf so intime Weise in sich aufzunehmen und mit ihr zu kommunizieren? Wie kann man die Natur als Lehrerin einladen?

Die folgenden Kategorien umfassen einige umweltbezogene Erfahrungen, die in erweiterten Bewusstseinszuständen auftreten können:

1) Der Schmerz, in einer vergifteten Umwelt zu leben
2) Unsere Verantwortung für die Natur erkennen
3) Eins werden mit den Elementen
4) Die Intelligenz der Natur wahrnehmen

1) Der Schmerz, in einer vergifteten Umwelt zu leben Diese Erfahrung macht uns bewusst, dass unser Zuhause als unmittelbares Umfeld unsere Stimmung und unseren mentalen Zustand beeinflusst. Man erkennt, wie sich ein unordentlicher, schmutziger und ungepflegter Wohnraum auf unser Wohlbefinden auswirkt. Sich in einem schönen, gepflegten Raum zu bewegen, kann das Bewusstsein für den Zustand des eigenen Zuhauses wecken.

In einem erweiterten Zustand kann man sich auch deprimiert fühlen angesichts der Verschmutzung und Zerstörung unseres Planeten. Es können Visionen von ökologischer Verwüstung auftauchen – Ölkatastrophen, Wasserverschmutzung oder tote Wildtiere. Der Reisende kann Verzweiflung, Hilflosigkeit, Angst oder Wut empfinden. Dies ist eine bedeutungsvolle, unverfälschte Erfahrung, da sie eine Konfrontation mit der Realität darstellt, der die meisten von uns normalerweise ausweichen.

Diese Realität kann einfach zugelassen und vom Ritualleiter reflektiert werden. Ja, es ist schrecklich. Ja, es ist völlig normal, sich schrecklich und gequält zu fühlen angesichts der Zerstörung unseres Planeten. Am besten ist es, den Reisenden mit diesen Gefühlen in Kontakt kommen zu lassen, damit er sie voll und ganz ausdrücken kann, anstatt sie zu beschwichtigen.

2) Unsere Verantwortung für die Natur erkennen

Als ich an diesem Tag auf meiner Visionssuche im Wald saß, hörte ich einfach nur zu. Ich konnte den Wind leicht durch die Bäume rauschen hören und den Tau auf den Blättern, der von Durst und Wasser erzählte. Ich hörte die Fliegen um mich herum summen und eine Symphonie aus Geräuschen anstimmen. Dann, als wäre er von weit her zu meinen Ohren gelangt, hörte ich einen weiteren Ruf, einen Ruf voller Schmerz und Krankheit. Dieser Ruf kam von der Erde selbst. Jedes Mal, wenn Müll in ihre Flüsse geworfen wird, wenn die Verschmutzung die Schmetterlinge daran hindert, ihr Zuhause zu finden, oder wenn das Öl aus den Tiefen ihres Körpers gefördert wird, weint sie. Was für ein Schmerz! Was für eine Traurigkeit sie empfindet, und in diesem Moment fühle ich es mit ihr. Sie vertraute ihren Kindern, aber sie haben sich nicht um sie gekümmert. Sie ist zu einer Ressource geworden, die ausgebeutet wird. Was soll ich damit machen? Was KANN ich damit machen? Ich bin so eine kleine Figur in diesem Albtraum der Zerstörung. Während ich die Brise spüre, die durch die Bäume weht und mein Gesicht küsst, spüre ich die Reinheit ihres Herzens und meines eigenen. Ich werde tun, was ich kann. Ich werde sie nicht im Stich lassen. Ich werde bleiben und zuhören und die kleinen Dinge tun, die ich tun kann.

Françoise's Reisetagebuch, Juni 1999

Diese Visionssuche hat mir gezeigt, wo ich nicht im Einklang mit meiner Umwelt war und wie ich das ändern kann. Diese Erkenntnis und meine Erfahrung, mich mit der Erde verbunden zu fühlen, haben mich darin bestärkt, mich weiter zu engagieren und dort, wo ich lebe und arbeite, für Harmonie und Balance zu sorgen. In meinem direkten

Umfeld habe ich das umgesetzt, indem ich Unordnung beseitigt, meinen Wohnraum verschönert und mehr darauf geachtet habe, was ich konsumiere und wie es verpackt ist.

Ein Reisender könnte sich emotional aufgewühlt fühlen angesichts dessen, was die Menschheit der Erde antut, und sich immer mehr dazu verpflichtet fühlen, mehr für sie zu tun. Diese Erinnerung an die richtige Beziehung zur Erde führt dazu, dass wir uns für das, was mit dem Planeten als Ganzes geschieht, verantwortlich fühlen und Entscheidungen treffen, die sich positiv auswirken. Diese auf Einsichten basierenden Entscheidungen schaffen eine Verbindung zwischen Gedanken, Gefühlen und Handlungen, da man erkennt, dass nur durch richtiges Handeln die Gesundheit und das Überleben des Planeten gefördert werden können. Dieses persönliche Engagement stärkt das Gefühl des Reisenden, zur Erde als intelligentem Lebewesen zu gehören. Dies ist eine kraftvolle Erfahrung von Mitgefühl und Selbstermächtigung.

Abhängig vom Kontext des Rituals können diese Einsichten mit einem Ritualleiter oder einer Gruppe geteilt werden. In diesen kraftvollen Momenten der Klarheit können Gefühle ausgedrückt und Entscheidungen getroffen werden. Der Ritualleiter kann Unterstützung leisten, indem er dieses wachsende Bewusstsein bekräftigt und den Reisenden dazu einlädt, sich mit seiner gesteigerten Klarheit und Entschlossenheit noch intensiver auf die Reise einzulassen.

3) Eins werden mit den Elementen Sich mit der Natur zu verbinden, kann eine Erfahrung sein, bei der man seine Gestalt verändert und eine enge Beziehung zur Natur aufbaut. Diese Erfahrungen können einem Menschen ein tiefes Verständnis für die Kraft der Naturelemente wie Regen, Meer, Pflanzen, Felsen oder Tiere vermitteln. Der Zugang zu dieser Intelligenz ist eine lebensverändernde Erfahrung, da sie einem Menschen ermöglicht, eine tiefe Verbundenheit mit der Natur zu spüren.

Eine direkte Erfahrung der Natur kann in vielerlei Hinsicht lebensverändernd sein; die Kraft der Elemente kann während der Integrationsarbeit ein wichtiger Anhaltspunkt sein. Zum Beispiel kann jemand erkennen, wie er – wie Wasser – mehr im Fluss sein kann oder wie er – wie ein Berg – lernen kann, geduldig mit Veränderungen umzugehen. Der Reisende kann die vielen Gemeinsamkeiten erkennen, die Menschen mit allen Erscheinungsformen der Natur teilen. Dies kann dazu ermutigen, sich den Zyklen und Jahreszeiten hinzugeben und wiederum das Zugehörigkeitsgefühl zu stärken. Diese Erfahrung hat die Kraft, Gefühle der Vereinsamung zu heilen und den Schmerz der Entfremdung zu lindern.

Auch hier gilt: Je innerlicher die Erfahrung ist, desto schwieriger kann es sein, diese innige Verbundenheit von außen wahrzunehmen. Ein Ritualleiter kann intuitiv spüren, dass die Person einen Zustand der Ekstase und der weitreichenden Öffnung erreicht hat, doch bleibt es vielleicht unmöglich, die Quelle dieser Freude zu identifizieren. Der Ritualleiter sollte dem Geheimnis dessen, was sich im Reisenden abspielt, gegenüber bewusst bleiben. Wenn die Person die Tiefe ihrer Verbindung mit der Natur vermitteln kann, kann der Ritualleiter sie bestätigen und ermutigen, sich zu bewegen, zu atmen, zu singen oder zu tanzen, um das Entdeckte auszudrücken.

4) Die Intelligenz der Natur wahrnehmen Ein Reisender kann sich vielleicht mit der inneren Intelligenz der Natur, ihren Rhythmen und Heilkräften verbinden und sehen, wie sie sich selbst regeneriert und heilt. Ein Reisender kann wahrnehmen, wie eine Wolke einen weit entfernten Kontinent beeinflussen kann, wie die Natur sich durch Dürren und Überschwemmungen selbst ausgleicht, sogar in einem Zustand des Ungleichgewichts aufgrund der globalen Erwärmung. Ein Reisender könnte die Intelligenz des riesigen Organismus, der unsere Erde ist, all ihre Beziehungs- und Kommunikationsnetzwerke und ihre Kraft als Matrix der Schöpfung wahrnehmen. Es kann zu Einsichten in das Auf und Ab der natürlichen Welt als Metapher für das Auf und Ab des Lebens kommen. Es ist eine direkte Erfahrung der Intelligenz der Natur, ihrer Jahreszeiten, ihres Wetters, ihrer Landschaften, ihrer Flora und Fauna und wie ihre unterirdische Welt das Leben an der Oberfläche beeinflusst. Dies kann Demut und Respekt hervorrufen. Es kann auch eine direkte Lehre sein, wie wir als Menschen lernen können, diese Rhythmen auf unser Leben anzuwenden.

Das Bewusstsein für die Größe der Intelligenz, Macht und Schöpfungskraft der Natur kann bei manchen Menschen Ehrfurcht, bei anderen Angst auslösen. Der Ritualleiter sollte darauf vorbereitet sein, mögliche Gefühle der überwältigenden Demut zu unterstützen, ohne sie zu behindern. Körperliche Unterstützung und eine ruhige Präsenz sind hilfreich. Um Raum für eine so große Erfahrung zu schaffen, muss der Ritualleiter selbst zentriert sein.

Ob wir nun Reisender oder Ritualleiter sind, mit der Zeit verstehen wir, dass die Erfahrungen, die wir in erweiterten Bewusstseinszuständen machen, eine natürliche Antwort auf das sind, was sich entfalten muss. Ein Reisender erlebt das, wozu seine Psyche bereit ist.

Sobald sich eine bestimmte Art von Erfahrung manifestiert, begleitet ein Ritualleiter sie. Ein erfahrener Ritualleiter erkennt schnell, wie richtig und zeitgemäß eine bestimmte Erfahrung ist. Ein Reisender ist vielleicht verwirrt darüber, warum eine bestimmte Erfahrung stattgefunden hat. Der Ritualleiter ist da, um dabei zu helfen, eine Erfahrung im Zusammenhang mit der ursprünglichen Absicht zu verstehen. Manchmal kann der Ritualleiter erst im Nachhinein erkennen, wie das Erlebte mit der Absicht zusammenhängt. Darin liegt die Kunst des Ritualleiters.

Ich habe viele Reisen mit erweitertem Bewusstsein beobachtet, auf die spektakuläre Veränderungen folgten. Immer wieder habe ich die Heilung und das Wachstum erlebt, die jede Erfahrung mit sich bringt. Niemand versteht ganz, was in diesen Bereichen passiert. Manchmal ist die Erfahrung sichtbar, kann in Worte gefasst und ausgedrückt werden, während sie sich zu anderen Zeiten, insbesondere bei der Verwendung von Entheogenen, in der inneren Welt des Reisenden abspielt und vom Ritualleiter während der Erfahrung selbst nicht gesehen oder wahrgenommen wird. Trotzdem hat die Entfaltung etwas Perfektes. Erweiterte Bewusstseinszustände führen den Reisenden zur Ganzheit. Was auch immer im Leben gepflegt oder gestutzt werden muss, um sich weiterzuentwickeln, wird an die Oberfläche kommen. Bei diesem Prozess geht es nicht darum, sofortige Befriedigung oder Glück zu finden. Jede Erfahrung hat einen bestimmten Zweck, nichts ist zufällig. Im Grunde leitet die innere Weisheit des Reisenden den Prozess.

12

NACH HAUSE ZURÜCKKEHREN

Die Kunst der Integration

Letztendlich gestalten wir unser Leben selbst und formen uns selbst. Dieser Prozess hört erst auf, wenn wir sterben. Und die Entscheidungen, die wir treffen, sind letztlich unsere eigene Verantwortung.
ELEANOR ROOSEVELT[1]

Mein Klient Joel kam zu einer Integrationssitzung, nachdem er drei Wochen lang allein in einer Hütte in völliger Stille verbracht hatte. Er erzählte mir, dass es eine Herausforderung gewesen sei. Er habe sich manchmal unruhig gefühlt, dann wieder friedlich und still. Am Ende des Retreats habe er ein sanftes Gefühl der Gelassenheit gegenüber sich selbst und der Außenwelt verspürt. Er habe viele Beziehungen in seinem Leben überdacht, was ihm neue Erkenntnisse gebracht habe. Er suchte mich auf, um Unterstützung für die Integrationsphase nach seinem Retreat zu bekommen. Es war ihm wichtig, die vielen Erkenntnisse, die er gewonnen hatte, die Emotionen, die er gefühlt hatte, und sein neues Gefühl der Gelassenheit irgendwie zum Ausdruck zu bringen.

Als wir überlegten, wie er sich ausdrücken könnte, kam ihm die Idee, ein Lied zu schreiben, es aufzunehmen und an die Menschen zu schicken, die ihn während seines Retreats »besucht« hatten. Er spielte Gitarre, aber Singen war neu für ihn. Das schien ihm eine schöne Möglichkeit zu sein, seine Verbindung zu ihnen zu würdigen und gleichzeitig kreativ zu sein. In der folgenden Woche kam er mit seiner Gitarre zurück und sang mir sein Lied vor; es war eine wunderbare Zusammenfassung seiner tiefsten Gefühle. Er verschickte sein Lied und überraschte seine Familie und seine Freunde, die eine Seite von Joel zu sehen bekamen, die sie bisher nicht kannten.

Erweiterte Bewusstseinserfahrungen wie die von Joel können Wachstum in unserem Leben anstoßen und uns neue Möglichkeiten aufzeigen. Eine Reise kann zwar innere Muster und Glaubenssätze verändern, aber das heißt nicht unbedingt, dass sich die äußere Realität verändert. Langfristigere Effekte zeigen sich während und durch den Integrationsprozess.

In indigenen Kulturen, wo Rituale Teil des Alltags sind, ist der Bedarf an bewussten Integrationspraktiken geringer. Die Gemeinschaft nimmt oft als Gruppe an Ritualen teil, und jeder Einzelne wird wahrscheinlich von Freunden und Familie unterstützt.

Derjenige, der das Ritual leitet, die lokale Curandera oder der Schamane, lebt oft im Dorf und kann ein Auge auf die Anwesenden haben. In unserer modernen, industrialisierten Welt werden Rituale und Rituale zwar in vielen Gemeinschaften und Kulturen immer beliebter, aber viele Reisende kehren nach einer außergewöhnlichen Erfahrung zu ihrer Familie, ihrer Arbeit oder ihrer Schule zurück und stellen fest, dass sie dort nur wenig Wertschätzung oder Verständnis finden. Dadurch haben viele Reisende nur wenige Menschen, mit denen sie sich verbinden können, und fühlen sich möglicherweise allein gelassen. Daher müssen wir den Integrationsprozess bewusst gestalten, um diese Erfahrungen bestmöglich zu würdigen.

Eine außergewöhnliche Erfahrung, sei es durch ein Ritual mit einem psychedelischen Sakrament, eine Ritual, eine Visionssuche oder ein Retreat, kann an sich schon ein wertvolles Ereignis sein. Es hat etwas von sich aus Wertvolles, sich dem Geist hinzugeben, eins mit dem Kosmos zu sein und die Muster des Universums zu verstehen. Aber die eigentliche Frage ist: Was bringt das für unser tägliches Leben? Wie macht es uns ganzer, ausgeglichener und wacher? Was bringt es, Gott zu sehen, wenn man nicht nett zu seinem Partner sein kann? Was bringt es, die Erde als lebendigen Organismus zu sehen, wenn man trotzdem seine Wäsche mit Bleichmittel wäscht? Was bringt es, zu erkennen, dass alle Wesen miteinander verbunden sind, wenn man einem Obdachlosen nicht in die Augen schauen kann?

Meine Erfahrung als somatische Beraterin und Hakomi-Therapeutin hat mir gezeigt, wie wichtig es ist, das Unsichtbare auf greifbare Weise auszudrücken. Ich bin davon überzeugt, dass die Erkenntnisse, die wir durch die Erkundung unseres Bewusstseins gewinnen, unser tägliches Leben bereichern können und durch konkrete Handlungen zum Ausdruck gebracht werden sollten. Heilungen und Lehren müssen weiterverfolgt und umgesetzt werden.

Integration ist der Prozess, bei dem einzelne Elemente zu einem Ganzen zusammengefügt werden. Für uns ist es die Kunst, das Außergewöhnliche in das Alltägliche einzuflechten – die mythischen und symbolischen Ebenen einer Reise zu interpretieren, ihre Geschenke und Schätze zu enthüllen und sie in unserem Leben zu verankern.

Wenn die Absicht eines Menschen der Same dessen ist, was er in sein Leben ruft, und eine Reise das Ritual ist, das diesen Samen zum Keimen bringt, dann ist Integration die Nahrung, die ihm hilft, gesund zu wachsen. Wenn du dich nicht dazu verpflichtest, den lebendigen, sich entwickelnden Prozess, der dein Leben ist, zu pflegen, wird es niemand tun. Wenn wir uns dem Prozess der Integration verpflichten, ehren wir die Transformation, die stattgefunden hat.

Die Phase der Integration kann ein paar Tage, ein paar Monate oder ein ganzes Leben dauern, je nachdem, was man auf der Reise erlebt hat und wie groß die Offenbarung war. Erinnerungen, Eindrücke oder Momente können uns noch Jahre später besuchen und uns endlich den Aha-Moment bringen, warum eine bestimmte Vision oder Erkenntnis aufgetaucht ist und wie sie in das Gesamtbild unseres Lebens passt. Da wir in den Tagen und Wochen nach einer Reise in einen erweiterten Bewusstseinszustand psychologisch anpassungsfähiger sind, ist dies der beste Zeitpunkt, um praktische Veränderungen einzuführen und neue Erkenntnisse in unserem Leben zu verankern.

Was passiert ohne Integration? Meistens verblasst das, was während der Reise klar schien, langsam wie ein Traum, wenn alte Gewohnheiten und Tendenzen zurückkehren. Manchmal kann das Fehlen einer Integration zu Orientierungslosigkeit führen, da erweiterte Bewusstseinszustände bisher unbekannte und möglicherweise schmerzhafte Schichten der Psyche offenlegen können. Es sind Menschen in einem Zustand schwerer Orientierungslosigkeit in meine Praxis gekommen, nachdem sie intensive Erfahrungen in erweiterten Bewusstseinszuständen gemacht hatten, die sie nicht verarbeiten konnten. Ihre Absicht, Zugang zum transpersonalen Bereich zu erhalten, konfrontierte sie mit komplexen Teilen ihrer selbst. Ohne die notwendige Unterstützung und Integrationsfähigkeiten, um diese inneren Zustände zu verstehen, waren sie erschrocken, hatten Albträume oder wurden ängstlich oder depressiv und waren nicht mehr in der Lage, ihr tägliches Leben zu bewältigen. Was eine bedeutende innere Transformation hätte sein können, führte stattdessen zu einem destabilisierten Zustand.

Es ist eine Schande für die Kraft dieser inneren Arbeit, sich nicht die Zeit zu nehmen, das, was man entdeckt hat, zu verarbeiten. Ohne richtige Nachbereitung wird die Reise nur zu einer weiteren flüchtigen Erfahrung und verliert ihre Kraft. Es ist schade, ein solches Wachstumspotenzial zu verschwenden. Wenn die Erfahrung aus dem unmittelbaren Gedächtnis des Reisenden verblasst, ist es die Entschlossenheit zur Integration, die dafür sorgt, dass die Lehren und Erkenntnisse weiterhin alle Aspekte seines Lebens beeinflussen.

DIE ROLLE DES RITUALLEITERS IN DER INTEGRATIONSPHASE

Wenn jemand anfängt, erweiterte Bewusstseinszustände als Heilmethode zu erkunden, weiß er noch nicht, welche persönlichen Bereiche er dabei erleben wird, wie wichtig die Integration ist und wie die ganze Methode funktioniert. Deshalb ist es am besten, wenn der Integrationsprozess von einem Ritualleiter begleitet wird, der eng mit dem Reisenden zusammenarbeitet.

Der Ritualleiter, der wahrscheinlich den Vorbereitungsprozess und das Ritual begleitet hat, sollte sich innerhalb einer Woche nach der Reise mit dem Reisenden zu einer ersten Integrationssitzung treffen. Viele Reisende brauchen in dieser Integrationsphase noch Unterstützung. Der Ritualleiter kann dabei helfen, die verschiedenen Ebenen der Erfahrung miteinander zu verbinden und den Integrationsprozess weise und effizient zu begleiten. Wenn der Ritualleiter kein Therapeut ist und die Reise psychologische Ebenen berührt, sollte er dem Reisenden helfen, angemessene psychologische und emotionale Unterstützung zu finden.

Während der Integrationsphase ist es die Aufgabe des Ritualleiters, zu erkennen, wie die Absicht mit dem Inhalt einer Erfahrung zusammenhängt, diese Zusammenhänge zu reflektieren, die aufgetauchten Elemente zu vertiefen und gemeinsam mit dem Reisenden auftauchende Themen zu verfolgen. Natürlich wird Material aus dem

Unbewussten des Reisenden auftauchen, das der Ritualleiter nicht versteht. Das ist in Ordnung. Es ist wichtiger, dass der Ritualleiter weiß, wie er einen Reisenden in seinem eigenen Verständnisprozess unterstützen kann, als mögliche Bedeutungen zu erfinden. Ähnlich wie bei der Traumdeutung gibt es kollektive Archetypen und universelle Bedeutungen, die hilfreich sein können. Gleichzeitig hat jeder Mensch sein eigenes Symbolwörterbuch, das mit persönlichen Bedeutungen aus seinem Leben gefüllt ist. Der Ritualleiter sollte den Reisenden zur Selbstreflexion ermutigen, dabei seine Intuition und seinen objektiven Verstand im Blick behalten und gegebenenfalls behutsame Vorschläge machen.

Ein Ritualleiter sollte alles unterstützen, was sich auf natürliche Weise entwickelt, anstatt den Prozess zu drängen, sich sofort auf die praktischen Aspekte der Integration zu konzentrieren. Wenn jemand zum Beispiel nach einer Reise emotional sehr empfindlich ist, gehört es zur Aufgabe des Ritualleiters, sanft unterstützend zu bleiben, während diese Empfindlichkeit ihren Ausdruck findet. In einem Moment der Tränen präsent zu sein, kann hundertmal hilfreicher sein, als sich in einen kognitiven Prozess zu stürzen, um den Inhalt einer Reise zu verstehen.

Ich möchte noch einmal betonen, dass der gesamte Integrationsprozess von Weisheit, Kreativität und Liebe geprägt sein muss. Ein Ritualleiter muss kreativ sein und sich an die individuellen Bedürfnisse eines Reisenden anpassen, dabei aber auch weise und aufmerksam gegenüber Grenzen und Beschränkungen bleiben. Schließlich sollte die Hauptmotivation des Ritualleiters darin bestehen, den gesamten Prozess mit liebevoller Fürsorge zu begleiten. Je mehr ein Ritualleiter diese Eigenschaften zum Ausdruck bringt, desto mehr gibt er sie an den Reisenden weiter. Mit der Zeit verinnerlicht der Reisende die Unterstützung und Führung, die ihm von seinem Ritualleiter angeboten wird, und sein eigener innerer Führer wird besser zugänglich.

Achtung: Wenn du keinen Ritualleiter hast

Wenn du eine erweiterte Bewusstseinserfahrung ohne Ritualleiter machst, solltest du danach zumindest mit einem Freund darüber reden, damit du deine Erfahrung teilen kannst, jemand da ist, der dich versteht, und du Unterstützung bekommst. Schotte dich nicht ab, wenn du vage oder irritierende Inhalte verarbeitest, die dich verwirren oder verunsichern. Es gibt Integrationsgruppen, die hervorragende Unterstützung bieten. Erfahrene Therapeuten, Psychologen und Mentoren können dir mit ihrem Fachwissen zuhören, damit du deine Reise besser verstehen kannst. Diese Personen können dir helfen, die wertvollen Erkenntnisse aus deiner Erfahrung zu erkennen und sie in dein Leben zu integrieren.

INTEGRATIONSRAHMEN

Der Integrationsprozess funktioniert am besten als dreiteiliger Prozess mit Unterstützung. Der erste Schritt ist die Rückkehr. Der Reisende erzählt seine Geschichte, während der Ritualleiter seine ursprüngliche Absicht im Kopf behält. Im zweiten Schritt geht es darum, die Art(en) der Erfahrung zu erkennen, die sich gemäß den Kategorien der transformativen Erfahrung gezeigt haben. Der dritte Schritt besteht darin, konkrete Übungen und Praktiken zu entwickeln, um die weitere Integration zu unterstützen.

Obwohl es Ausnahmen gibt, rate ich in den meisten Fällen davon ab, ohne einen ausgebildeten Ritualleiter, Lehrer oder Mentor in einen erweiterten Bewusstseinszustand einzutreten. Wer jedoch keinen Zugang zu einem Ritualleiter hat und sich dennoch für eine Reise entscheidet, kann den folgenden Rahmen nutzen, um allein oder mit einem Freund einen individuellen Integrationsplan zu erstellen.

Die Rückkehr

Die Rückkehr beginnt, wenn sich der Ritualleiter ein paar Tage nach der Reise mit dem Reisenden trifft. Ich fange immer damit an, das Bewusstsein auf den gegenwärtigen Moment zu lenken. Wie fühlt sich der Reisende jetzt körperlich, emotional und psychisch? Der Ritualleiter sollte vergleichen, wie der Reisende vor der Erfahrung war und wie er sich danach fühlt.

Der Reisende kann sich dann an die Absicht erinnern, die er vor der Reise formuliert und benannt hat, und sie wiederholen. Diese Absicht ist der Keim der Erfahrung selbst. Durch das Erinnern an die Absicht entsteht ein unsichtbarer Faden. Das Wiederholen der Absicht gibt dem Inhalt der Erfahrung einen Kontext und lässt eine tiefere Bedeutung entstehen.

Dann bitte ich den Reisenden, zu erzählen, was während des Rituals passiert ist. Während ich der Erzählung der Reise zuhöre, achte ich genau darauf, was gefühlt oder gesehen wurde. Wenn Menschen die Geschichte ihrer Reise erzählen – sei es ein Ritual, eine Auszeit oder eine Visionssuche –, entstehen weitere Ebenen der Erkenntnis, da das Gewahrsein auf die erlebten Empfindungen, Bilder, Erinnerungen oder Zustände gelenkt wird. Der Akt des verbalen Ausdrucks beginnt, das, was zuvor vielleicht abstrakt empfunden wurde, in eine Form zu bringen. Wie beim Erinnern eines Traums mag es sich zunächst verschwommen und weit weg anfühlen, doch wenn es in den Vordergrund der Aufmerksamkeit gerückt wird, fügen sich die Teile zusammen und die Erzählung gewinnt an Kohärenz.

Die Erfahrung erkennen

Während der Rückkehr hört der Ritualleiter dem Reisenden aufmerksam zu und erinnert sich an das, was er beobachtet hat. Er sollte darauf achten, welche Gefühle, Empfindungen, Gedanken, Einsichten oder Visionen erlebt wurden. Daraus kann der Ritualleiter schließen, welche Kategorien von Erfahrungen gemacht wurden. Was scheint das Thema der Reise zu sein? Manche Erfahrungen sind ganz klar körperlicher Natur, andere sind emotional oder erreichen tiefere unbewusste Schichten. Manche Erfahrungen berühren das spirituelle Verständnis, während andere sich um unsere Beziehungen, unsere Familie oder die Menschheit im Allgemeinen drehen. Manche Erfahrungen haben mit der Umwelt und der Verbindung zur Erde zu tun. Wenn die Reise mehrere Aspekte berührt hat, was scheint dann im Vordergrund zu stehen? Ich frage mich: »Was habe ich beobachtet und was habe ich gefühlt, während ich den Reisenden begleitet habe? In welcher Beziehung stehen die ersichtlichen Themen zur Absicht des Reisenden?« Ein erfahrener Ritualleiter verfügt über Fragen, Werkzeuge und eine ausgeprägte Intuition, die ihm helfen, den Inhalt einer Reise zu entschlüsseln und mit der ursprünglichen Absicht in Verbindung zu bringen.

Es ist unmöglich, allgemeine Aussagen über den Inhalt von Reisen und die Bedeutung der Erfahrungen einzelner Personen zu treffen. Die angeborene Weisheit der Psyche leitet den Prozess auf oft mysteriöse Weise. Jemand, der die spirituelle Dimension seines Lebens erweitern möchte, kann leicht eine qualvolle körperliche Erfahrung machen, bei der sein Körper mit den Schmerzen konfrontiert wird, die durch unbewusste Spannungen verursacht werden. Die körperlichen Symptome können als intelligente Kommunikation interpretiert werden, die vermittelt, dass die Muster der Verkrampfung, die möglicherweise auf einen Mangel an Sicherheit in der Kindheit und die daraus resultierende Angst zurückzuführen sind, sich verändern müssen, bevor eine spirituelle Erweiterung stattfinden kann.

Einer meiner Mentoren meint: »Das Besondere an Reisen ist, dass sie alle Ausnahmen sind.« Es gibt keine zwei Menschen mit derselben Konstitution oder derselben Lebensgeschichte. Jeder wird eine einzigartige Erfahrung machen. In all den Jahren, in denen ich Menschen bei verschiedenen inneren Erkundungsreisen begleitet und unterstützt habe, hat sich eine Wahrheit immer wieder bestätigt: Es gibt keine zufälligen Erfahrungen; alle Reisen bieten genau die richtige Lektion für den Moment, auch wenn sie zunächst verwirrend sind. Manche Erfahrungen werden leicht sein, andere herausfordernd; alle sind wertvoll.

Entwicklung und Anwendung von Integrationspraktiken

Unter Berücksichtigung der Absicht und der Erzählung der Reise sowie der Kategorien von Erfahrungen, auf die zugegriffen wurde, können der Ritualleiter und der Reisende Integrationspraktiken entwickeln, mit denen die Entwicklung der aufgetauchten Themen unterstützt wird. Auch wenn sich in der Erfahrung eines Reisenden ein oder mehrere offensichtliche Themen herauskristallisieren, ist es äußerst wichtig, sich daran zu erinnern, dass eine ganzheitliche Integration die Einbeziehung aller fünf Aspekte des Lebens erfordert. Der Ritualleiter sollte darauf achten, diese anderen Dimensionen bei der Entwicklung der Praktiken zu berücksichtigen. Wenn man einen Aspekt des Lebens im Integrationsprozess zu stark betont, besteht die Gefahr, dass man unbeabsichtigt ein Ungleichgewicht im Leben des Reisenden schafft. Ein neues leidenschaftliches Engagement kann ein neues Ungleichgewicht schaffen. Ein Ritualleiter sollte während des Integrationsprozesses die gesamte Gestalt des Reisenden im Auge behalten und die heilende Absicht auf alle Aspekte seines Lebens ausdehnen.

Wie bei diesem ganzen Ansatz sollten auch bei der Entwicklung integrativer Praktiken Weisheit, Kreativität und Liebe eine Rolle spielen, da der Ritualleiter dem Reisenden hilft, den besten Weg zu finden. Diese Erkenntnis erfordert Weisheit. Die Praktiken sollten kreativ gestaltet sein. Aber die wichtigste Eigenschaft, auf die man in der Integrationsphase zurückgreifen sollte, ist Liebe. Mit Liebe meine ich eine Haltung des Mitgefühls und des Sanftmuts. Manchmal ist es am mitfühlendsten, jemandem die Wahrheit direkt zu sagen. Unabhängig davon sollten Liebe und Unterstützung immer im Mittelpunkt der Motivation eines Ritualleiters stehen.

Vorschläge zur Integration sollten machbar sein und sich gut anfühlen. Sie sollten nicht wie eine Last wirken oder Stress verursachen, auch wenn sie anfangs vielleicht etwas ungewohnt sind. Wenn tägliche Meditation für jemanden nicht realistisch ist oder er sich dagegen sträubt, könnte man es vielleicht mit Meditation jeden zweiten Tag oder einmal pro Woche versuchen. Ein Ritualleiter sollte realistisch sein, damit der Reisende die vereinbarten Übungen auch einhalten kann. Fange klein an. Die Übungen können nach ein oder zwei Wochen gesteigert werden, wenn sie sich leicht in den Alltag integrieren lassen. Ein Spaziergang im Park einmal pro Woche, eine Tasse Kräutertee am Nachmittag oder alle paar Tage etwas in ein Tagebuch schreiben, das ist leicht umzusetzen. Wenn jemand sich in seinen neuen Übungen stabilisiert hat und sich dadurch bereichert fühlt, kann er sie weiter ausbauen.

Nach einem Treffen mit mir nach der Reise flog eine meiner Klientinnen nach Florida, um sich ihrem gewalttätigen Vater zu stellen. Während ihrer Erfahrung hatte sie den Körper ihres Vaters auf dem Körper ihres kleinen Kindes gespürt. Sie hatte sich körperlich erstickt und wütend gefühlt. Seit sieben Jahren hatte sie keinen Kontakt mehr zu ihm. Er lag nun im Sterben, und sie hatte das Gefühl, dass die Zeit drängte. Sie erzählte mir, dass er schwach und bettlägerig war, als sie in Florida ankam. Sie stand am Fußende seines Bettes und erzählte ihm, woran sie sich erinnerte. Sie sagte ihm, dass sie wütend sei und fragte ihn, was er dazu zu sagen habe. Als er nichts sagte, stand sie da und starrte ihn schweigend an. Sie spürte, wie Kraft durch ihre Adern floss, die Kraft, die sie als Kind unterdrückt hatte. Sie war frei von dem Geheimnis, dem »Nicht-Erzählen«, auf das er bestanden hatte, als sie klein und verängstigt war. Als sie ihm jetzt gegenüberstand, fühlte sie sich frei von seiner Einschüchterung. Sie fragte ihn erneut, ob er ihr etwas zu sagen habe. Er senkte den Blick und antwortete beschämt: »Nein.« Sie ging weg. Sie meinte, sie fühle sich nun endlich vollständig.

Integrative Praktiken sollten bewusst und praktisch sein. Sie können herausfordernd und befreiend sein – jemanden wie meine Klientin konfrontieren oder Wut freisetzen. Sie können sanft und verletzlich sein – einen Verlust durch ein Ritual betrauern, meditieren, lesen oder einen Brief an das innere Kind schreiben. Sie können Spaß machen und Freude bereiten – in den Wellen laufen oder mit einem Freund tanzen gehen. Sie können fröhlich sein – malen, singen oder einfach Zeit mit unseren Lieben verbringen.

Ein Ritualleiter braucht nicht zu argumentieren, wenn Widerstand aufkommt. Wenn es Widerstand gegen vorgeschlagene Veränderungen gibt, dann erkunde ihn. Arbeite mit der Angst des Reisenden vor dem, was passieren wird, *wenn er sich verändert*. Das Thema Widerstand ist real. Wir alle haben schon einmal etwas gelernt und dann wieder aufgegeben. Wir fanden es großartig, und dann haben wir festgestellt, dass wir es nicht mehr tun. Wir wollen einen engagierten Dialog mit dem Reisenden aufbauen, damit er nicht vereinsamt oder sich entmutigt fühlt. Vielleicht stellt er fest, dass er die Übung nicht mag oder kreativer sein muss und etwas tun muss, das ihn auf andere Weise unterstützt. Bleib bei den Aspekten, die während der Erfahrung angesprochen wurden, und entwickle Integrationsübungen, die zum spezifischen Inhalt der Reise passen.

Es gibt einen Autoaufkleber mit der Aufschrift: »Mach es aus Pflicht, bis du es aus Liebe machst.« Ein Ritualleiter hilft dem Reisenden dabei, sich den Integrationspraktiken nicht aus Pflichtgefühl zu widmen, sondern weil es für ihn das Richtige ist. Das basiert nicht auf irgendeinem moralischen Konzept, sondern auf der persönlichen Integrität des Reisenden als jemand, der auf seinem persönlichen Weg der Transformation Unterstützung sucht. Die einzige relevante Pflicht ist die Pflicht gegenüber sich selbst. Durch die Praktiken wird der Reisende hoffentlich irgendwann mehr Freude finden, Veränderungen bemerken und sich wohlfühlen.

Der Ritualleiter kann den Reisenden dabei unterstützen, seine Integrationspraktiken fortzusetzen. Der Reisende kann seine Praktiken ändern oder anpassen, sollte aber eine innere Botschaft oder Führung zur Heilung nicht aufgeben. Eine Praxis kann sich weiterentwickeln. Etwas, das nach einer bestimmten Erfahrung wertvoll ist, kann sich in etwas anderes verwandeln. Es ist auch vorteilhaft, verschiedene Praktiken zu haben. Yoga zu machen ist wunderbar, aber jemand kann ein anderes und ebenso freudiges Gefühl empfinden, wenn er zu rhythmischer Musik tanzt. Es ist wichtig, den Prozess ohne Vorurteile anzugehen. Wenn jemand mit Meditation anfängt, weil sie seinen Geist beruhigt, findet er vielleicht, dass Kunst oder Musik noch besser funktionieren. Solange das Gesamtziel erreicht wird, können die Übungen variieren. Es ist wichtig, bei den Integrationsübungen kreativ zu sein. Es geht nicht um strenge Disziplin, sondern darum, sich selbst auf eine Weise zu umsorgen, die sich authentisch und freundlich anfühlt.

Es ist die Aufgabe des Ritualleiters, den Reisenden weiter zu unterstützen und die transformativen Wirkungen der Übungen zu beobachten. Der Ritualleiter sollte so lange wie nötig mit dem Reisenden in Kontakt bleiben, um Folgesitzungen zu ermöglichen und sicherzustellen, dass die Arbeit vollständig integriert wurde. Wenn die Integrationsübung eines Reisenden eine einmalige Handlung ist, wie zum Beispiel das Schreiben eines Briefes, um bisher unterdrückte Emotionen im Zusammenhang mit ungelösten Erfahrungen auszudrücken, oder eine Reise zu einem weit entfernten Grab oder die Erfüllung eines Traums, die Antarktis zu sehen, sollte der Ritualleiter nach der Handlung nachfragen. Die Auswirkungen werden sich weiter ausbreiten und möglicherweise viele Bereiche des Lebens des Reisenden beeinflussen.

Die transformativen Wirkungen einer erweiterten Bewusstseinserfahrung enden nicht mit dem Abschluss einer Reise: Sie halten Tage, Wochen oder Monate an, je nachdem, wie viel Aufmerksamkeit den Nachwirkungen geschenkt wird. Unsere Aufmerksamkeit ist Teil unserer Verpflichtung zur Rückkehr. Wir wollen das nicht überanalysieren: Es ist wertvoller, einfach die Nachwirkungen zu verfolgen und zu beobachten. Wie hallen die Visionen, Erkenntnisse und Einsichten weiter nach? Das

Wichtigste ist, wie sich der Reisende auf der anderen Seite der Erfahrung fühlt – und wie die Lektionen in seinem Alltag verankert werden.

Unsere Kultur bringt uns bei, dass wir alles konsumieren sollen, auch Erfahrungen. Aber wenn man sich auf einer Reise aktiv einbringt, entsteht eine ganz andere Beziehung zu dem Erlebnis. Es gibt einen Bogen der Veränderung, der die Vorbereitung, die Reise selbst und schließlich die Phase der Integration umfasst, in der man sich auf seine eigene Veränderung einlassen kann. Einer meiner Klienten hat über diese Arbeit der persönlichen Heilung gesagt: »Da draußen ist niemand; wir sind es. Ich bin mit mir, stehe mir gegenüber, rede mit mir, heile mich.«

Erweiterte Bewusstseinszustände können Einsichten, Lehren und Gaben bringen, die praktisch werden, wenn sie in den Alltag integriert und in konkrete Handlungen umgesetzt werden. Wir sind Geschöpfe der Gewohnheit, und unsere Gewohnheiten sind oft stärker als unsere Einsichten. Wenn wir uns nicht aktiv dafür einsetzen, unsere ungesunden Gewohnheiten abzubauen, werden sich unsere alten körperlichen Verspannungen, Verhaltensweisen und Tendenzen wahrscheinlich wieder durchsetzen. Zur Integration gehört es, durch diese entschlossenen Absichten und praktischen Handlungen neue, gesunde Gehirnbahnen und neuronale Netzwerke zu unterstützen und zu stärken.

Außerdem vertiefen wir unsere Erfahrung des Heiligen im Alltag, indem wir diese manchmal abstrakten oder unklaren Erfahrungen in die alltägliche Realität einbauen und verankern, und wir bringen eine andere Schwingung in die Welt. Auf diese Weise unterstützen wir unsere Absicht, Liebe und Weisheit in den Mittelpunkt unserer Realität zu stellen. Die Integrationsarbeit wirkt sich nicht nur auf den Reisenden selbst aus, sondern strahlt auch auf seine Familie, Freunde und Gemeinschaft aus. Letztendlich gilt die Verpflichtung, Integrationspraktiken aufrechtzuerhalten, nicht nur uns selbst gegenüber, sondern auch allen, die wir lieben.

Es ist leicht zu sagen, dass wir weniger Leid in unserem Leben wollen und dass wir anderen helfen wollen. Doch wenn wir das Geschenk des Gewahrseins erhalten und erkennen, was wir tun können, um unser Leid zu verringern und uns als Menschen zu verwirklichen, dann liegt es an uns, die entsprechenden Schritte zu unternehmen – unseren Worten Taten folgen zu lassen. Wir haben nicht viel Kontrolle darüber, was in einem Zustand erweiterten Bewusstseins passiert, oder über den größten Teil unseres Lebens, aber wir haben Kontrolle darüber, wie wir mit unseren Erfahrungen umgehen.

In den folgenden fünf Kapiteln werde ich die Erfahrungskategorien durchgehen, die ich in Kapitel 11 definiert habe. Ich liefere Ideen, die auf meiner jahrelangen Feldforschung basieren, warum ein Reisender diese Art von Erfahrung machen könnte, gefolgt von Vorschlägen, wie man die Integration jeder Art von Erfahrung angehen kann.

13
DIE SCHÄRFUNG DER SINNE
Körperzentrierte Erfahrungen integrieren

Wenn du deinen Tanz nicht tanzt, wer dann?
Gabrielle Roth

Meine Klientin Josie hatte immer das Gefühl, dass die Leute sie nicht mochten. Sie hatte Sommersprossen und knallrote Haare, und die anderen Kinder hatten sich ihr ganzes Leben lang über sie lustig gemacht. Ihre Eltern hatten ihr nie wirklich Rückhalt gegeben, sodass sie sich verschlossen hatte und sich damit abgefunden hatte, schüchtern und zurückhaltend zu sein. Als Josie mir gegenüber saß, war ich jedoch von ihrer Schönheit, ihrer Stimme und ihren anmutigen Bewegungen beeindruckt. Sie hatte bereits eine kurze Psychotherapie gemacht, sagte aber, dass es ihr nicht geholfen habe, über ihre Kindheit zu sprechen. Sie suchte nach etwas anderem, das ihr helfen würde, sich zu öffnen: Ihre Schüchternheit und ihre ständige Angst, verspottet zu werden, machten es ihr schwer, Freunde zu finden, geschweige denn eine Liebesbeziehung zu führen. Ich schlug ihr vor, an einem einwöchigen 5Rhythmen-Tanz-Retreat teilzunehmen, um ihre Ängste zu erkunden und sie in einem sicheren und fürsorglichen Rahmen zu überwinden. Sie war bereit, es zu versuchen.

Als Josie zurückkam, erzählte sie mir, dass sie sich zu Beginn des Seminars ganz klein fühlte, am Rand des Raumes stand und die anderen beobachtete, die so frei und ungehemmt tanzten, was sie nur noch mehr einschüchterte. Dann traute sie sich nach und nach ein bisschen mehr und schloss sich der Gruppe an. Langsam fand sie den Rhythmus in ihrem Körper und begann, ihre Schüchternheit zu überwinden, indem sie diese als etwas akzeptierte, vor dem sie keine Angst zu haben brauchte. Lächelnd erzählte sie mir: »Ich habe sogar mit einem Mann getanzt und es überlebt!« Sie war ganz begeistert von ihrem Durchbruch. Es war, als würde man eine Blume in voller Pracht erblühen sehen.

Ich versicherte Josie während ihrer Integrationsphase, dass diese bedeutende Erfahrung dazu führen würde, dass sie sich dauerhaft in ihrem Körper wohlfühlen und ihre Schönheit mehr wertschätzen würde. Ich ermutigte sie, ihre wunderschönen roten Locken offen zu tragen und sie lieben zu lernen. Außerdem beschloss sie, mehr Farbe in ihre Garderobe zu bringen. Sie vereinbarte ein paar Massagen, um Berührungen in einer sicheren Umgebung zu erleben. Sie arbeitete noch ein weiteres Jahr mit mir zusammen. Zwei Jahre später erhielt ich die Ankündigung ihrer bevorstehenden Hochzeit mit einem Mann, mit dem sie seit einem Jahr zusammen war. Dazu war ein Foto von den beiden zu sehen, auf dem sie ihr Haar wild und frei trug.

Unser Körper ist ein Ausdruck dessen, wer wir sind, und ein großartiges Gefährt für Sinneserfahrungen. Wie ich bereits erklärt habe, speichert und verarbeitet unser Körper alles, was wir erleben – Ängste, Sorgen, Traurigkeit und Wut. Unverarbeitete Emotionen, Gedanken, Erinnerungen und Erfahrungen bleiben in unserem Gewebe und unserem Nervensystem gespeichert. Mit der Zeit kann diese stagnierende Energie in unserem Darm, unseren Lungen, unserem Herzen oder unserer Haut Chaos anrichten. Selbstfindung durch erweiterte Bewusstseinszustände kann uns näher an unser Gleichgewicht bringen, indem sie uns hilft zu verstehen, was unser Wohlbefinden blockiert. Körperzentrierte Erfahrungen können uns dabei helfen, Teile unserer Kindheit zu verstehen und zu erkennen, wie bestimmte Blockaden oder Gewohnheiten entstanden sind. Es gibt Gründe, warum sich unser Körper genauso anfühlt.

Auf einer Reise mit einer entheogenen Pflanzenmedizin, einer Meditation oder einem Tanz-Retreat, wenn wir anfangen, uns zu entspannen und unseren Körper zu öffnen, können wir vielleicht besser die Verbindung zwischen einem körperlichen Zustand und seiner psychoemotionalen Ursache erkennen. Wir fangen an, die Wechselwirkungen zwischen unseren psychosomatischen Problemen und unserer Lebensgeschichte zu erforschen. Warum haben wir chronische Rückenschmerzen oder Verdauungsprobleme? Warum sind unsere Schultern so verspannt? Vielleicht merken wir, dass wir die Last der Welt auf unseren Schultern tragen oder wie sehr uns die Depression unserer Mutter geprägt hat. Vielleicht erkennen wir, wie die unberechenbare Wut unseres Vaters dazu geführt hat, dass wir den Atem anhalten und ständig Angst und Unsicherheit empfinden.

Wie bereits erwähnt, ist in indigenen Kulturen die Integrationsphase in das Gemeinschaftsleben eingebunden, da Rituale innerhalb der Gemeinschaft stattfinden. Besondere Aufmerksamkeit wird der Ernährung gewidmet; Reisende erhalten oft spezielle Mahlzeiten, um ihre körperlichen Kräfte wiederherzustellen und das vor dem Ritual möglicherweise verordnete Fasten zu beenden. In der Tradition der Mazateken wird eine Person manchmal mit Alkohol eingerieben, um den Körper zu erwärmen und zum Schwitzen zu bringen, um so die weitere Entspannung zu unterstützen. Es können spezielle Tees gegeben werden, um Träume, Schwitzen oder Ruhe zu fördern. Sexuelle Enthaltsamkeit unterstützt den Integrationsprozess, da sie den Reisenden dabei hilft, in ihr eigenes Feld der energetischen Ganzheit zurückzukehren, denn die Erfahrung kann noch einige Tage oder Wochen im physischen Körper nachwirken.

Entgiftungs- und Schwitzmaßnahmen können als weitere Reinigungsstufe verschrieben werden, wenn der Prozess nach einem Ritual unvollständig war. Einige dieser Maßnahmen nutzen Kräuter, Gesänge oder Anleitung durch eine andere Person. In vielen Kulturen gelten Ruhe und Schlaf als wichtigste Unterstützung für die Integration. Der Abschluss eines Rituals geht über einen linearen Zeitrahmen hinaus, und der Heilungsprozess läuft weiter, bis man wieder zu Hause ist, auch wenn man sich auf einer grundlegenden Ebene wieder normal fühlt. Wenn das Ritual an einem festen Ort oder in einem geschlossenen Raum stattgefunden hat, kann ein Spaziergang in der Natur Bewegung und tiefere Atmung zurück in den Körper bringen.

Oftmals löst ein neues Verständnis für die Spannungen oder Schmerzen in unserem Körper den Heilungsprozess aus. Schon das einfache Bewusstsein allein beginnt, Spannungen abzubauen. Aber auch wenn wir uns durch diese Einsicht körperlich besser fühlen, müssen wir wissen, welche Praktiken unser Wohlbefinden am besten unterstützen. Integration ist das Weiterverfolgen, während wir neue Gewohnheiten der Selbstfürsorge entwickeln, wie zum Beispiel bessere Schlafrhythmen, regelmäßige Körperarbeit, warme Bäder, bewusstes Atmen oder Bewegungsübungen. Kleine Veränderungen in den Gewohnheiten können eine große Wirkung haben. Die Beseitigung ungesunder Einflüsse aus unserem Leben kann uns mehr Lebensjahre schenken. Gesunde Ernährung kann unser Selbstwertgefühl wiederherstellen. Tiefere Schlafphasen sorgen für Erholung, was uns mehr emotionale Ausgeglichenheit und Kreativität bringt. Wo auch immer wir Aufmerksamkeit und Fürsorge benötigen, wird dies nach der Reise durch die gewissenhafte Interpretation und Unterstützung eines erfahrenen Ritualleiters erkannt werden. Schauen wir uns noch einmal die verschiedenen Kategorien der Reiseerfahrungen an und wie wir ihre Integration am besten unterstützen können.

VERKRAMPFUNGEN UND SCHMERZEN

Während der Alltag einen Menschen aktiv und beschäftigt hält, bringen Verkrampfungen und Schmerzen alle Ablenkungen zum Stillstand und konfrontieren ihn mit dem, was auf körperlicher Ebene unmittelbar präsent ist. Wenn man bei einer Verkrampfung präsent und interessiert bleibt, kann dies dazu führen, dass man die Ursache der Verspannung oder des Unbehagens versteht. Inwiefern dient die Verspannung dem Betroffenen? Was wird in der Verspannung festgehalten? Was vermittelt der Schmerz? Wohin führt er? Wovor hat man Angst oder was vermeidet man? Was will man nicht fühlen? Wogegen leistet man Widerstand? Schmerzen können durch alte Verletzungen oder aktuelle psychosomatische Blockaden verursacht werden. Manchmal spürt man eine Enge im Gehirn und im Nervensystem, die durch zu viel Angst, Stress, Trauer oder Kummer entsteht.

Verkrampfungen und Schmerzen können auf verschiedene Probleme hinweisen. Sie können durch unbewältigte Kindheitstraumata entstehen, die zu chronischen Verspannungen im Körper führen. Wenn jemand in einer unberechenbaren Umgebung mit Gewalt, Missbrauch oder Vernachlässigung aufwächst, kann das solche Verspannungen verursachen. Jemand, der als Kind körperlich misshandelt wurde, kann angespannt und verschlossen wirken und sich gegen äußere Bedrohungen abschotten, um sich zu schützen – oder um sich zu wehren und zu verteidigen. Kontraktionen können das Ergebnis eines unverarbeiteten traumatischen Ereignisses wie einer Vergewaltigung, eines Autounfalls oder einer Verletzung sein. Selbst wenn wir umfangreiche psychologische und emotionale Heilungsprozesse durchlaufen haben, kann unsere Vergangenheit in unserer Körperhaltung und unserem Gewebe gespeichert bleiben und während einer Reise wieder deutlich zum Vorschein kommen.

Chronische Verspannung kann auch eine Reaktion des Egos auf die Angst vor unbekannten Situationen sein. Sie kann eine Sicherheitsstrategie sein. Das Erleben von Schmerz kann für Reisende eine Chance sein, sich ihrem Prozess zu stellen und ihre persönliche Kraft zurückzugewinnen. Dies kann auch eine Lektion über Hingabe sein und zu Mitgefühl für das Leiden anderer führen.

Wenn der Reisende gemerkt hat, wie sich die Verspannung auf seinen Körper auswirkt, diese aber trotzdem noch da ist, geht es bei der Integration darum, den Körper dabei zu unterstützen, die verspannte Energie, die jetzt bewusst wahrgenommen wird, loszulassen. Wir wollen den Prozess, der schon begonnen hat, weiter fördern. Dazu können Körperarbeit, viszerale Massage oder Atemarbeit gehören. Wir können den Reisenden zu Handlungen ermutigen, die den Körper ein bisschen mehr an seine Grenzen bringen. Unser Ziel ist es, den Reisenden dazu anzuregen, seinen Körper auf sichere Weise zu beanspruchen. Sobald sich die Verspannung löst, prüfen wir, was stabilisiert werden muss. Achte bei den folgenden Vorschlägen darauf, die körperliche Verfassung des Reisenden zu respektieren.

- Mache anregende und sehr aktive Sportarten wie Radfahren, Wandern, Kickboxen, Ashtanga-Yoga oder Gewichtheben (sofern du keine Herzerkrankung hast)
- Besuche einen Atemtherapeuten, um aktive Atemtechniken zu erlernen
- Trage einen Tag lang eine Tasche mit Steinen mit dir herum
- Tanze intensiv oder stampfe mit den Füßen auf
- Wandere einen steilen Hügel hinauf, um die Aussicht zu genießen

Falls bereits während der Reise Linderung eingetreten ist, besteht das Integrationsziel darin, den Prozess der Beruhigung, Entspannung und Erholung des Körpers fortzusetzen.

- Übe regeneratives Yoga, Tai Chi, Chi Gong oder Continuum
- Lass dich mit einer wohltuenden Körperarbeit verwöhnen
- Nimm ein warmes Bad mit ätherischen Ölen oder entspanne dich in einem Floating-Tank oder Pool
- Spaziere in der Natur oder ruhe dich in einer Hängematte aus
- Probiere sanfte Atemübungen, geführte Meditationen oder höre entspannende Musik oder binaurale Beats
- Iss ayurvedische Lebensmittel, die das Feuer oder die Luft im Körper besänftigen, oder nimm beruhigende Kräuterheilmittel ein

TAUBHEITSGEFÜHL UND KÖRPERLICHE ENTFREMDUNG

Taubheitsgefühl und Entfremdung können eine Art Körperreaktion sein, die mit einem Trauma zusammenhängt. Wenn eine Person in einer so heftigen Situation war, dass sie sich totstellen oder erstarren musste, um zu überleben, kann diese Strategie im Körpergedächtnis hängen bleiben. Auf Reisen kommt es aber manchmal vor, dass Menschen sich von ihrem Körper losgelöst fühlen; und obwohl sie sich kaum bewegen, geht es ihnen eigentlich gut. Ein Ritualleiter sollte lernen, intuitiv und durch Nachfragen beim Reisenden zwischen diesen beiden Zuständen zu unterscheiden.

Wenn der Reisende durch die Erfahrung der Taubheit und körperlichen Entfremdung in einen mehr körperlich gefühlten Zustand kommt, braucht er die Taubheit nicht weiter zu erkunden, sondern sollte eher Unterstützung bei der Erfahrung der Körperlichkeit erhalten. Sanfte Bewegungen, Singen, Tönen und Tanzen sind dafür gut geeignet.

Wenn sich die Person während der gesamten Reise taub fühlt und sich am Ende wie abgestumpft anfühlt, sind die folgenden Richtlinien besonders nützlich, da sie ein stärker verankertes Körpergefühl fördern. Diese Übungen helfen dabei, die Sinne wieder zu wecken und die kinästhetischen, sensorischen Ebenen der Körperfunktionen wiederherzustellen.

- Probiere somatische Methoden aus, wie die 5Rhythmen, Biodanza, Soul Motion oder Authentic Movement
- Lasse dich massieren oder besorge dir einen großen Ball zum Rollen für zu Hause
- Nimm Gesangsunterricht, singe in einem Chor oder singe mit einem Freund
- Lasse dich mit Stimmgabeln oder tibetischen Klangschalen behandeln
- Laufe barfuß am Strand entlang oder lege dich in den warmen Sand
- Stelle duftende Blumen in deiner Wohnung auf

Wenn das Gefühl der Leere eine Reaktion auf Überaktivität ist, dann ist es hilfreich, den Reisenden dazu zu ermutigen, das Gesamtmuster und die hin- und herpendelnden Schwankungen zu erkennen. Wie kann er irgendwo in der Mitte ein besseres Gleichgewicht finden? Um langsamer zu werden, kann er folgende Übungen ausprobieren:

- Setze dich mit einer Tasse Tee hin und trinke ihn ganz bewusst
- Mache Sitz- oder Gehmeditation oder ziehe dich für eine längere Zeit zurück
- Nimm einmal pro Woche ein warmes Bad mit Lavendel oder Meeresalgen
- Lass dich mit einer wohltuenden Körperbehandlung verwöhnen, zum Beispiel mit einer Craniosacral-Behandlung oder einer Feldenkrais-Stunde
- Lies ein Buch, das dich entspannt und unterhält
- Probiere etwas aus, das einfach nur Spaß macht und keine Bedeutung hat: Zeichne etwas in den Sand und schau zu, wie die Wellen es wegspülen, oder baue an einem windigen Tag einen Altar aus Blättern und erfreue dich an der Beobachtung, wie er vom Wind weggeweht wird

KATHARTISCHE ENTLADUNG

Dabei handelt es sich um eine Befreiung von innerer Anspannung oder Verkrampfung im Körper. Diese Befreiung kann übermächtig oder beglückend sein. Oft fühlt es sich wie eine tiefe, gründliche Reinigung an. Menschen, die eine kathartische Befreiung erleben, leiden möglicherweise unter chronischen Verspannungen aufgrund von Bewegungsmangel oder müssen die körperlichen Spuren eines vergangenen Traumas loswerden. Manchmal sind Zittern und Schütteln ein einfaches Anzeichen dafür, dass jemand mehr Bewegung in seinem Alltag braucht und dass aufgestaute Energie einfach freigesetzt werden muss.

Reisen, auf denen man sich von etwas erlösen kann, können beängstigend sein, aber auch sehr lohnenswert, wie der folgende Bericht zeigt.

Ich war im Reiseraum im Haus meiner Lehrerin in Mexiko, und die Pilze begannen zu wirken. Ich fühlte mich schrecklich unwohl und unruhig, hustete und spuckte, als ob etwas aus meinem Körper herauswollte. Mir war übel, aber ich konnte mich nicht übergeben. Ich fühlte mich einfach elend, wie in einer Art körperlicher Hölle. Leider kam dieser Reinigungsprozess während der Reise nicht zu einem zufriedenstellenden Ende, und ich war erschöpft und fühlte mich innerlich vergiftet.
Meine Lehrerin brachte mich in mein Zimmer und rieb meinen ganzen Körper mit reinem Zuckerrohralkohol ein.
Sie wickelte mich in Decken, damit ich schwitzen konnte... was ich auch tat! Dann legte sie mir kühle Tücher auf das Gesicht. Sie gab mir viel Kräutertee zu trinken, der harntreibend wirken sollte. Ich verbrachte einige Stunden in einem Zwischenzustand, sah bunte Muster und die Gesichter von Menschen aus meiner Kindheit. Erinnerungen an schlimme Erlebnisse aus meiner Vergangenheit kamen hoch, und alles begann einen Sinn zu ergeben. Ich schwitzte und pinkelte, bis alles vorbei war, und hatte eine Nacht voller lebhafter Träume. Am nächsten Morgen wachte ich auf und fühlte mich gereinigt.

Während der Integration muss der Ritualleiter erkennen, ob der Reinigungsprozess noch im Gange ist. Das Ziel ist, den Prozess, der während der Reise begonnen hat, abzuschließen und zu unterstützen. Wenn der Loslassprozess unvollständig erscheint, sollte der Ritualleiter dazu auffordern, ihn durch anstrengende Aktivitäten fortzusetzen, wobei darauf zu achten ist, den Körper nicht zu überlasten oder Verletzungen zu riskieren. Finde heraus, was beseitigt werden muss, und versuche, alles Ungesunde im Leben des Reisenden zu reduzieren, wie ungesunde Ernährung, zu anstrengende sportliche Betätigung, erniedrigende sexuelle Kontakte oder übermäßiger Konsum von Alkohol und Tabak. Einige Vorschläge sind:

- Geeignete Diätvorschriften befolgen oder eine Entgiftungskur machen
- Einen geführten Tabak- oder Cannabisentzug durchführen
- Schwitzen oder in die Sauna gehen, eine Darmspülung machen oder mit Salzwasser oder Abführmitteln auf natürliche Weise entgiften
- Eine ayurvedische Panchakarma-Entgiftungskur machen
- Körperarbeit wie Rolfing oder Chi Nei Tsang machen

Wenn sich der Prozess abgeschlossen anfühlt und der Reisende nach einer intensiven Reinigungserfahrung eine Pause braucht, geht es darum, ein Gefühl der Ruhe im Körper zu festigen und das Gefühl der Reinheit zu verstärken. Durch sanfte Maßnahmen kannst du das erreichen und diesen Zustand zu einer soliden Grundlage machen. Es ist hilfreich, das Gewahrsein der Bewegungen im Körper zu stärken. Gehen, Atmen und eher aktive Übungen halten den Energiefluss in Gang und verhindern, dass ein alter stagnierender Zustand zurückkehrt. Achte auf Inhalte, die während dieser Entspannung aufgetaucht sind: Erinnerungen, Emotionen oder Ängste. Achte darauf, die Zusammenhänge herauszuarbeiten. Es geht nicht um eine blinde Entspannung, sondern um wichtige Verbindungen zwischen der Entspannung, dem Gefühlsleben und der eigenen Lebensgeschichte. Hier sind weitere Vorschläge, die man befolgen kann:

- Mache Pranayama, um deinen Atem fließen zu lassen
- Gehe in einem See oder Fluss baden
- Probiere sanftes Yoga oder Massagen aus

LEBENDIGE VERKÖRPERUNG

Eine Freundin von mir fühlte sich deprimiert und unruhig und suchte nach spiritueller Inspiration. Sie beschloss, an einem zehntägigen Schweige-Meditations-Retreat teilzunehmen.

In den ersten beiden Tagen fühlte sie sich durch eine Mischung aus verschiedenen emotionalen Zuständen aufgewühlt, verwirrt und wütend, weil sie keinen Frieden und keine Ruhe finden konnte. In den folgenden zwei Tagen begann sie jedoch, sich der körperlichen Erfahrung dieser Emotionen hinzugeben. Sie spürte, wie Energie durch bestimmte Teile ihres Körpers floss, und es war, als wäre sie zu einer neutralen Zeugin geworden, die ihre Erfahrung beobachten konnte. Während der restlichen Tage des Retreats fühlte sie sich mit der Intensität ihrer körperlichen Erfahrung verbunden, obwohl sie nur auf ihrem Kissen saß. Sie war von einer wogenden Lebenskraft erfüllt, die ihre gesamte Aufmerksamkeit mobilisierte. Ihr Körper war lebendig wie ein Feuerstrom, fest wie die Erde und leicht wie die Luft. Sie war ruhig und doch in Bewegung, intensiv und doch friedlich.

Nach dem Retreat unterstützte sie ihre Öffnung, indem sie sich vornahm, einmal pro Woche an den Strand zu gehen. Sie wollte die Kraft der Natur spüren, um ihre neu gewonnene Energie widerzuspiegeln. Sie rannte in den Wellen, machte Radschläge im Sand und sang laut in den Meereswind. Sie tanzte und spielte weiter, allein und mit Freunden. Sie hatte das Gefühl, ihre Lebenskraft freigesetzt zu haben, und wollte sie genießen.

Vitalität ist das Gefühl, dass die Lebenskraft nach langer Abwesenheit, vielleicht nach einer Zeit der Trauer, Sorge oder Depression, in den Körper zurückkehrt. Ich habe zum Beispiel erlebt, wie Menschen während erweiterter Bewusstseinszustände, wie zum Beispiel einer Pilzritual, ihre sinnliche und erotische Energie zurückgewonnen haben, sogar Menschen, die sexuell missbraucht worden waren.

Das Ziel der Integration ist es, die Verankerung und Stabilisierung einer Erfahrung der vitalen Verkörperung zu unterstützen. Der Ritualleiter sollte sich der Verletzlichkeit bewusst sein, die mit der Wiederherstellung solcher Selbstausdrucksformen und Sinnlichkeit einhergeht. In dieser Situation ist ein respektvoller, begleitender und unterstützender Ansatz entscheidend; es ist wichtig, dass dieser Prozess sowohl sanft als auch bestimmt ist. Die Integrationsübungen sollten die Sinne ansprechen und die physische Inkarnation wertschätzen. Einige Vorschläge sind:

- Sanddünen runterrollen
- Neue Kunst für dein Zuhause finden
- Zeit mit Freunden verbringen
- Sinnlichkeit und Sexualität mit dir selbst und anderen entdecken (nach ausreichend Tagen der Integration)
- Lebendige, frische Lebensmittel essen (grüne Säfte, Rohkost oder tropische Früchte)
- Gedichte schreiben, malen, singen oder tanzen – dich kreativ ausdrücken

RUHE, STILLE UND LEICHTIGKEIT

Für diejenigen, die es selten erlebt haben, kann eine Erfahrung von Ruhe, Stille und Leichtigkeit zutiefst regenerierend sein und die Fülle eines Lebens ohne ständige Produktivität hervorrufen. Diese Erfahrung ist besonders bedeutsam für Menschen, die ständig in Bewegung, überaktiv oder unruhig sind. Es lehrt sie den Wert der Empfänglichkeit und den gesunden Nutzen körperlicher Entspannung. Es hilft ihnen, die Schönheit und Bedeutung meditativer Zustände zu schätzen.

Das Ziel der Integration ist es, die anhaltende Leichtigkeit im Leben des Reisenden zu unterstützen. Der Ritualleiter kann diese kontinuierliche Öffnung auf sanfte Weise fördern und den Reisenden zu folgenden Maßnahmen ermutigen:

- Regeneratives Yoga, Floating oder Watsu praktizieren
- Nicht-sexuelle Umarmungen von einem Freund oder Partner erhalten
- Herzöffnende Blütenessenzen wie Rose, Weißdorn oder Buche einnehmen
- Jeden Abend eine Tasse stärkenden Kräutertee trinken
- In einen Tempel oder Zendo in der Nähe gehen, um einen Dharma-Vortrag oder eine Abendmeditation zu besuchen
- Jeden Tag einen Mittagsschlaf machen oder mit einer täglichen Kontemplation übung beginnen

Der Integrationsprozess auf körperlicher Ebene ist entscheidend, da der Körper für alle anderen Aspekte des Lebens wichtig ist. Alle positiven Veränderungen, die wir zur Unterstützung unserer körperlichen Gesundheit vornehmen, wirken sich auch auf unseren Geist und unsere Emotionen aus. Wir alle wünschen uns müheloses Wohlbefinden in unserem Körper. Wir sehnen uns nach Ruhe, Geborgenheit, Bewegung, Atem, Nahrung und sinnlichem Ausdruck.

Wenn wir körperlich fit sind, wachen wir voller Tatendrang auf. Wir ernähren uns von nahrhaften, vitalstoffreichen Lebensmitteln, die uns mit Mineralien, Fetten, Proteinen und Zucker versorgen. Wir treiben Sport, um unsere Beweglichkeit und Kraft zu steigern. Wir tanzen und singen, weil es uns Spaß macht. Wir verbringen Zeit in der Natur, tanken ihre ausgleichende Energie und atmen saubere Luft. Wir begegnen der sinnlichen Welt mit Neugier. Wir nehmen Geschmäcker, Gerüche, Texturen und Farben wahr. Wir klettern, schwimmen, laufen, gehen, springen und rollen. Wir fühlen uns in unserem Körper sicher, abgeschirmt von der Außenwelt und doch im Einklang mit ihr. Wir sind in der Lage, liebevolle, vertrauensvolle Berührungen zu empfangen und zu geben. Wir können unsere Freunde und Familie umarmen und uns von ihrer liebevollen Umarmung nähren. Wir suchen Vergnügen durch beruhigenden Kontakt und Geborgenheit, Spiel, Erregung und Orgasmus. Wir drücken unsere Wut und Traurigkeit auf gesunde Weise aus.

Wir können in einem Zustand der Leichtigkeit und entspannten Aufmerksamkeit da sein. Wir können uns einfach gehen lassen, wenn wir in einer Hängematte liegen, vor dem Kamin sitzen oder unter einem Baum liegen. Wie ein gepflegter Garten strahlt ein gut gepflegter Körper ganz natürlich Schönheit und Freude aus.

Es zeigt sich deutlich, dass erweiterte Zustände eine direkte und viszerale Erfahrung unseres Gewebes und unserer körperlichen Verspannungen ermöglichen. Die Erkundung und Lockerung unseres physischen Körpers ist der beste Weg, um unseren Emotionen und unserer kreativen Ausdruckskraft freien Lauf zu lassen und unsere Vitalität zurückzugewinnen. Ein gesundes körperliches Gleichgewicht aufrechtzuerhalten ist nicht einfach. Es mag einfach klingen und die Liste der Vorschläge selbstverständlich erscheinen, aber ich habe im Laufe der Jahre bei vielen Klienten beobachtet, dass die Pflege und Versorgung des Körpers der sicherste und direkteste Weg zu Wohlbefinden auf allen Ebenen ist.

14

DIE INNERE WAHRHEIT

Verstandeszentrierte Erfahrungen integrieren

Sei stolz auf deine Narben. Sie haben mit deiner Stärke und dem, was du durchgemacht hast, zu tun. Sie sind eine Schatzkarte zu deinem tiefsten Inneren.
Clarissa Pinkola Estés

Meine Klientin Clara hat schon seit Jahren mit Meditation gearbeitet und fand, dass sie ein ziemlich ausgeglichenes Leben führt. Sie hatte das Gefühl, dass da noch mehr ist, und kam zu mir, um herauszufinden, was ihrem Leben mehr Sinn geben könnte. Wir begannen mit einer geführten Meditationsübung, bei der sie ihre Aufmerksamkeit nach innen richtete, verschiedene Aspekte ihrer Persönlichkeit wahrnahm und sowohl die entwickelten als auch die schwächeren Bereiche ihres Lebens beobachtete. Sie erzählte mir, dass sie eine ernsthafte Person sei, die selten spiele oder lache. Selbst ihre spirituelle Praxis empfand sie als trist. Bald erzählte sie mir, dass ihre Eltern sehr akademisch orientierte Wissenschaftler gewesen waren, die sich ganz der Forschung verschrieben hatten und ständig in Büchern und Tabellen vertieft waren. Sie wollte die Auswirkungen ihrer Kindheit auf sich selbst weiter erkunden, also beschlossen wir, gemeinsam eine Atemarbeitssitzung durchzuführen.

Während dieser Erfahrung spürte sie eine Enge in ihrer Atmung, eine Bewegungslosigkeit in ihrem Körper und eine Art Erstarrung. Ich machte ihr vor, wie sie ihren Atem lösen konnte, und lud sie ein, es mir nachzumachen. Ich streckte ihre Arme aus, griff dann mit meinen Händen unter ihren Rücken und hob sie in einer gewölbten Position von der Matratze hoch; ihr Atem wurde kräftiger, und sie begann, Laute von sich zu geben und zu seufzen. Innerhalb von zwei Minuten brüllte sie wie ein Tier, lachte, rollte sich auf dem Boden, warf Kissen und Decken mit den Beinen in der Luft herum, ihr wildes Haar hing ihr verschwitzt ins Gesicht. Sie sah lebendig, dynamisch und gesund aus. Als diese Phase abklang, fing sie an, heftig zu weinen. Sie hatte Zugang zu einer untröstlichen Trauer und Erinnerungen daran gefunden, allein gelassen und zum Schweigen gebracht worden zu sein, während ihre Eltern zu Hause arbeiteten. Sie begann am ganzen Körper zu zittern. Ich legte sanft eine Hand auf ihren Rücken und die andere auf ihren Hinterkopf. Ich saß bei ihr und war Zeugin ihrer Befreiung. Lautlos erinnerte ich sie daran: »Ich sehe dich, ich bin hier. Du darfst weinen. Es ist in Ordnung.«

Bei unseren Sitzungen nach dieser Erfahrung achtete ich darauf, alle Facetten ihres Gefühlsausdrucks anzuerkennen. Sie beschrieb diese Reise als befreiend, weil sie das Gefühl hatte, ihr inneres Kind zurückgewonnen zu haben, indem sie die Komplexität der Emotionen, die sie in ihrer Kindheit erlebt hatte, verstehen konnte. Es war ihr Kind, das Einsamkeit erfahren hatte, aber auch Verspieltheit. Als Teil ihrer Integrationsphase beschloss sie, ein paar Kinderlieder zu lernen. Um die weichere Seite ihres inneren Kindes zu unterstützen, schlug ich ihr vor, einen Brief an das kleine Mädchen zu schreiben, das so einsam gewesen war. Sie schrieb den Brief und bastelte zusätzlich eine Collage aus Fotos von sich selbst in jüngeren Jahren, die sie auf ihren Altar stellte und mit frischen Blumen umgab.

Die Integration des mentalen Aspekts umfasst emotionale und psychologische Transformation und Heilung. In erweiterten Bewusstseinszuständen erkunden wir oft unsere Vergangenheit und unsere Gegenwart; wir werden uns unserer authentischen Emotionen bewusst, und transformative Vorsätze können sich in uns entfalten. Unbewusste Aspekte unserer Psyche können sich vielleicht durch Bilder, Visionen und Archetypen offenbaren. Diese Veränderungen und Loslösungen können durch bewusste Nacharbeit im Alltag eines Reisenden aufrechterhalten werden.

In manchen Kulturen gilt das Ritual erst als abgeschlossen, wenn man einen wichtigen Traum hatte. Deshalb sind Ruhe und Einsamkeit wichtig. Bei den Mazateken achten die Leute am Ende eines Rituals auf ihre Gefühle – ob sie traurig, glücklich, betrübt oder wütend sind. Sie erzählen den anderen, was sie erlebt haben. Sie erinnern sich an ihre Träume und erzählen sie einander.

Oft erleben Menschen in erweiterten Bewusstseinszuständen ein Gefühl der Verbundenheit mit den Elementen der Natur, zwischen dem Menschlichen und dem Göttlichen, zwischen dem Planeten und dem Kosmos. Diese Erkenntnisse sind nicht nur intellektuell, sondern auch instinktiv, sie werden mit den Empfindungen verstanden. Diesen Erkenntnissen wird durch Opfergaben, Gebete, Kunst und Feierlichkeiten Ausdruck verliehen. In vielen indigenen Kulturen inspirieren die während eines Rituals gesehenen Visionen Stickereien, Gemälde, Schnitzereien und andere künstlerische Ausdrucksformen. Die Menschen tragen Kleidungsstücke, Schmuck oder Hüte, die diese Erkenntnisse zum Ausdruck bringen.

Ich habe beobachtet, dass die Menschen der Mazateken-Kultur eine enge Beziehung zum Göttlichen haben, sich aber nicht besonders mit Psychologie beschäftigen; die Sprache des westlichen psychotherapeutischen Modells scheint nicht zu ihrer Art zu passen, wie sie über sich selbst sprechen. Sie sind der Ansicht, dass man eine spirituelle Verbindung braucht, um Heilung zu erfahren. Die Mazateken verfügen über viele Quellen spiritueller Nahrung, darunter auch die Natur. Julieta sagte oft, wenn man sich mit Gott verbindet, wird das Licht Gottes den eigenen Schatten erhellen und es einem ermöglichen, sich selbst in voller Wahrheit zu sehen.

KOGNITIVE/INTELLEKTUELLE PROZESSE

Widerstand

Manche Reisende sind fest entschlossen, an ihren Gewohnheiten festzuhalten. Sie sträuben sich dagegen, sich auf einen erweiterten Zustand einzulassen. Personen, denen es wichtig ist, die Kontrolle zu behalten, widersetzen sich aus Starrköpfigkeit, und ihr Widerstand kann ihnen die Grenzen ihrer Denkweise aufzeigen. Er kann ihnen verdeutlichen, dass sie sich ändern müssen, um ein reibungsloseres und gesünderes Leben zu führen. Widerstand kann auch aus der Angst vor dem Unbekannten resultieren. Für Menschen, die ein Trauma erlebt haben, kann es eine Strategie sein, um nicht überfordert zu werden. Wenn ein Ritualleiter den Reisenden ermutigen kann, loszulassen, erkennt er vielleicht, dass er nichts zu befürchten hat. Das Erkennen von Widerstand kann auch für Menschen hilfreich sein, die aufgrund von Verspannungen im Körper unter chronischen Schmerzen leiden.

Der Ritualleiter sollte ein fortwährendes Gefühl der Sicherheit vermitteln, damit der Reisende seinen Widerstand überwinden und bereitwillig ausdrücken kann, was vor sich geht. Wenn jemand in einem Widerstandsverhalten oder einem kritischen, skeptischen Zustand verharrt, sollte der Ritualleiter auf den Widerstand eingehen und mit ihm arbeiten. Was sagt der Widerstand aus? Gehe darauf ein. Verurteile ihn nicht und gib ihm keine Schuld. Was schützt er? Was braucht der Reisende, um sich sicher und wohl zu fühlen?

In der Integrationsphase kann der Ritualleiter den widerständigen Reisenden dazu ermutigen, Folgendes zu tun:

- Täglich in ein Tagebuch schreiben
- Bücher lesen, die intellektuell anregend sind
- In der Natur spazieren gehen und sich mit den Elementen verbinden
- Lehrreiche Sendungen anschauen, wie zum Beispiel Joseph Campbells The Power of Myth

Nach einer Reise, die mit erheblichem Widerstand verbunden war, lässt der Widerstand oft nach, da er ausgeschöpft und zum Ausdruck gebracht wurde. Wenn der Reisende danach entspannter und offener ist, unterstütze diesen Prozess. Ermutige den Reisenden, mehr herzöffnende Aktivitäten zu erkunden, wie zum Beispiel:

- Nimm eine Auszeit von akademischen oder intellektuellen Büchern und lies stattdessen Geschichten oder Gedichte, die dich berühren
- Entdecke sanfte Ausdrucksformen, erstelle eine Collage oder arrangiere Blumen
- Schreibe einen Brief an einen geliebten Menschen

Es ist wichtig zu erwähnen, dass ein Weg des Widerstands manchmal lange Zeit keine Lösung bringt. Manchmal braucht jemand Wochen oder Monate, bevor er sich seiner Ablehnung stellen kann. Manchmal entscheidet sich jemand, seine innere Suche zu beenden, und es ist die Aufgabe des Ritualleiters, diese Entscheidung zu respektieren und an den Prozess zu glauben. Die Psyche der Person ist vielleicht einfach noch nicht bereit, weiterzugehen.

Ich nahm einmal einen Klienten mit nach Mexiko, und während der ersten Abendritual löste jedes Lied, das er hörte, bei ihm eine starke Reaktion aus. Traditionelle Mazatec-Lieder handeln oft von der Jungfrau von Guadalupe oder von Gott. Der Mann konnte das nicht ertragen und war die ganze Zeit wütend. Ich versuchte, ihn zu beruhigen, indem ich ihn einlud, sich eher auf die spirituelle Dimension als auf die wörtliche religiöse Bedeutung einzulassen, aber er konnte es nicht. Er schaffte es kaum durch die Ritual und ging danach direkt ins Bett, ohne sich der Gruppe für das Essen und den Kräutertee nach dem Ritual anzuschließen.

Am nächsten Tag war er bedrückt, aber beherrscht, und zog sich zurück. Nichts, was ich tat oder sagte, konnte ihn zurück in die Gruppe holen oder ihn dazu bringen, über seinen Prozess zu sprechen. Als wir nach Hause kamen, sagte er mir, dass diese Art der Heilungsarbeit nichts für ihn sei, dass seine religiöse Kindheit schon bedrückend genug gewesen sei, und beendete seine Arbeit mit mir. Trotz meiner Einladung, sich weiter auf seinen Prozess einzulassen und diese Erfahrung als einen Zugang zu seiner Kindheit und eine mögliche Heilung zu betrachten, hat er sich nie wieder bei mir gemeldet. Obwohl ich etwas traurig darüber war, wie er in seiner Kindheit verletzt worden war, hatte ich Vertrauen, dass seine Entscheidung in diesem Moment die beste für ihn war. Ich verstand, dass er noch nicht bereit war, sich mit diesem Thema auseinanderzusetzen, und versicherte ihm, dass meine Tür offen sei, falls er sich jemals entscheiden sollte, zurückzukommen.

Erkenntnisse und Orientierung

Während einer Reise kommen manche Menschen zu Einsichten, die ihnen helfen können, ihre zukünftigen Handlungen zu lenken. Wenn sie sich von ihrem Lebensweg entfernt fühlen, können diese Erkenntnisse besonders wertvoll sein. Oder sie sind bereits auf einem klaren Weg und erhalten neue Informationen darüber, wie es weitergehen soll. Einsichten wecken die Kreativität und Leidenschaft in unserem Leben. Manchmal erkennt ein Reisender, wie seine gegenwärtigen Erfahrungen mit seiner Vergangenheit zusammenhängen.

Es liegt am Reisenden, zu erkennen, ob eine Entscheidung, die auf einer Reise klar wird, sofort umgesetzt oder erst einmal überlegt werden sollte. Erkunde die Motivation für Veränderungen. Manchmal ist es am besten, die Energie nach der Reise zu nutzen, um den Wandel zu vollziehen. Manchmal ist es besser, abzuwarten und eine Entscheidung erst einmal zu überdenken. Ein Ritualleiter sollte in beiden Fällen mit Bedacht vorgehen, wenn er Unterstützung leistet.

Ermutige den Reisenden, kleine Veränderungen vorzunehmen, die sofort zu mehr Gesundheit und Wohlbefinden führen. Wenn es sich um eine lebensverändernde Entscheidung handelt, wie z. B. ein Umzug, die Kündigung einer Arbeitsstelle oder die Beendigung einer Beziehung, überprüfe, ob die Entscheidung klar ist, und überlege dann, ob es besser ist, dem Reisenden zu raten, ein paar Wochen zu warten, bevor er einen Schritt unternimmt. Weitere Vorschläge sind:

- Halte Einsichten und Entscheidungen fest
- Erstelle eine Liste mit den Dingen, die du dir für dein Leben wünschst; stelle dir eine neue Arbeitsstelle, einen neuen Wohnort oder einen neuen Lebensstil vor
- Organisiere dich; schaffe Strukturen; schaffe Ordnung; erstelle einen Plan, eine Vision, einen Lebensplan oder einen Zeitplan
- Oder lockere deinen Zeitplan und gönne dir mehr unstrukturierte, kreative Zeit

EMOTIONALE PROZESSE

Angst und Panik

Angst und Panik auf einer Reise können bedeuten, dass jemand von seinen Gefühlen abgeschnitten ist. Wenn sich unausgesprochene und nicht-gefühlte Emotionen angestaut haben, kann das Einlassen auf einen erweiterten Zustand die Schleusen öffnen. Diese Intensität kann beängstigend sein.

Angst und Panik können auch auftreten, wenn die eingefrorene Energie der Angst im Körper schmilzt. Angst und Panik können auch bei jemandem auftreten, der daran hängt, die Kontrolle zu haben und sich nur in vertrauter Umgebung sicher fühlt. Seine Kontrolle wird durch ungewöhnliche Umstände herausgefordert. Er befindet sich außerhalb seiner Komfortzone in einer unvorhersehbaren Umgebung. Er empfindet vielleicht die Stille als ungewohnt, die Hitze in einer Schwitzhütte als zu heiß, seine Visionssuche in Einsamkeit als zu herausfordernd. Sich in einem neuen Umfeld zu befinden, kann Panik auslösen. Wenn Menschen das Gefühl haben, an ihre Grenzen zu stoßen, wollen sie manchmal fliehen. Vielleicht haben sie die Grenze dessen erreicht, was sie verarbeiten können, bevor sie sich auf Neues einlassen. Ich sage immer: Es wird andere Gelegenheiten geben, Neues zu entdecken.

Wenn die Angst und Panik nachgelassen haben, kann der Ritualleiter den Reisenden am Ende der Reise durch ein Gespräch über die Angst in seinem aktuellen Zustand unterstützen. Der Ritualleiter kann Fragen stellen wie »Welche Emotionen sind in dir hochgekommen?«, »War das ein vertrauter Zustand?«, »Hattest du Bilder oder körperliche Empfindungen, die mit der Angst verbunden waren?« Es geht darum, die Angst anzuerkennen und zu erkunden.

Versuche nicht, sie wegzureden. Bleibe aktiv bei der Untersuchung der Angst. Ein Ritualleiter sollte niemals ein negatives Urteil über Angst fällen. Erkunde weiterhin die Nachwirkungen dieser Entladung, die zu einem befreiteren, energiegeladeneren oder emotionaleren Zustand führen können.

Das Ziel ist es, den neuen Zustand auf praktische Weise zu unterstützen. Schaffe ein Ritual rund um die entladene Angst oder bekräftige die Angsterfahrung, indem du einen Brief schreibst oder mit den Personen sprichst, die an dem ursprünglichen Ereignis beteiligt waren.

Wenn der Reisende danach immer noch Angst verspürt, kann der Ritualleiter seine Anwesenheit anbieten und durch sanfte verbale Kommunikation weiter daran arbeiten, ein Gefühl der Sicherheit aufzubauen. Biete ihm Beruhigung, Besänftigung, Bestätigung, Zuhören und körperliche Berührung an. Angst kann durch körperliche Entspannung und Bewegung abklingen. Der Ritualleiter kann beruhigende körperliche Übungen vorschlagen, wie zum Beispiel die folgenden:

- Nimm unterstützende pflanzliche Präparate, ätherische Öle aus Lavendel und Kamille oder Blütenessenzen ein
- Wende dich an Freunde und dein Umfeld, um körperlichen Trost zu finden, deine Reise zu teilen und mitfühlende Präsenz zu erfahren

Vor vielen Jahren war ich bei einem 5Rhythmen-Tanz-Retreat zum Thema Sexualität und Ausdruck, wo ich eine Frau namens Laura kennenlernte. Sie war begeistert, mit Gabrielle Roth, der Gründerin dieser faszinierenden Bewegungsform, zu arbeiten. Sie war neugierig, aber noch unerfahren, was die persönliche Arbeit im Retreat anging. Der erste Tag fing gut an, alle fanden ihren Platz in der Gruppe und stimmten sich auf ihren inneren Prozess ein. Aber an diesem Nachmittag führte Gabrielle uns in eine herausfordernde Erkundung in Zweiergruppen, bei der es um die Bewegung des Beckens ging. Laura wurde aufgeregt und begann, sich gegenüber der Gruppe und der Leiterin anstößig zu verhalten. Der Rest des Wochenendes war für sie eine Katastrophe. Später erzählte mir Laura, dass sie sich die ganze Zeit wütend und unwohl gefühlt hatte.

Da wir einige Bewegungsübungen zusammen gemacht hatten, meldete sie sich hinterher bei mir, und wir unterhielten uns am Telefon. Ich ermutigte sie: »Es scheint, als hätte dir dieses Seminar die Möglichkeit gegeben, einige Konfliktpunkte in dir selbst zu erkunden. Es ist nichts Falsches daran, das herauszufinden. Es gibt viele Möglichkeiten, weiter zu forschen. Beratung, Tagebuchschreiben, weitere Bewegungsübungen und das Erzählen deiner Geschichte auf verschiedene Weise werden dir Klarheit über deine Vergangenheit, deine Verletzungen und deine Stärken verschaffen.«

Nach dem Seminar blieben wir ein paar Wochen in Kontakt. Laura erzählte mir schließlich, dass sie eine Therapie angefangen hatte und begann, verdrängte Gefühle und aufgestaute Emotionen zu entdecken. Es stellte sich heraus, dass ihre Beckenbewegungen sie mit alten Erinnerungen an unangemessene Berührungen durch ihre Cousins in ihrer Kindheit in Verbindung gebracht hatten. Auch wenn diese Momente eher erkundender Natur waren als missbräuchlich, hatte die Erregung, die sie in ihrem Körper ausgelöst hatten, sie verängstigt und dazu gebracht, die Empfindungen in diesem Bereich ihres Körpers abzuschotten. Sie begann zu malen und Gedichte zu schreiben, um ihre Heilung zu unterstützen. Obwohl ihr klar war, dass sie erst am Anfang ihrer inneren Erkundungen stand, fühlte sie sich nicht mehr desorientiert und verwirrt.

Persönliche Konfrontation

Diese Art von Erfahrung ist konfrontierend, demütigend und oft unangenehm. Es geht nicht um Ursachen, Gründe oder Kindheitserfahrungen, sondern um die nackte Wahrheit über das eigene Verhalten, die eigenen Entscheidungen oder Süchte. Das kann überwältigende Schamgefühle hervorrufen.

Es ist erwähnenswert, dass Scham auf dem Weg der Heilung nützlich sein kann. Es ist ein Zustand, in dem wir uns schlecht fühlen wegen etwas, das wir getan oder nicht getan haben, oder wegen etwas, das wir gesagt oder nicht gesagt haben. Es ist das Gewahrsein, dass wir uns unsensibel verhalten, eine andere Person verletzt oder uns selbst vernachlässigt haben.

Manche Menschen brechen zusammen, wenn sie mit Scham konfrontiert werden. Wenn jemand die Auswirkungen seines Handelns als Erwachsener nicht anerkennen kann, verharrt er unbewusst in einem kindlichen Zustand. Er braucht mehr Kraft und Selbstbewusstsein, bevor er bereit ist, sich seiner Situation zu stellen. Man kann sich seinem Schmerz und seiner Scham erst dann zuwenden, wenn man in der Lage ist, sich ihnen zu stellen. Lasse das Thema Scham außen vor, während jemand daran arbeitet, sein Selbstbewusstsein zu stärken. Was gibt ihm in seinem Leben Halt und Kraft? Sobald jemand sein Selbstwertgefühl und sein Selbstbewusstsein wiedererlangt hat, kann er mit einer gefestigteren Mitte zu seiner vergangenen oder gegenwärtigen Situation zurückkehren.

Wir können uns selbst nicht vergeben, bevor wir uns nicht mit unserer Scham auseinandersetzen und das Ausmaß unserer Handlungen spüren. Das heißt, wir hören auf, uns hinter Ausreden zu verstecken, und erkennen, wie unsere Handlungen uns selbst und andere beeinflusst haben. Das kann als Katalysator für Heilung und letztendlich für die Stärkung unserer Persönlichkeit dienen. Bevor wir Mitgefühl und Vergebung für uns selbst empfinden können, müssen wir wieder ein Gefühl der Verantwortung entwickeln.

Es ist nicht die Aufgabe eines Ritualleiters, jemandem eine schöne Erfahrung zu verschaffen, sondern dabei zu helfen, die Wahrheit zu erkennen. Es ist besser, Erwachsene nicht zu bevormunden. Manche Reisende fühlen sich vielleicht bereit, Wiedergutmachung zu leisten, andere möchten vielleicht etwas ändern, wieder andere entwickeln vielleicht eine neue positive Absicht. Sich mit den eigenen schwierigen Verhaltensmustern auseinanderzusetzen, kann zu einem tieferen Verständnis der Ursachen von Suchtverhalten führen.

Letztendlich sind wir alle für unsere Handlungen selbst verantwortlich. Oft entdecken wir unsere Wahrhaftigkeit erst, wenn wir entsprechend handeln. Erst wenn wir uns ohne Disziplin oder Selbsterkenntnis ins Meer hinauswagen, erkennen wir, dass wir einen Anker brauchen. Die Wahrhaftigkeit und die Werte, die wir pflegen, werden zu unserem Anker.

Eine Erfahrung der persönlichen Konfrontation ist wie ein Spiegel. Wir müssen sehen, was wir tun, bevor wir uns ändern können. Der Spiegel kann uns motivieren, Maßnahmen zu ergreifen, um weiteren Schaden, Krankheit oder Verlust zu vermeiden. Vielleicht erkennen wir Traumata oder Unsicherheiten, die unserer Co-Abhängigkeit zugrunde liegen. Dies kann dazu führen, dass wir endlich die zugrunde liegende Matrix verstehen, die zu Suchtmustern führt. Obwohl diese konfrontativen Erfahrungen unangenehm sein und uns vor Herausforderungen stellen mögen, können sie uns auch optimistisch oder sogar entschlossen zurücklassen. Sobald die Wahrheit bekannt ist, stellt sich oft eine spektakuläre Erleichterung ein.

Wenn eine Reise uns an einen Ort der persönlichen Konfrontation führt, ist die Integration entscheidend. Ohne Integration kann die Erfahrung Ängste verstärken, anstatt sie zu lindern.

Wenn wir uns mit einer Sucht und ihren Ursachen auseinandersetzen, aber die Erfahrungen nicht verarbeitet werden, kann sich die Situation sogar verschlimmern. Eine Sucht nach einer Substanz, einer Person oder einer Aktivität wie Arbeit ist oft ein Versuch, sich selbst zu beruhigen und schmerzhafte emotionale Zustände zu bewältigen, die mit ungelösten Traumata verbunden sind. Es ist von größter Bedeutung, eine sichere Umgebung für die Zustände zu schaffen, die auf Reisen wieder erlebt werden können. Wenn diese traumatischen Ereignisse, ihre physiologischen Auswirkungen und ihr emotionaler Inhalt nicht angesprochen werden, kann der Klient sich einfach verängstigt fühlen, von übermäßig intensiven Gefühlen überwältigt sein und sich möglicherweise verschließen oder dissoziieren.

Mehr als einmal sind Menschen zu mir gekommen, die gerade eine Erfahrung in einem anderen Kontext mit einem erweiterten Bewusstseinszustand gemacht hatten. Sie tauchen in meiner Praxis auf und fragen mich, ob ich sie »wieder zusammensetzen« könne. Sie sind mit ihrer eigenen Scham und ihren selbstzerstörerischen Gewohnheiten konfrontiert und wissen nicht, was sie dagegen tun sollen.

Ich frage sie nach den Erwartungen, mit denen sie in diese Erfahrung gegangen sind. Was wollten sie? Was war der Inhalt ihrer Erfahrung? In welcher Weise wurden sie konfrontiert? Was ist die Hintergrundgeschichte ihres Lebens, die diese Art der Konfrontation rechtfertigt? Wie stehen sie zu ihren selbstzerstörerischen Mustern? Es ist nicht die Aufgabe des Ritualleiters, jemanden vor der Konfrontation mit sich selbst zu bewahren. Vielmehr ist es die Aufgabe des Ritualleiters, alles zu unterstützen, was ihrer Heilung am besten dient, wozu auch eine Konfrontation gehören kann.

Oft fehlt es an einer umfassenden Vorabklärung unter Einbeziehung der körperlichen und psychischen Vorgeschichte, und die Begleiter kennen den Hintergrund der Teilnehmer nicht. Ich verstehe, dass ein Meditationslehrer oder der Leiter einer Schwitzhütte vielleicht nicht bei jedem Teilnehmer eine gründliche Vorabklärung durchführt, nach Suchterkrankungen fragt oder eine psychologische Anamnese erstellt. Allerdings kann jede Erfahrung, die eine Veränderung der Physiologie mit sich bringt, intensive emotionale Inhalte wie Scham zum Vorschein bringen. Jemand kann plötzlich mit der Schwere seiner zuvor unbewussten psychologischen und emotionalen Inhalte konfrontiert werden. Es ist klar, dass diese Art von Erfahrung so konfrontativ ist, dass radikale Veränderungen entscheidend sind.

Wenn der Ritualleiter kein ausgebildeter Therapeut ist und der Inhalt, auf den ein Reisender zugreift, über seine Fähigkeiten hinausgeht, sollte er ihn an jemanden verweisen, der für die Arbeit mit diesem Material ausgebildet ist. Es ist wichtig, dass jeder Begleiter von erweiterten Bewusstseinszuständen darauf vorbereitet ist, seine Teilnehmer bei Bedarf weiter zu verweisen.

Wenn der Ritualleiter psychologisch geschult ist, kann er je nach Mut und Fähigkeiten des Teilnehmers zunächst kleine Veränderungen vorschlagen, um den Wiederherstellungsprozess der persönlichen Wahrhaftigkeit in Gang zu setzen. Es ist immer wichtig, sicherzustellen, dass diese Veränderungen für den Teilnehmer machbar sind; der Teilnehmer muss selbst entscheiden, in welchem Bereich er Veränderungen vornehmen möchte.

Oft sagt der Reisende in der Integrationsphase: »Ich will mich nicht mehr so fühlen.« Ein Ritualleiter könnte dann fragen: »Was wirst du tun, damit du dich nicht mehr so fühlst?« Solange sich jemand destruktiv verhält, werden die daraus resultierenden negativen Gefühle da sein. Konkrete Maßnahmen sind nötig, um diese Art der Integration zu unterstützen.

Für Menschen, die mit Suchtmustern oder ungesunden Verhaltensweisen zu kämpfen haben, ist es hilfreich, sich der Wahrheit zu stellen und alles aus ihrem Inneren auf ein Blatt Papier zu bringen. Das ist eine befreiende Übung. Es ist ein Bekenntnis, bei dem man alles aufschreibt, was man im Herzen trägt. Manchmal sage ich jemandem mit einem Alkoholproblem: »Jedes Mal, wenn du ein Glas Wein trinken möchtest, geh in deinen Garten und kümmere dich um deine Pflanzen oder mach dir eine Tasse Tee.« Es gibt Techniken und Übungen, die dabei helfen können, Suchtmuster in positive Handlungen umzuwandeln. Das mag nach kleinen Schritten klingen, aber jeder Schritt in die richtige Richtung erfordert viel Mut und Energie. Hier sind ein paar weitere Vorschläge für die Integration:

- Ändere deine Ernährung, das Rauchen, den Alkoholkonsum oder den Konsum von anderen Substanzen
- Nimm an 12-Schritte-Treffen teil, um Unterstützung zu bekommen
- Lies Bücher über Scham, Sucht oder Genesung
- Sei ehrlich zu dir selbst in Bezug auf Affären, Lügen, Betrug und die Menschen, die davon betroffen sind, indem du eine Liste deiner Handlungen aufstellst, die nicht wahrhaftig waren
- Mache eine Therapie, um ein tieferes Verständnis zu erlangen, oder bitte andere um Unterstützung bei dieser Klärung (die Verletzlichkeit dieser Art von Transformation erfordert fortwährende Ermutigung)
- Gehe in der Natur spazieren, um deine Seele wieder ins Gleichgewicht zu bringen
- Steigere deine tägliche körperliche Aktivität oder suche einen Ernährungsberater auf, um Unterstützung bei der Ernährung zu erhalten

Emotionale Öffnung und Loslassen

Es hat einen inneren Wert, Wut oder andere starke Gefühle, die man unterdrückt hat, zu spüren und auszudrücken. Natürlich wollen wir vergeben, uns besser fühlen und unser Leben in die Hand nehmen. Tatsächlich kann es aber sein, dass eine Verletzung aus der Kindheit, die in einem erweiterten Bewusstseinszustand auftaucht, eine wichtige Heilung sein kann, eine Chance, sich selbst zu stärken, indem man fühlt, was man früher nicht fühlen konnte, weil die Situation nicht sicher war. Die Situation war vielleicht so heftig, dass es nur ums Überleben ging. Eine emotionale Befreiung kann auch eine große Freude sein, vielleicht eine Freude, die in der Kindheit unterdrückt werden musste. Befreiung ist nicht auf Traurigkeit oder Wut beschränkt; das Ausdrücken von Kummer, Wut, Bedauern, Freude, Ehrfurcht oder Begeisterung kann zutiefst heilsam sein. Wie das Zitat von Rumi sagt: »Die Wunde ist die Stelle, an der das Licht in dich eindringt.«

Ein Reisender, der normalerweise seine Gefühle zurückhält, kann eine Öffnung finden und in einen Strom emotionaler Ausdruckskraft geraten. Menschen, die eher schüchtern sind oder ihre Gefühle unterdrücken, finden oft Zugang zu diesen Öffnungen emotionaler Leichtigkeit.

Auch wenn während der Reise intensive Gefühle erlebt, erforscht, verstanden und vielleicht sogar angenommen wurden, heißt das nicht unbedingt, dass sie vollständig losgelassen wurden oder bereit sind, zu gehen. Wir müssen ihren Wert anerkennen. Dann kann eine behutsame Integration den Abschluss des Prozesses unterstützen. Je nachdem, ob der Reisende während der Reise ein Gefühl der Vollendung gefunden hat oder nicht, wird die Integration unterschiedlich ausfallen. Die Art der Freisetzung bestimmt, welche Methoden am besten helfen.

Manche Reisen bestehen aus emotionalen Öffnungen, die sich nicht vollständig anfühlen. Der Reisende empfindet vielleicht Wut, Verrat, Opfergefühle oder Herzschmerz. Vielleicht hat er sich wieder als hilfloser junger Mensch erlebt, der missbraucht oder etwas Unangemessenem ausgesetzt war. Dass die Reise zu Ende ist, bedeutet nicht, dass der innere Prozess abgeschlossen ist. Möglicherweise braucht der Reisende weitere Betreuung, idealerweise von einem Therapeuten, der weiß, wie man mit dem inneren Kind arbeitet.

Wenn jemand eine traumatische Erinnerung aufgedeckt hat, kann es hilfreich sein, Therapien wie Eye Movement Desensitization Reprocessing (EMDR),[1] Emotional Freedom Technique (EFT)[2] oder Somatic Experiencing (SE) oder eine andere Technik vorzuschlagen, die darauf abzielt, Traumata aus dem Körper zu lösen.

Solch eine Person wird in der Integrationsphase viel Unterstützung brauchen. Die Integrationsübungen sollten aktivierend, aber nicht zu überwältigend sein.

Der Ritualleiter kann den Reisenden bitten, hässliche Bilder zu malen und unverfälschte Briefe zu schreiben, um die Emotionen wieder anzuregen.

Ein Reisender kann auch über seine emotionalen Erlebnisse und seine Gefühle nach der Reise schreiben. Wenn es sicher genug ist, kann er mit den ursprünglichen Tätern reden. Wenn der Peiniger schon verstorben ist, kann er ein Ritual der Loslösung machen. Einige weitere Vorschläge zur Integration sind:

- Aktive Atemübungen ausprobieren
- Hügel oder Treppen hochrennen

- Mit einem Schläger auf einen toten Baumstamm einschlagen
- Benutzte Teller gegen eine Wand werfen oder Steine werfen
- Einer Trommelgruppe beitreten oder Trommelaufnahmen anhören
- Wild tanzen

Ich hatte einen Klienten, dessen Vater ein gewalttätiger Alkoholiker war, der ihn in seiner Kindheit misshandelt und beleidigt hatte. Wir entschieden uns für eine Klang- und Atemreise. Obwohl wir vorher über seine Vergangenheit gesprochen hatten, war er mit dieser Wut noch nicht in ihrer unverfälschten Form in Berührung gekommen. Auf seiner Reise kam er mit der unterdrückten Wut auf seinen Vater in Kontakt. Er stieß Laute aus, brüllte, spürte seine Kraft und weinte. Es war ein echter körperlicher Ausdruck seiner Wut, Traurigkeit und Verzweiflung.

Nach der Reise wusste er, dass sein Ausdruck noch nicht vollständig war. Die Reise hatte etwas geöffnet, aber es gab noch mehr loszulassen. Während der Integrationsphase wollte ich, dass er seine Gefühle in einem normalen Bewusstseinszustand weiter ausdrückt. Nachdem ich überlegt hatte, was ihm helfen könnte, seinen Prozess abzuschließen, bat ich ihn, mit einem Baseballschläger in einen Park in der Nähe seines Hauses zu gehen und einen umgestürzten Baumstamm zu suchen, auf den er einschlagen konnte. Zuerst zögerte er, da ihm diese Körperübung gekünstelt erschien. Er sah nicht, wie sie die Emotionen hervorrufen sollte, die er während der Reise empfunden hatte.

Aber er beschloss, es täglich zu machen, und nach drei Tagen freute er sich schon auf die Übung. Er spürte, wie sich sein Atem öffnete und eine gesunde Vitalität durch ihn hindurchströmte. Am fünften Tag gelangte er zu den intensiven Emotionen, die seit seiner Kindheit in ihm aufgestaut waren. Indem er auf den Baumstamm schlug, konnte er die Wut in ihrer unverfälschten und instinktiven Form durch seinen Körper fließen lassen und eine ursprünglich-unverfälschte, ungefilterte Emotion zum Ausdruck bringen.

Die Freisetzung der Wut des Kindes aus der Vergangenheit sowie der Empörung des Erwachsenen über das, was das Kind erlebt hatte, half ihm, die Komplexität seiner Gefühle zu verstehen. Je mehr er ausdrückte, desto mehr kam er in Kontakt mit seinen Emotionen – und letztendlich mit seiner Kraft. Gleichzeitig schrieb er über seine Erfahrungen und traf sich wöchentlich mit mir. Der körperliche Ausdruck seiner Wut ermöglichte es ihm schließlich, sich leichter zu fühlen und besser mit seinen Grenzen und seinem Selbstempfinden in Kontakt zu kommen.

Selbstliebe und Selbstfürsorge

Diese Erfahrung ist oft eine direkte Erfahrung von Selbstfürsorge und Selbstliebe. Wenn jemand die Freude und Leichtigkeit spürt, die in diesem Zustand verfügbar sind, wird der Psyche ein neuer Entwurf vorgeschlagen. Der Wert liegt in seiner Natürlichkeit, da die Möglichkeit besteht, durch Selbstliebe das Wohlbefinden wiederzuerlangen. Es entsteht eine neue zärtliche Beziehung, die vorher vielleicht nicht da war. Jemand, der durch Kinderbetreuung, Arbeit oder familiären Kummer erschöpft ist, kann durch so eine Erfahrung wieder zu Kräften kommen und heilen. Eine Person, die durch die elterliche Fürsorge nicht wertgeschätzt oder umsorgt wurde, kann diese Erfahrung auch als eine Möglichkeit erleben, sich von innen heraus zu nähren – von sich selbst für sich selbst. Es gibt einen entscheidenden Unterschied zwischen genährt werden und sich selbst nähren.

Es hat etwas zutiefst Berührendes, wenn man miterlebt, wie jemand seine Selbstfürsorge wiederentdeckt. Es ist eine sehr private Erfahrung, und doch kann das Miterleben eine messbare Unterstützung sein. Es ist wie für ein Elternteil, das seinem Kind beim ersten Fahrradfahren zusieht; es ist ein Moment, der es wert ist, miterlebt zu werden, und die innere Begeisterung ist unvergleichlich. Das Ziel ist es, die Erfahrung der Selbstliebe durch verschiedene Ansätze wie Körperpflege, emotionale Verbundenheit, spirituelle Rituale oder Zeit in der Natur allein oder mit Freunden aufrechtzuerhalten.

Selbstfürsorge und Selbstliebe sind möglicherweise die transformativsten Erfahrungen, die wir in einem erweiterten Bewusstseinszustand machen können. Sie können unsere vergangenen Verletzungen heilen, unser gegenwärtiges Potenzial würdigen und ein Licht der Fürsorge auf unsere Zukunft werfen. Die Integration dieser Erfahrungen ist entscheidend und heikel. Hilf dem Reisenden dabei, herauszufinden, was sein Wohlbefinden fördert. Ist es eine fürsorgliche Beziehung oder Alleinsein? Der Aufenthalt in der Natur oder in der Zivilisation? Das Verfolgen von Schritten zur Erreichung eines Ziels oder freie Kreativität? Entwickle dann Übungen oder Maßnahmen, die mehr Selbstliebe in den Alltag einflechten. Weitere integrative Übungen zu diesem Thema sind:

- Schreibe einen persönlichen Dankesbrief, in dem du dich selbst wertschätzt – Was ist liebenswert an mir?
- Koche dir etwas Nahrhaftes
- Bringe mehr Schönheit in dein Leben, indem du Blumen oder andere Naturelemente in deine Wohnung holst
- Höre entspannende oder fröhliche Musik, tanze herum, renne durch Wildblumen
- Mache Übungen zum Selbstmitgefühl, wie zum Beispiel Metta-Meditation
- Nimm dir Zeit für dich selbst – mache Yoga oder sei kreativ
- Mache das, was du wirklich gerne tust und was deinen Geist beflügelt

ZUGANG ZUM UNTERBEWUSSTSEIN

Kindheitserinnerungen

Lara war unnachgiebig, eigensinnig und festgefahren. Sie beklagte, dass Therapie ihr nicht helfe, Meditation sie verrückt mache und die Natur sie langweile. Sie wollte einen tieferen Ansatz, und eine Freundin schlug ihr vor, mich zu kontaktieren. Ich wusste, dass sie den Prozess nicht weiterverfolgen würde, wenn ich ihr vorschlagen würde, es langsam anzugehen und ihre Geschichte über Monate hinweg immer wieder durchzugehen. Wir beschlossen, dass sie mich auf meiner nächsten Reise nach Mexiko begleiten würde. Sie hatte das Gefühl, dass diese Art von Reise tiefere Schichten ihrer Psyche öffnen und ihr helfen würde, ihre Situation besser zu verstehen. Wir nahmen uns die nächsten Wochen Zeit für die Vorbereitungen. Lara erzählte mir viel aus ihrem Leben, was für sie am schwierigsten war (ihre Wut), was sie an sich selbst am meisten mochte (ihren Körper), welche Unterstützung sie hatte (ihre Freunde) und was ihr das Gefühl gab, festgefahren zu sein (ihre Wut auf ihre Mutter).

Laras innere Reise während der Ritual in Mexiko war beschwerlich. Sie war traurig und wütend, fühlte sich verschlossen und festgefahren. Ich beobachtete sie, wie sie mit ihren unterbewussten Problemen kämpfte, die an die Oberfläche kamen. Ich sagte ihr, sie mache das großartig, obwohl sie mir nicht zustimmte. Ich hätte näher zu ihr gehen und sie unterstützen können, doch ich hatte das Gefühl, dass ihre Reise sich für sie genau richtig entwickelte. Obwohl ich während ihrer Erfahrung immer wieder Kontakt zu ihr hatte, war nichts, was ich tat, gut genug, und ihre innere kritische Stimme war sehr aktiv. Sie wurde mit ihrer Sturheit und ihrer Meinung zu allem konfrontiert.

Letztendlich fand Lara Zugang zu ihrer Erschöpfung und ihrer Verzweiflung, als ihre tiefe Verletzung an die Oberfläche kam. Sie fand endlich Zugang zu ihrer Angst als Kind und ihrem Bedürfnis, ihre Umgebung um jeden Preis kontrollieren zu wollen. Endlich sah sie, woher ihre Muster stammten. Sie fand eine wesentliche Wahrheit, als sie den Missbrauch erkannte, den sie als Kind erlitten hatte, und trotz des Schmerzes fühlte sie sich befreit. Als das Ritual zu Ende war, wirkte sie entspannt, offen und lächelte. Sie hatte ihre Wut, die letztlich gar nichts mit ihrer Geschichte über ihre Mutter zu tun hatte, vollständig losgelassen.

Viele Menschen, die auf Reisen gehen, verstehen nicht, wie ihre Kindheit mit ihrer aktuellen Psyche zusammenhängt. Wenn man die Punkte miteinander verbindet, werden die aktuellen Dynamiken in den eigenen Beziehungen klarer. Menschen, die schnell wütend werden, können den Prozess der Projektion erkennen und ihn als Spiegelbild ihrer eigenen Gedanken annehmen. Solche Erfahrungen projizieren das persönliche Theater des eigenen Lebens auf die Leinwand des inneren Auges und beleuchten unbewusste Facetten der eigenen Psyche.

Die Wut kann dann durch ein Gefühl der Akzeptanz und sogar Mitgefühl für die eigene Lebensgeschichte ersetzt werden.

Nach solchen Einsichten gibt es für den Ritualleiter viel zu tun. Nachdem der Reisende die Geschichte erzählt hat, die er verstanden hat, kann der Ritualleiter positive Reflexionen und Bestätigungen seiner Einsichten anbieten, indem er diese mit Respekt und Liebe widerspiegelt, bekräftigt und wertschätzt.

Wenn Erinnerungen wieder hochkommen, sollte der Ritualleiter sie je nach ihrer Art anders unterstützen. Er kann das »Kind« und positive Kindheitserinnerungen hervorrufen. Bei schwierigen Erinnerungen sollte der Ritualleiter durch fortlaufende Unterstützung auf die verletzliche emotionale Erfahrung des Kindes eingehen. Er kann den Reisenden auch ermutigen, Wege zu finden, seine Geschichte und seine Erinnerungen zusammen mit den emotionalen Anteilen auszudrücken. Das Teilen der Geschichte durch Erzählen ist für diese Art der Integration von zentraler Bedeutung. Darüber hinaus kann der Reisende Folgendes tun:

- Eine Zeitleiste aufzeichnen, die positive und negative Erfahrungen aus dem gesamten Leben umfasst
- An einem Workshop zu Familienaufstellungen teilnehmen
- Einen Brief an das einsame oder leidende innere Kind oder an jemanden aus der Vergangenheit (Elternteil oder Täter) schreiben
- Spielen, Sandburgen bauen oder auf einen Spielplatz gehen

Visionen

Innere Visionen zeigen die innere Welt, wie sie sich vor dem geistigen Auge abzeichnet. Sie können Energiemuster zeigen, die man sehen kann. Jede Art von psychoaktiver Erfahrung hat ihren eigenen Charakter, der bestimmte visuelle Muster und Bilder hervorbringt. Manche Klänge lösen bestimmte Bilder, Farben und Muster aus.

Wenn man mit einer entheogenen Pflanzenmedizin in eine Erfahrung eintaucht, kann es manchmal passieren, dass sich die Pflanze selbst zeigt. Ein paar Jahre lang nahm ich regelmäßig an Ayahuasca-Retreats teil. Ich war erstaunt, in wie vielen Bildern Schlangen, Lianen, die sich um hohe Bäume rankten, und dichte, feuchte Dschungelszenen auftauchten. Ich fühlte mich sogar selbst wie ein Jaguar. Ich hatte das Gefühl, in die Landschaft versetzt worden zu sein, in der die Ayahuasca-Liane wächst. Als ich letztes Jahr in den bolivianischen Dschungel reiste, zeigten mir meine Freunde die Ayahuasca-Liane inmitten eines Dschungelgewirrs, und ich hatte eine Rückblende auf diese lebhaften Visionen, die ich auf meinen inneren Reisen gesehen hatte.

Diese Erfahrung kann auch den inneren Zustand eines Reisenden widerspiegeln, so schön oder schrecklich er auch sein mag. Wenn es Visionen von anderen Menschen in anderen Zeiten gibt, scheint es, als würde der Reisende Zugang zu einem tieferen kollektiven Unbewussten erhalten. Es ist schwer zu erklären, wie diese Erfahrungen zustande kommen. Der Reisende wird eingeladen, durch die Verbindung mit dem Leben eines anderen Menschen etwas über sich selbst zu verstehen. Visionen tauchen auf, wenn es einen Grund gibt, sie zu sehen und zu erkunden.

Der Ritualleiter kann den Reisenden bitten, die Visionen zu beschreiben und mit seiner Absicht in Verbindung zu bringen. Was sagen die Visionen über die innere Landschaft des Reisenden aus? Wie könnten diese bestimmten Visionen ihn auf seinem Lebensweg weiterbringen? Der Ritualleiter kann den Reisenden einladen, seine persönlichen Bedeutungen rund um das Gesehene zu erkunden. Es ist hilfreich, wenn der Ritualleiter etwas über Symbolik, Mythen und Archetypen weiß. Achte darauf, *wie* die Vision gewirkt hat, nicht nur darauf, *was* sie war. War sie bedrohlich? War sie freundlich und beruhigend? Welche Gefühle oder Erinnerungen hat sie geweckt? Das Ziel ist es, Bedeutung und Ausdruck hervorzurufen. Visionen können wie Träume angegangen werden; wir können die Symbolik entschlüsseln und die auftretenden archetypischen Energien erkunden. Während man mit seiner Vision arbeitet, beginnt sie ihre tiefere Bedeutung zu offenbaren.

Wenn jemand eine Vision von einer Person aus einer anderen Zeit oder einem anderen Ort hat, ist das eine Einladung, das Gesehene zu interpretieren und zu verstehen. Es ist wertvoll, diese Visionen als Lehren zu sehen. Wenn der Reisende eine Vision von jemandem aus einer anderen Zeit oder einem anderen Ort hatte, kann der Ritualleiter fragen: Wie wäre es, diese Person zu sein? An wen erinnert sie dich?

Welche Eigenschaften fallen dir an dieser Person besonders auf? Welche Fragen hast du an diese Person? Was bedeutet diese Verbindung für dich?

Wenn der Reisende auf Leiden an einem anderen Ort der Welt gestoßen ist, könnte das eine Einladung sein, dort Unterstützung und Liebe anzubieten. Oder vielleicht wird er daran erinnert, sich mit dem Leiden in seinem eigenen Leben auseinanderzusetzen, wo er möglicherweise zu selbstgefällig handelt. Wie können die eigenen Handlungen mit dem empfundenen Mitgefühl in Einklang gebracht werden?

Wenn jemand eine starke Vision hatte, schlage ich manchmal vor, sie zu malen. Manchmal entsteht dabei ein faszinierendes Bild, das derjenige aufbewahren möchte. Es ist wunderbar, Visionen greifbar zu machen und ihnen Form zu geben. Was wir sehen, ist, wer wir sind. Ob wir nun glauben, dass alle Bilder, die wir sehen, aus unserem Unbewussten oder unserem kollektiven Unbewussten stammen, oder dass wir reale, normalerweise unsichtbare Dimensionen wahrnehmen – wir nehmen aus einem bestimmten Grund hier und jetzt Kontakt zu diesen Bildern auf. Die Visionen haben einen Sinn. Wir sind eingeladen, eine Beziehung zu unseren Visionen aufzubauen, neugierig zu bleiben und sie schließlich als Lehren in unser Leben zu integrieren.

- Schreibe eine Geschichte, zeichne, male, stelle die Vision pantomimisch oder schauspielerisch dar
- Untersuche und erkunde die Visionen, indem du über das Bild, das erschienene Tier oder das Objekt nachliest

Als ich dreißig Jahre alt und mit meiner Tochter schwanger war, habe ich eine Reihe von schamanischen Trommel-Sessions mitgemacht. Während des Trommelns hatte ich eine Vision von einer Landschildkröte. Ich sah, wie sie sich sonnte und mit ihrem Zuhause auf dem Rücken spazieren ging. Meine Ritualleiterin sagte mir, das Tier sei gekommen, um mir auf einer symbolischen Ebene etwas beizubringen, und ich solle dieses Tier auf verschiedenen Ebenen in mein Leben einladen. Sie schlug mir vor, über Schildkröten zu lesen, sie zu besuchen und Filme über sie anzuschauen. Je mehr ich über Landschildkröten lernte, desto faszinierender wurden sie für mich.

Auf symbolischer Ebene machte es immer mehr Sinn, warum dieses Tier mir erschienen war. Ich ging in den Zoo, beobachtete die Schildkröten und nahm ihre Lehre an. Für mich ging es darum, langsamer zu werden und mich um mein unmittelbares Zuhause zu kümmern. Es war Zeit für mich, ein Nest für mein Kind zu bauen. Vor der Trommel-Session hatte ich keine besondere Verbindung zu Schildkröten verspürt. Dieses Tier kam als Lehrer zu mir und blieb es auch über Jahre hinweg.

Unser Verstand ist im Gleichgewicht, wenn er uns dabei hilft, uns weiterzuentwickeln und uns selbst besser zu verstehen. In diesem Gleichgewicht suchen wir nach verschiedenen Erfahrungen, aus denen wir lernen können. Wir suchen nach Fakten, die uns Wegweiser oder Beispiele geben können. Wir freuen uns über Geschichten, Ereignisse und anregende Aktivitäten, aus denen wir auch was lernen können. Wir nehmen uns Zeit, um die Informationen, die wir aufnehmen, zu verstehen und zu verarbeiten. Wir stillen unseren Hunger nach Wissen und versuchen, unseren Erfahrungen einen Sinn zu geben.

Wir bringen die intellektuellen Informationen, die wir bekommen, mit direkten Erfahrungen in Einklang. Indem wir intellektuell neugierig auf unsere gefühlten Erfahrungen bleiben, entwickeln wir Weisheit.

Wenn wir im Gleichgewicht sind, können wir Ruhe und Stille in unserem Geist pflegen. Wir lassen unsere Denkprozesse ruhen und vermeiden unnötige Ablenkungen. Wir halten unseren Geist wach und fördern Konzentration und Fokus. Durch Meditation und Achtsamkeitsübungen fördern wir unsere Präsenz. Wir stillen unsere Neugier auf gesunde Weise. Wir folgen unserer Intuition und lernen, ihr zu vertrauen.

Wir haben das Gefühl, dass alle unsere Emotionen auf angemessene Weise gefühlt und ausgedrückt werden können. Wir stellen fest, dass wir in der Lage sind, über unseren emotionalen Zustand nachzudenken. Wir können den Mut aufbringen, unsere menschlichen Schwächen aufrichtig zuzugeben. Wir verpflichten uns, unsere Liebe, Enttäuschung und Wut aufrichtig anzuerkennen und auszudrücken. Wir sind entschlossen, unsere inneren Wahrheiten aufzudecken und Gelübde abzulegen, um sie aufrechtzuerhalten. Wir bleiben offen und richten unsere Aufmerksamkeit auf unsere Verhärtungen und Verspannungen und unsere Absicht, sie zu heilen. Wir bemühen uns, innere Ausgeglichenheit zu bewahren und unsere Vielschichtigkeit zu akzeptieren.

Wir schaffen Raum, um unser Unbewusstes durch Malen, Schreiben, Tanzen, Singen und Rituale zu erkunden und auszudrücken. Wir stehen in Verbindung mit unserer Traumwelt und sind auf die magische Führung um uns herum eingestimmt. Wir achten auf die Bilder und Zeichen, die sich uns offenbaren. Wir fördern unsere Kreativität und erlauben uns, neue Ideen, Visionen und Theorien zu erkunden. Wir bleiben neugierig auf unsere unbekannten inneren Dimensionen. Glück hängt nicht von vollständiger Selbsterkenntnis ab. Ein Gefühl des Friedens entsteht, wenn wir akzeptieren, was wir nicht wissen. Wir begegnen unseren Schattenseiten, unangenehmen Projektionen, Ängsten und Sorgen mit offenen Augen und Mitgefühl. Wir akzeptieren das Geheimnis unserer Entfaltung. Wir erweitern unser Wissen über Heilmethoden und Wege der Selbstfindung durch Lesen und direkte Erfahrung. Wir verpflichten uns dem Weg der Selbstfindung und des persönlichen Ausdrucks.

15

DIE ÄUSSERSTE KÜSTE

Lebensenergetisch-spirituelle Erfahrungen integrieren

Ich bin das Verbinden und das Lösen. Ich bin das, was bleibt und was geht. Ich bin derjenige, der hinabsteigt, und derjenige, zu dem sie aufsteigen.
GNOSTIC NAG HAMMADI[1]

Erweiterte Bewusstseinszustände führen uns über die physische Welt hinaus, über unser Ego und menschliche Konstrukte, in das Unsichtbare und in das, was manche von uns als die Welt des Geistes bezeichnen. Auch wenn wir oft durch vielschichtige psychologische und physische Blockaden hindurch müssen, ist die Begegnung mit der spirituellen Dimension eine magische Erfahrung, die unsere Sicht auf das Leben für immer verändern kann. Ich habe erlebt, wie sich wissenschaftlich denkende, nicht spirituelle Menschen auf Reisen begeben und einer spirituellen Dimension geöffnet haben. Die Erfahrung von etwas so Großem kann den Glauben an etwas Größeres als die eigene menschliche Identität wecken oder bekräftigen. Diese spirituelle Kraftquelle bietet die Möglichkeit, dem Leben einen tieferen Sinn zu geben.

Eine spirituelle Erfahrung in das eigene Leben zu integrieren, mag schwer fassbar erscheinen, kann aber von unschätzbarem Wert sein. Wie jeder Aspekt des Lebens, auf den wir uns konzentrieren, kann auch die spirituelle Dimension wachsen. Menschen können jede Öffnung, die sie erleben, durch das Lesen von Büchern spiritueller Lehrer weiter pflegen. Sie können anfangen zu singen oder zu beten. Sie können mit Meditation oder innerem Zuhören und Stille beginnen. Sie können einen Altar mit spirituellen Bildern gestalten. Sie können *Kirtan* oder Andachtsgesänge aus der hinduistischen Tradition praktizieren oder Hymnen singen. Sie können eine Kirche oder einen Tempel besuchen oder weitere erdverbundene Rituale und Rituale erkunden. Wenn sie eine bestimmte Vorstellung von einer Gottheit haben, ist es hilfreich, ein Buch zu finden und sich mit der Mythologie dieser Gottheit zu beschäftigen. Es ist wunderbar, Bücher von Menschen zu lesen, die ihr Leben dem Geist gewidmet haben.

Eine spirituelle Praxis muss nicht unbedingt Meditation, den Besuch einer Kirche oder die Verbindung zu einer bestimmten Gottheit bedeuten. Es gibt viele verschiedene Möglichkeiten, mit dem Geist in Verbindung zu treten. Manche bevorzugen vielleicht individuelle Praktiken gegenüber Gemeinschaftspraktiken. Für andere ist es vielleicht besser, sich einer Gruppe anzuschließen und sich von der Gruppendynamik mitreißen zu lassen, anstatt zu versuchen, selbst etwas Neues zu schaffen. Spiritualität muss nicht etwas sein, zu dem man sich hinsetzt und mit dem man kommuniziert. Für

Menschen mit einem ausgefüllten sozialen Leben kann es am besten sein, sich einen Ort des Rückzugs zu schaffen, sich Zeit zu nehmen und alleine zu praktizieren.

Ich hatte einmal einen Klienten, der sich entschloss, in der örtlichen Suppenküche zu helfen, weil er zu dem Schluss gekommen war, dass dies seine spirituelle Praxis sein sollte. Er merkte schnell, dass er durch das Geben nicht nur seine Seele nährte, sondern auch mit Menschen in Kontakt kam, denen er in seinem normalen Leben nie begegnet wäre. Seine Definition von Freundschaft erweiterte sich, und er legte das Stigma ab, das er in Bezug auf Armut, mangelnde Bildung und Sucht mit sich herumgetragen hatte. Seine Integrationsarbeit begann damit, dass er sich spirituell mehr einbrachte, und er merkte, dass er tatsächlich ein mitfühlenderer Mensch wurde.

Spiritualität und Gemeinschaft überschneiden sich, wenn Spiritualität in gemeinnützige Arbeit und einfache Handlungen umgesetzt wird. Auf diese Weise verkörpert jemand durch seine Handlungen die Eigenschaften von Gottheiten und Heiligen.

Auf meinen eigenen spirituellen Reisen bin ich reiner Schöpfungsenergie, Jesus und Gaia begegnet. All das waren unvergessliche Erlebnisse. Aber am Ende waren es die Praktiken wie das Sitzen unter einem Baum, das Meditieren, das Lesen göttlicher Poesie und der Besuch heiliger Orte, die für mein spirituelles Leben am wichtigsten waren. Diese konkreten Handlungen, mit denen man die spirituelle Dimension in den Alltag bringt, sind der beste Weg, um die Klarheit, Kraft und Liebe der Reise zu verankern. Der Weg, eine spirituelle Erfahrung zu integrieren, besteht darin, eine fortlaufende Praxis zu entwickeln, die alles einbezieht, womit man in Verbindung gekommen ist.

SINNLOSIGKEIT

Manchmal ist unsere innere Welt enttäuschend. Wenn man auf einer Reise auf eine flache und farblose innere Welt stößt, kann das zeigen, dass man in seinem Leben den Kontakt zur Spiritualität verloren hat. Diese Flachheit könnte ein Überbleibsel einer zynischen Einstellung gegenüber der spirituellen Welt sein, die man als Kind hatte. Eine trostlose innere Welt kann auch als Warnung dienen und auf das Ergebnis eines Lebens hinweisen, das sich an übertriebenem Materialismus, Äußerlichkeiten und dem Festhalten an einem falschen Selbst orientiert.

Diese öde innere Landschaft kann durch die Einführung verschiedener Praktiken wieder mit Leben erfüllt werden. Es kann hilfreich sein, den Reisenden dazu anzuleiten, über Ereignisse oder Situationen in seinem Leben nachzudenken, die zu dieser inneren Trostlosigkeit beigetragen haben könnten. Bei einem Erwachsenen, der ein Leben voller Gier, Macht und Materialismus führt, sind einige Entscheidungen und Veränderungen notwendig, um diesen erstarrten inneren Zustand aufzutauen. Menschen, die das Fehlen von Spiritualität in ihrem Leben spüren und dies ändern möchten, brauchen Unterstützung dabei, wie sie diesen Teil ihres Lebens pflegen können. Ich habe viele Klienten, die ohne Vorkenntnisse oder Erfahrungen mit spiritueller Praxis zu mir kommen, aber dennoch diese Dimension ihres Lebens entwickeln möchten. Je nachdem, woher sie kommen und was ihr Interesse weckt, gebe ich diesen Klienten

Bücher zum Lesen, wie zum Beispiel die Evangelien, Gedichte des persischen Dichters Rumi oder Bücher über tibetischen Buddhismus oder die Kabbala.

Ein Ritualleiter sollte den Hintergrund eines Reisenden respektieren und alle Wünsche nach Vermeidung bestimmter Dinge berücksichtigen. Manche Menschen haben eine starke Abneigung gegen organisierte Religion, was dazu führt, dass sie alle Aspekte der Spiritualität ablehnen. Das mag als gesunde Abwehrhaltung in der Individuation begonnen haben, aber am Ende bleibt ihnen nichts mehr. Der Ritualleiter kann sie behutsam an einfache Meditationspraktiken wieder heranführen oder ihnen vorschlagen, Zeit in der Natur zu verbringen und der Welt um sie herum zu lauschen. Weitere Integrationspraktiken sind:

- Spirituelle Musik hören oder sich mit einer spirituellen Tradition auseinandersetzen
- An einem Ritual teilnehmen oder mit einer Meditationspraxis beginnen

UNSER SPIRITUELLES LEBEN ZURÜCKGEWINNEN

In einem neuen oder alten spirituellen Rahmen Sinn zu finden, ist ein entscheidender Moment. Es verbindet den Menschen wieder mit einem Gefühl der Spiritualität, das ihm zuvor nicht zugänglich war. Wenn es darum geht, sich wieder mit einem religiösen oder spirituellen Rahmen aus der Kindheit zu verbinden, kann dies dazu führen, dass eine Person die prägenden Werte und positiven Aspekte anerkennt, die vorhanden waren, unabhängig von den religiösen Zwängen, die sie dazu gebracht haben, das gesamte Modell abzulehnen oder zu verwerfen.

Wenn man auf etwas bisher Unbekanntes stößt, kann sich das zu einer ganz eigenen spirituellen Weltanschauung entwickeln. Diese Erfahrung kann das Interesse des Reisenden wecken und ihn zu weiteren Erkundungen ermutigen. Allein schon die Fähigkeit, sich unbekannten Praktiken zu öffnen, lehrt Flexibilität und Toleranz. Für jemanden, der noch nie ein Buch über Meditation gelesen hat, kann es faszinierend sein, die innere Stille, von der Buddha sprach, persönlich zu erleben.

Wenn ein früherer Rahmen wieder auftaucht, sollte der Ritualleiter zuerst fragen, welche Praktiken der Reisende am geeignetsten findet, da es nicht der richtige Zeitpunkt ist, etwas aufzuzwingen oder auch nur vorzuschlagen. Die frühere Ablehnung könnte durch einen autoritären Ansatz bei der Ausübung der Religion verursacht worden sein. Je nach Empfänglichkeit der Person kann ein Ritualleiter jedoch besser annehmbare Praktiken vorschlagen, wobei die endgültige Entscheidung immer beim Reisenden liegt.

Das Ziel dieser Integration ist es, die Wiedereinführung der Werte und vielleicht auch einiger Praktiken zu unterstützen, denen die spirituelle Tradition innewohnt, die abgelehnt oder verworfen wurde. Wenn es sich um eine unbekannte Tradition handelt, kann der Ritualleiter den Reisenden ermutigen, diese Tradition auf praktische Weise zu erforschen und zu erlernen. Wenn der Reisende beispielsweise eine Verbindung zu seinen Vorfahren hergestellt hat, kann er Traditionen, in denen die Verbindung zu den Vorfahren eine große Rolle spielt, weiter erkunden. In den Traditionen der amerikanischen Ureinwohner, der Taoisten, der Mexikaner und anderen gibt es Praktiken, bei denen die Vorfahren mit Essen versorgt werden. In der christlichen Tradition betet man für die Verstorbenen, um die Beziehung zu ihnen aufrechtzuerhalten. Der Reisende könnte ein Geisterhäuschen oder einen Schrein für seine Vorfahren bauen, wo er ihnen Weihrauch, Blumen, Kerzen, Essen oder Getränke darbringen kann. Weitere Integrationspraktiken für diese Art von Erfahrung sind:

- Einen Altar aufstellen
- Einen Ort der Verehrung besuchen oder vor einem Symbol wie einem Kreuz, der Jungfrau von Guadalupe oder auf der Erde knien
- Eine Schwitzhütte besuchen und Gebetsbänder knüpfen
- Podcasts oder Hörbücher von spirituellen Lehrern anhören
- Einen Dharma-Vortrag oder eine offene Meditation besuchen
- Andächtige Bewegungen wie Sufi-Tanz ausprobieren

Als ich meine erste Ritual mit meiner Lehrerin in Mexiko machte, war ich bereit für (und erwartete) eine uralte Weisheit, die von den Pilzen weitergegeben werden sollte. Als ich mich auf die Reise begab, hörte ich meine Lehrerin zu Jesus und Maria beten und spürte sofort, dass ich mich dagegen wehrte, einer Gehirnwäsche unterzogen zu werden. Als Teenager musste ich mich von dem befreien, was ich als schreckliche Einengung durch unterdrückende katholische Glaubenssätze empfunden hatte. Ich wollte mich jetzt, während ich auf Pilzen war, nicht einer Gehirnwäsche unterziehen!

Und doch war ich hier, in dieser heiligen indigenen Ritual, mit diesen alten Liedern und dem Glauben und der Hingabe meiner Lehrerin an ihren Gott. Innerhalb einer Stunde wurde ich zurückversetzt in meine eigene frühe Verehrung Marias und ihrer Güte gegenüber den Menschen auf Erden und zu Jesus als Botschafter der Liebe und Großzügigkeit. Ich fand zurück zu den tiefsten Werten meiner Kindheit, ohne die unterdrückenden Lehren über Jungfräulichkeit, Gehorsam und die untergeordnete Rolle der Frau.

Ich nahm Bilder der Mutter Maria mit nach Hause, zündete Kerzen für sie an, sprach mit ihr und sang Lieder für sie. Ich erinnerte mich an Momente meiner Kindheit, die von den christlichen Werten Solidarität, Nächstenliebe und Mitgefühl geprägt waren. Ich erzählte meiner Mutter, wie dankbar ich für die spirituelle Struktur meiner frühen Kindheit war, wie ich als Kind die Schönheit darin gespürt hatte, obwohl ich sie in meiner Jugend abgelehnt hatte. Ich versöhnte mich mit einem wichtigen Teil meiner spirituellen Identität, der die ganze Zeit in mir gewesen war und darauf gewartet hatte, zum Vorschein zu kommen.

MESSIANISCHE UND SPIRITUELLE ARCHETYPEN

Die Erfahrung, einen spirituellen Archetyp zu sehen oder zu verkörpern, kann für Menschen mit einem blühenden spirituellen Leben ein Segen sein. Der Archetyp kann durch den eigenen Körper kommen oder in allen Details gesehen werden. Das kann eine Übertragung von Kraft, Mitgefühl, Klarheit, Liebe oder jeder anderen spirituellen Eigenschaft sein, die der Archetyp ausstrahlt. Man kann das als Symbol verstehen oder wörtlich nehmen.

Manchmal werden Menschen nach einer Reise großspurig und messianisch. »Ich habe Gott gesehen!« Okay, du hast Gott gesehen, und ja, du bist göttlich, aber es kann ein falsches Gefühl entstehen, alles verstanden zu haben, im endgültigen Sinne *angekommen* zu sein. Es ist wunderbar, dass du die Erfahrung gemacht hast, im Licht des Großen Geistes angekommen zu sein, und nun für immer gerettet bist. Ich freue mich für dich, aber lass uns abwarten, wie sich das entwickelt. Unabhängig von der Tiefe oder Bedeutung einer spirituellen Erfahrung muss sie durch konkrete Handlungen integriert werden.

Der Kontakt mit Archetypen kann auch dann hergestellt werden, wenn jemand so sehr von der spirituellen Dimension abgekoppelt ist, dass der einzige Weg, den Kontakt wiederherzustellen, eine einschneidende Erinnerung ist, wie zum Beispiel das Sehen oder Erleben eines mächtigen Archetyps. Die Intensität dieser Erfahrung steht oft in direktem Verhältnis zur ursprünglichen starren Haltung der Person gegenüber spirituellen Themen.

Das Ziel ist, die Energie einer spirituellen Erfahrung auf praktische und bereichernde Weise in das Leben des Reisenden einfließen zu lassen. Der Begleiter kann die Echtheit und Gültigkeit einer solchen Erfahrung bestätigen und unterstützen, da sie nach dem Erlebnis vielleicht unglaublich erscheint. Archetypen sind Symbole für spirituelle Dimensionen und fungieren als Boten oder Portale zwischen der menschlichen Form und der unsichtbaren Dimension. Warum machen Menschen diese Erfahrung im Laufe ihres Lebens? Was bietet sie ihnen?

Der Ritualleiter kann den Reisenden dabei unterstützen, das Erlebte weiter zu verinnerlichen und konkret auszudrücken, wie der Archetyp gesehen oder gefühlt wurde. Das kann durch Bewegung, Rituale, Kunst, Andachtsgesänge, Teilnahme an Gruppenandachten oder durch das Lesen über den jeweiligen Archetyp geschehen. Wenn jemand eine Vision von Gaia als der essenziellen kreativen weiblichen Kraft hat, könnte er diese Beziehung pflegen, indem er Altäre auf dem Land errichtet oder Zeit allein in der Natur verbringt und heidnische Rituale durchführt. Wenn man sich als Kwan Yin erlebt hat, könnte man eine Statue von ihr suchen, über sie lesen und sie kennenlernen. Wenn man sich als Jesus gesehen hat, könnte man die Evangelien lesen, sich mit dem Christusbewusstsein beschäftigen und herausfinden, wie das Bild von Jesus das eigene Leben berührt. Wenn man eine Vision von einem angesehenen Lehrer oder einer Lehrerin wie Gandhi oder Mutter Teresa hatte, ist es auch hier sinnvoll, eine Beziehung zu den Lehren dieser Person aufzubauen. Wir können ihre Menschlichkeit, ihre Worte, die Themen, für die sie sich eingesetzt haben, und ihre Lebensweise studieren.

Jede Vision eines spirituellen Archetyps, die in einem erweiterten Bewusstseinszustand erscheint, kommt zu uns als Lehrer und Führer, und es liegt in unserer Verantwortung, diese Beziehung weiterzuverfolgen. Die Vision muss angesprochen, geehrt und aufrechterhalten werden. Die einfachsten Integrationspraktiken sind hier:

- Sich mit Bildern des Archetyps, dem man begegnet ist, umgeben
- Einen Altar oder ein Ritual erschaffen, um den Archetyp zu würdigen und zu ehren

Die zugrunde liegende Perfektion aller Dinge

Eine gute Freundin von mir erlitt in ihrer Kindheit schrecklichen sexuellen Missbrauch durch ihren Vater. Sie arbeitete mit großem Einsatz an ihrer Heilung durch psychologische Beratung und andere Methoden des Selbstausdrucks. All das half ihr außerordentlich. Schließlich beschloss sie, mit einer Gruppe von Freunden nach Südamerika zu reisen, um in einem Zentrum, das sie auf spiritueller und psychologischer Ebene bei ihrer Heilung unterstützen würde, Ayahuasca zu erleben. Sie erzählte mir, dass sie während einer Reise verstanden habe, dass es gerade der schreckliche Missbrauch war, der sie dazu gebracht hatte, nach Veränderung und persönlichem Wachstum zu suchen. Obwohl sie wusste, dass das, was passiert war, unentschuldbar war, empfand sie Dankbarkeit für den Weg, auf dem sie sich jetzt befand. Es war eine große Erleichterung für sie, aus tiefstem Herzen zu erkennen, dass ihr Schicksal einer seltsamen, aber perfekten Ordnung folgte.

Diese Art der Einsicht führt uns zur spirituellen Vollkommenheit unseres Seelenweges, während wir uns durch die Zyklen von Leben und Tod entwickeln. Vielleicht braucht jemand diese Art der Öffnung und Unterstützung, wenn er mit emotionaler Aufgewühltheit, Blockaden oder Todesangst konfrontiert ist. Es kann auch sein, dass jemand enorme Arbeit an den emotionalen Aspekten seines Lebens geleistet hat und nun zu einer umfassenderen Sichtweise des Lebens gelangt.

Das Ziel, eine Einsicht in diese Ebene der Vollkommenheit zu integrieren, besteht darin, das umfassende Verständnis lebendig zu halten und es gleichzeitig zu konkretisieren. Der Ritualleiter kann diese Integration unterstützen, indem er den Reisenden ermutigt, eine dauerhafte Beziehung zwischen diesem mitfühlenden Verständnis und den emotional intensiven Teilen seines Lebens aufzubauen. Wenn die Erfahrung die Beziehung der Person zum Tod berührt hat, kann sie durch sanfte Entspannung und, falls gewünscht, durch eine vertiefte Lektüre verschiedener kultureller Sichtweisen auf den Tod, wie z. B. das Leben nach dem Tod und die Reinkarnation, ergänzt werden. Das Verständnis, dass sich das Leben auf geheimnisvolle Weise entfaltet und jede Seele zur Ganzheit und Heilung führt, ist eine Sichtweise, die ein Ritualleiter persönlich erkunden sollte. Weitere Vorschläge zur Integration sind:

- Höre dir die Musik, die während des Rituals gespielt wurde, als Erinnerung wieder an
- Schreibe eine eigene Trauerrede
- Erkunde die Möglichkeit, in der Hospizpflege zu arbeiten oder jemanden beim Sterben zu begleiten

Ich-Auflösung

Die Ich-Auflösung zeigt dem Reisenden, dass die Kontrolle über die eigene Realität nur eine Illusion ist. Sie zeigt ihm, dass auf subtilen und geheimnisvollen Ebenen viel mehr im Spiel ist, als wir mit unserem Verstand begreifen können. Diese Erfahrung macht den Begriff »Bewusstseinserweiterung« verständlich, da sie das Bewusstsein in Dimensionen jenseits der normalen Wahrnehmung führt.

Eine echte Nahtoderfahrung oder eine Reise, bei der das Ich aufgelöst wird, zeigt einem Menschen, wie man loslassen und sich auflösen kann. Sobald sie sich hingeben, berichten Menschen von Erfahrungen wie Furchtlosigkeit, Glückseligkeit, weißem Licht und Befreiung. Diese Erfahrung lehrt uns das Akzeptieren, das Annehmen des Todes und das Loslassen in die Stille. Es ist die höchste Erfahrung, sich dem Unbekannten hinzugeben.

Wie sehr man loslassen kann, hängt davon ab, wie man es macht. Unabhängig davon, wie emotional oder psychisch reif jemand ist, können solche Erlebnisse wie Momente der Gnade sein. Die vollständige Hingabe des Ichs kann auch als dringend benötigte Unterstützung in Zeiten der Verzweiflung, des Kummers und des Verlustes dienen. Sie kann auch als Sprungbrett erscheinen, von dem aus man sich in die schwierige Aufgabe stürzen kann, eine herausfordernde Vergangenheit aufzuarbeiten. Eine solche Erfahrung kann uns etwas über Einheit und über die Tiefe der universellen Seelenverbindungen lehren. Sie kann oft zu Sanftmut, Vergebung, liebevollen Handlungen und Werten führen, die auf Solidarität und Teilen basieren.

Jemand, der mit einer lebensbedrohlichen Krankheit konfrontiert ist, kann durch die Erfahrung der Verbindung mit einem weitreichenden Raum der Zugehörigkeit, in dem sich die Ego-Struktur des Selbst auflöst, Halt finden. In dieser Art von Erfahrung berichten Menschen von Frieden, Dankbarkeit und der letztendlichen Bedeutung der Liebe.[2] Diese Art der Erfahrung kann jemandem zuteilwerden, der mit der Trauer um den Tod eines Familienmitglieds oder eines Menschen aus seinem Umfeld konfrontiert ist. Sie kann auch jemandem zuteilwerden, der Angst vor Veränderung und Vergänglichkeit hat. Ich-Auflösung kann auftreten, wenn jemand ein zwanghaftes Bedürfnis hat, seine Umgebung und Beziehungen zu kontrollieren. Diese Erfahrung lehrt uns, dass Tod und Loslassen ein natürlicher Teil des menschlichen Lebens sind.

Der Ritualleiter kann den Reisenden dazu anregen, auf alle Veränderungen seiner Gefühle zu achten, zu denen die Reise möglicherweise geführt hat. Oftmals wird der Reisende dadurch empfänglicher für Liebe und Sanftmut. In der Regel ist es am besten, nach einer so tiefgreifenden Erweiterung eine Haltung der Wissbegier gegenüber alten *Denkmustern* zu fördern, um den Reisenden zu unterstützen. Es ist auch sinnvoll, den Reisenden zu bitten, von seinen Träumen zu erzählen, da diese möglicherweise diese Öffnung widerspiegeln.

Wir alle haben einen Überlebensinstinkt und eine angeborene Angst vor dem Tod, und eine Erfahrung der Auflösung des Egos kann zu einer echten Kraftquelle werden, zu einem ungebetenen Geschenk des Himmels. Wenn wir uns der Auflösung unserer

Ich-Struktur hingeben, überwinden wir unsere Angst, und diese Art der Erfahrung vergisst man selten. Der Ritualleiter kann die Erfahrung des Reisenden unterstützen, indem er ihm Übungen vorschlägt, die ihn an seine Öffnung und Hingabe erinnern. Diese Erfahrung kann der Beginn eines kraftvollen Erwachens sein. Ein Ritualleiter kann dem Reisenden vorschlagen, täglich zu üben, sich mit dem Aspekt seines Wesens jenseits des Ichs zu verbinden. Weitere Integrationsübungen sind:

- Erkunde spirituelle oder non-duale Traditionen wie Zen, Dzogchen, Mahamudra, Kashmiri Shivaismus, Advaita Vedanta, Kabbalah oder die mystischen Zweige einer beliebigen Religion3
- Erkunde Kirtan, Andachtsgesang oder Gebet
- Verbringe einen Tag pro Woche oder ein Wochenende pro Monat in Stille und Ruhe
- Probiere sensorische Deprivation in einem Floating-Tank aus
- Zeige den Toten Respekt: Lege Blumen auf ein Grab
- Entwickle Wertschätzung für den Verlust der Jugend in dir selbst; schenke den Falten, den grauen Haaren oder dem sich verändernden Gesicht im Spiegel Aufmerksamkeit

In erweiterten Bewusstseinszuständen können wir Erfahrungen machen, die über die Gesetze unserer individuellen physischen Form hinausgehen. Das Paradoxe daran ist, dass wir, wenn wir uns für die spirituelle Dimension unseres Seins öffnen, über unsere Identität als getrenntes Selbst hinausgehen. Doch gerade durch unsere individuelle, viszerale Erfahrung können wir das Spirituelle erleben. Was auch immer wir erleben, wird durch den Körper wahrgenommen, im Körper gespeichert und in den Körper integriert.

Der Körper ist kein Gefährt, das es zu überwinden gilt. Er ist das Gefährt, in dem wir verkörpert sind, während wir hier auf der Erde sind. Und doch ist er vielleicht einfach nur die Ausstrahlung der spirituellen Dimension. Die Erkundung erweiterter Bewusstseinszustände führt uns zu einem Paradoxon: Alles, was ist, ist nicht, und alles, was nicht ist, ist. Zum Glück können wir uns spirituellen Lehren zuwenden, die seit Jahrtausenden darauf hinweisen. Wir sind nicht allein auf dieser heldenhaften Reise. Viele sind vor uns gekommen, und viele werden nach uns kommen.

Unsere Beziehung zum Spirituellen zu pflegen bedeutet, mit inneren und äußeren Dimensionen verbunden zu sein, die größer sind als unser Körper und unser Geist. Vielleicht sind wir in eine spirituelle Tradition hineingeboren worden, die uns dies von klein auf gelehrt hat, oder wir finden später im Leben zu einer Tradition, die unser Herz anspricht. Vielleicht werden wir von einer Gnade oder einer unerwarteten spirituellen Erfahrung berührt, die unser Interesse weckt, weiter zu forschen. Wie auch immer wir unseren Weg zum Spirituellen finden, wir entdecken, dass es sich um eine Beziehung handelt, die wir durch unsere Handlungen, Worte und unsere Lebensweise pflegen.

Der Kerngedanke einer spirituellen Praxis ist… *Übung*. Das heißt, wir trainieren die Aktivitäten, mit denen wir die Eigenschaften entwickeln, die wir erreichen wollen.

Es bedeutet, sich Zeit zu nehmen, um neue Gewohnheiten und Handlungen zu entwickeln, die mit unseren höchsten Absichten übereinstimmen. Eine Möglichkeit, Disziplin in unser Leben zu bringen, besteht darin, Routinen, Strukturen und Rhythmen zu schaffen, die unsere täglichen Übungen unterstützen. Wir können auch herausfinden, was wir lieben und was uns dem Geist näher bringt. Dann können wir uns von dieser Liebe leiten lassen.

Die spirituelle Praxis wird oft als Weg bezeichnet. Wir fangen da an, wo wir sind, und suchen uns eine Tradition, einen Lehrer oder eine Reihe von Lehren, die uns weiterbringen. Wir können aus verschiedenen Traditionen wählen oder uns voll und ganz einer einzigen verschreiben. Einige Traditionen sagen, dass wir von Natur aus schon perfekt und befreit sind und unser Leben entsprechend gestalten sollten. Welcher Weg uns auch immer ruft, eine spirituelle Tradition zu finden, die uns anspricht, gibt uns die Nahrung, nach der wir uns alle sehnen. Möge unser Weg uns durch unsere Hingabe und Praxis nach Hause führen.

Eine gesunde Beziehung zu unserem spirituellen Selbst gibt der Psyche sowie dem emotionalen und physischen Körper Halt und Kraft. Je aufmerksamer wir den geheimnisvollen Entfaltungen des Lebens gegenüber sind, desto besser können wir die Herausforderungen des Lebens mit Akzeptanz und Fürsorge meistern. Wir können eine stabile Gelassenheit entwickeln, die uns hilft, alle Probleme des Lebens zu meistern. Wir können eine Perspektive der liebevollen Losgelöstheit entwickeln. Wir sind ganz präsent, identifizieren uns aber nicht ausschließlich mit unserer schwierigen menschlichen Lage. Wir sind nicht von dem Bedürfnis nach Glück, bestimmten Zuständen oder bestimmten materiellen Besitztümern getrieben, um uns vollständig zu fühlen. Wir schaffen keine unnötigen Dramen und lassen uns nicht von Angst oder Hoffnung kontrollieren. Wir tanzen anmutig mit Bewegung und Veränderung.

Ein gesundes spirituelles Leben ist in den Eigenschaften der Unterscheidungskraft, Großzügigkeit, Mitgefühl, Geduld, Präsenz und Dankbarkeit verankert. Dies sind die Eigenschaften, die zunehmen, wenn alle äußeren Aspekte des Lebens verblassen. Wenn wir diese Eigenschaften kultivieren, werden wir zu initiierten Mitgliedern unserer Gemeinschaft: zu Führungskräften, Lehrern und Ältesten – zu Menschen, die die Welt dringend braucht.

16

DIE SCHÖNHEIT DER GEGENSEITIGEN ABHÄNGIGKEIT

Gemeinschaftszentrierte Erfahrungen integrieren

—

> Jede Erfahrung von Liebe bringt uns der Geschichte des Zusammenseins näher, weil sie nur in diese Geschichte passt und sich der Logik der Trennung widersetzt.
> CHARLES EISENSTEIN[1]

Lisa war eine Frau in den Vierzigern, hatte zwei Kinder und arbeitete als Ärztin in ihrer eigenen Praxis. Ihre Beziehung zu ihrem Mann war beständig, aber sie war regelmäßig wütend auf ihn, ohne dass es dafür einen »logischen« Grund gab. Sie erklärte, dass sie schon bei den kleinsten Fehlern seinerseits ein unkontrollierbares Gefühl der Verärgerung verspürte.

Lisa wusste, dass das nichts mit ihm zu tun hatte, und wollte herausfinden, was in ihr vorging. Sie hatte schon einige Psychotherapiesitzungen hinter sich und das Gefühl, dass sie ihre Themen mit ihrem Vater über die Jahre aufgearbeitet hatte. Nach gründlicher Vorbereitung und dem Sammeln von Kräften war sie bereit, tiefer in ihr Unterbewusstsein einzutauchen. Sie kam mit mir nach Mexiko, fest entschlossen, »der Sache auf den Grund zu gehen«.

Lisa lag auf ihrer Matte auf dem Boden des Ritualeraums und spürte langsam, wie die Pilze wirkten. Dabei überkam sie eine komische Übelkeit, die sie nicht loswurde. Ich schlug ihr vor, sich darauf einzulassen und ganz in sich hineinzuhören, um zu sehen, wohin es sie führen würde. Nach etwa 30 Minuten rollte sie sich zusammen und fing an zu wimmern. Ich blieb in ihrer Nähe, damit sie meine Unterstützung spüren konnte. Das ging etwa zwei Stunden lang so weiter. Schließlich hörte ihr Wimmern auf, und sie bat mich, sie zum Erbrechen zu begleiten. Als wir in den Raum zurückkehrten, war sie friedlich und ruhig.

Später berichtete Lisa, dass sie Erinnerungen an ihren Großvater gehabt hatte, der sie während der Sommerferien, wenn ihre Eltern sie bei ihren Großeltern ließen, sexuell missbraucht hatte. Jahrelang war sie wegen dieser verworrenen Erinnerungen und Emotionen verwirrt gewesen. Sie hatte ihren Großvater geliebt, doch diese widerlichen Erinnerungen blieben in ihrem Unterbewusstsein vergraben. Als Integrationsübung schlug ich ihr vor, einen Brief an ihren verstorbenen Großvater zu schreiben, in dem sie ihre Wut und ihre Ungläubigkeit zum Ausdruck brachte. Es erschien mir auch wichtig, dass sie ihre Herkunftsfamilie, angefangen bei ihren Geschwistern, in den Integrationsprozess einbezog. Zum Glück wurden sie zu Verbündeten in ihrem Heilungsprozess und unterstützten sie, als sie sich entschloss, ihrer Mutter davon zu erzählen. Lisa wusste, dass diese Nachricht für Aufruhr sorgen würde, aber sie fand den Mut, den Status quo in ihrer Familie zu durchbrechen. Ihre Mutter war entsetzt über diese Nachricht, aber nicht völlig überrascht. Der Dialog innerhalb der Familie ermöglichte es Lisa, mehr Selbstbestimmung zu erlangen und eine bessere Verbindung zu ihrem Mann aufzubauen, der nun nicht mehr die projizierte Last ihres unbewältigten Traumas tragen musste.

Lisas mutige Geschichte zeigt uns, wie wichtig es ist, Erkenntnisse, die man auf einer Reise durch das Licht des Gewahrseins gewonnen hat, mit der eigenen Familie und der Gemeinschaft zu teilen. In naturverbundenen Kulturen finden Rituale und Rituale oft in Gruppen statt. Das Gefäß entsteht durch die Art und Weise, wie die Menschen während des Rituals miteinander umgehen. Auf diese gemeinschaftliche Ritual folgt oft ein gemeinsames Essen, bei dem Visionen und Erfahrungen ausgetauscht werden. Die Teilnehmer sprechen vielleicht darüber, wie sie die göttliche Präsenz wahrgenommen haben, wie sie sich während des Rituals zueinander gefühlt haben oder wie ihre Emotionen freigesetzt wurden.

Ein Reisender findet vielleicht einen Weg, um Spannungen in seiner Familie zu lösen und Frieden zu stiften. Er gewinnt vielleicht Klarheit darüber, wie er seine Kinder erziehen möchte. Er fühlt sich vielleicht inspiriert, seine Vorfahren zu ehren, indem er Zeit damit verbringt, ihre Gräber zu schmücken, mit den Wurzeln seiner Familie in Verbindung zu bleiben und bestimmte Menschen als bleibende Einflüsse anzuerkennen.

Manchmal wird die Integration am besten durch Zeit allein und durch Kontemplation unterstützt. Auch wenn unsere industrialisierte Gesellschaft stärker individualistisch geprägt ist als indigene Kulturen, ist die individuelle Reflexion eine kulturübergreifende Praxis. Seit jeher suchen Menschen die Natur auf, um in Ruhe nachzudenken und über ihre Beziehung zu sich selbst zu reflektieren. Sie denken vielleicht darüber nach, wie sie sich gegenüber einem Familienmitglied schlecht verhalten haben, und beschließen, dass sie Klarheit darüber brauchen, bevor sie es ihm gegenüber aussprechen. In meditativen Gemeinschaften des Ostens kehren die Menschen nach einem langen Meditationsretreat, nachdem sie eine Zeit lang allein waren, in den Gemeinschaftsraum zurück und essen vielleicht gemeinsam in Stille, bevor sie ihr normales Leben wieder aufnehmen.

Da die meisten von uns in der industrialisierten Welt nicht in einem kleinen Dorf leben, müssen wir bewusst auf unsere Freunde und Familie zugehen, um während unserer Integrationsphase ein gemeinschaftliches Maß an Unterstützung aufzubauen. Es ist ein menschlicher Impuls, eine Reise mit unserem Partner, unserem Freund oder unserer Freundin oder einer Gruppe enger Freunde teilen zu wollen. Nach einer komplexen Erfahrung kann es jedoch auch sinnvoll sein, seine Erfahrungen für sich zu behalten und sie nicht zu schnell in Worte zu fassen. Auf diese Weise kann sich eine Reise ungestört weiterentwickeln und entfalten. Denn nur weil ein Ritual abgeschlossen ist, heißt das noch lange nicht, dass der innere Prozess abgeschlossen ist. Wenn der richtige Zeitpunkt gekommen ist, kann es hilfreich sein, die gewonnenen Erkenntnisse oder Herausforderungen in Worte zu fassen und mit anderen zu teilen. Das Teilen ist eine Gelegenheit, unsere Erfahrungen durch unsere Erzählung zu integrieren und zu bestätigen. Klarheit durch Worte zu finden, kann stärkend und stabilisierend wirken.

Der wichtigste Punkt der Integration auf der Ebene der Gemeinschaft ist, dass alle Erkenntnisse darüber, wie man mit der Außenwelt und seiner Gemeinschaft umgeht, in den Alltag einfließen.

DIE AUSWIRKUNGEN VON VEREINSAMUNG SPÜREN

Die eigene Einsamkeit und die Art und Weise, wie man Beziehungen gemieden hat, zeigen einem Reisenden, dass dieser Mangel an Verbindungen eine Quelle emotionalen und körperlichen Leidens ist. Das kann entweder durch mangelndes Vertrauen, Angst vor Verletzlichkeit oder mangelndes Selbstvertrauen in die Fähigkeit, Verbindungen aufzubauen und zu pflegen, verursacht werden. Es kann zeigen, wie andere Prioritäten gegenüber der Verbundenheit in den Vordergrund getreten sind. Da Menschen von Natur aus Herdentiere sind und in engem Kontakt mit anderen gedeihen, ist das Fehlen von Verbundenheit schmerzhaft und kann uns einer bereichernden Seite des menschlichen Lebens berauben.

Im Allgemeinen gibt es zwei Arten von Menschen, die während einer Reise ihre eigene Vereinsamung wahrnehmen. Die einen sind schüchterne, introvertierte Menschen, die nicht verstehen, warum sie sich in sozialen Situationen unwohl fühlen, da dies aus einem unbewussten, verletzten Teil ihrer Persönlichkeit herrührt. Vielleicht rührt das von einer Kindheit her, in der die Eltern sie nicht ausreichend gespiegelt, anerkannt oder einbezogen haben. Das kleine Kind wusste, dass ihm etwas Wichtiges fehlte, aber es wusste nicht, was. Das kann dazu führen, dass man sein Leben lang verwirrt ist, warum man sich nicht sicher fühlt, wenn man soziale Beziehungen aufbaut. Auf einer Reise, auf der man sich vereinsamt fühlt, kann ein Erwachsener vielleicht endlich nachempfinden, welchen Einfluss das familiäre Umfeld in der Kindheit auf ihn hatte.

Die anderen haben psychologische Strategien entwickelt, um das schüchterne Kind in sich zu schützen. Die Angst und Unsicherheit in Bezug auf Beziehungen sind die gleichen, aber sie zeigen sich anders im Leben. Das sind die Menschen, die oft mit der Arbeit, sportlichen Aktivitäten oder ihrem sozialen Leben beschäftigt sind. Wenn solche Strategien zum Schutz eingesetzt werden, haben die Erwachsenen mit einer anderen Art von Verantwortung zu kämpfen – sie erkennen vielleicht, wie sie selbst zu ihrer Vereinsamung beitragen.

Natürlich gibt es auch Menschen, die sich aus spirituellen oder medizinischen Gründen bewusst dafür entscheiden, in die Abgeschiedenheit zu gehen. Traditionell begeben sich Yogis in lange Meditationsretreats in Einsamkeit und verzichten auf menschlichen Kontakt, um sich auf andere Aspekte der Lebenswelt zu konzentrieren. Sie pflegen vielleicht eine innige Beziehung zu dem Landstrich, in dem sie leben, zu den örtlichen Elementen oder zu Wesen aus der geistigen Welt. In diesen Fällen gibt es bestimmte Praktiken, die diese Entscheidung unterstützen und das physische Bedürfnis nach anderen Menschen transformieren.

Für den Rest von uns ist es unnatürlich und sogar ungesund, uns unser angeborenes Bedürfnis nach sozialen Kontakten zu verweigern. Und trotzdem leben wir schon in einer Kultur der Vereinsamung, in der jeder in seinem eigenen Zuhause oder Auto sitzt und auf seinen Computer, Fernseher oder sein Handy starrt. Das Gefühl der Vereinsamung kann ein starker Antrieb sein, um sich zu heilen. So eine Erfahrung kann uns dazu bringen, menschliche Verbindungen aufzubauen oder unsere Schwierigkeiten mit der Nähe zu anderen zu erkunden.

Diese Erkenntnis kann oft ein Anstoß sein, sich zu öffnen, sich emotional zu zeigen, zu teilen und zu wachsen. Ein Ritualleiter kann den Reisenden ermutigen, auf Freunde zuzugehen, den Kontakt zu Familienmitgliedern zu suchen, einer Interessengruppe, einer Wandergruppe oder einer Selbsthilfegruppe beizutreten. Der Klient kann sich zum Mittagessen verabreden, Clubs oder spirituellen Gruppen beitreten oder Kurse besuchen. Das Ziel ist es, nach und nach auf andere zuzugehen, aus der Vereinsamung herauszukommen und mehr Verbindungen aufzubauen. Man sollte nicht zu schnell in komplexe Situationen eintauchen. Einfach Kontakt aufzunehmen und sich persönlich zu treffen, ist ein Anfang. Das Ziel ist, über SMS, E-Mails oder soziale Medien hinauszugehen, die alle nur den Anschein von Nähe erwecken, aber keine echte Nähe bieten. Der Reisende kann sich fragen: Halte ich mich beschäftigt, um den Kontakt zu anderen zu vermeiden? Wie wird der Schmerz meiner unerfüllten Bedürfnisse nach Verbindung durch andere Aktivitäten kompensiert? Mit welchen ungesunden Dingen beschäftige ich mich, um mich nicht einsam zu fühlen? Nach welcher Art von Nähe sehne ich mich? Zu welcher Gemeinschaft möchte ich gehören? Ein paar weitere Vorschläge zur Integration sind:

- In der Therapie die Ursachen der Vereinsamung in der Herkunftsfamilie weiter erforschen
- Langsame und schrittweise Kontaktaufnahme ausprobieren: mit einer Person sprechen oder den Kontakt zu einem Bekannten vertiefen
- Einer Therapiegruppe oder einer Wandergruppe beitreten oder einen Kochkurs in der Nähe besuchen

UNSERE BEZIEHUNGEN HEILEN

Bei dieser Erfahrung geht es darum, Verantwortung für den eigenen Teil in Beziehungsdynamiken zu übernehmen. Ein Reisender kann erkennen, wie seine Art zu kommunizieren und sich in der Gesellschaft zu verhalten, seine Beziehungen beeinflusst.

Diese Erfahrung machen Menschen, die entweder Herausforderungen in ihren Beziehungen haben und Einsichten brauchen oder sich selbst durch den Weg der Beziehung besser kennenlernen möchten. Sie kann einem Reisenden seine angeborene

Sehnsucht nach Harmonie, Gegenseitigkeit und Klarheit in einer bestimmten Beziehung oder in seinen verschiedenen Beziehungen aufzeigen. Sie kann jemandem beibringen, andere mit dem Mitgefühl und der Empathie zu betrachten, die für authentische Beziehungen notwendig sind.

Beziehungen sind wie eine Reise zu sich selbst: Was draußen passiert, spiegelt oft wider, was in uns selbst vorgeht. Ich erinnere mich an eine Klientin, die ständig an ihren Partnern etwas auszusetzen hatte. Der eine war emotional nicht präsent, der andere zu stur, und der nächste war lustlos und langweilig. Ihre ständigen kritischen Kommentare ließen niemandem die Chance, ihr näher zu kommen. Sie war immer besser, die anderen waren nie gut genug. Auf einer Reise wurde sie so von ihren negativen Kommentaren überwältigt, dass ihr übel wurde. Bald wurde ihr klar, dass sie selbst das Ziel ihrer negativen Gedanken war, dass sie sich eigentlich überhaupt nicht mochte. Die Flut ihrer inneren Kritik war überwältigend. Alles, was sie auf andere projizierte, hatte sie zuerst selbst empfangen und verinnerlicht. Ursprünglich waren das die Stimmen ihrer kritischen Lehrer und Eltern gewesen, die ihr als Kind nie das Gefühl gegeben hatten, »gut genug« zu sein.

Ein Ritualleiter kann den Reisenden dabei unterstützen, seine Beziehung zu sich selbst bis in die Kindheit und zu seiner Herkunftsfamilie zurückzuverfolgen, einschließlich der Selbstschutzstrategien, die er entwickelt hat. Wir können den Inhalt unserer Beziehungen als Wasser auf die Mühle unserer Arbeit an uns selbst verwenden.

Das Ziel ist, die während der Reise aufkommenden Gefühle auszudrücken und Einsichten und Erkenntnisse in Worte und Taten umzusetzen. Der Ritualleiter kann den Reisenden ermutigen, Briefe zu schreiben, einen Dialog zu beginnen oder Mediation oder Unterstützung für bestimmte Beziehungen zu suchen. Der Ritualleiter kann dabei helfen, herauszufinden, was in einer bestimmten Beziehung gefragt ist: Braucht sie Heilung oder eine Lösung? Wenn sich eine Situation gelöst anfühlt, kann der Ritualleiter ein Ritual vorschlagen, das dieses Gefühl der Vollendung symbolisiert. Es ist hilfreich, den Reisenden dabei zu unterstützen, sich auf Authentizität, Verletzlichkeit und Mut einzulassen, wenn er beginnt, seine Beziehungen zu heilen. Weitere Integrationspraktiken sind:

- Unerledigte Angelegenheiten mit Menschen im eigenen Leben anschauen und ansprechen und Wege finden, um damit Frieden zu schließen und sie abzuschließen
- Briefe an verstorbene Menschen schreiben, um etwas auszudrücken oder einen Abschluss zu finden
- Gestalttherapie,[2] Familienaufstellungen[3] oder Voice Dialogue[4] ausprobieren – alles verschiedene psychologische Ansätze, die untersuchen, wie wir unsere frühkindlichen oder familiären Beziehungsdynamiken verinnerlichen
- Ein Buch zum Thema Gewaltfreie Kommunikation[5] lesen oder einen Workshop dazu besuchen

ZUSAMMENGEHÖRIGKEIT ZELEBRIEREN

Diese Erfahrung zeigt, wie wichtig es ist, dass wir uns mit anderen verbunden fühlen. Sie hebt auch die Talente und das Einzigartige hervor, das wir in unsere Gemeinschaft einbringen. Es ist wichtig, darüber nachzudenken und anzuerkennen, wie man selbst zur Gemeinschaft beiträgt. Diese Erfahrung drückt die Freude, Leidenschaft und Geborgenheit aus, die man empfindet, wenn man zu einer Gemeinschaft gehört, oder den Schmerz, wenn das fehlt. Es ist ein tiefes Gefühl der Erleichterung, zu wissen, dass wir Teil von etwas Größerem sind.

Diese Erfahrung zeigt, wie wichtig der Austausch zwischen dem Reisenden und seiner Gemeinschaft ist. Wenn man in seiner Gemeinschaft Unterstützung und Energie erhält und auch gibt, verändert man sich. Zu einer Gemeinschaft zu gehören, lehrt uns, verletzlich zu sein, um Hilfe zu bitten und die angebotene Unterstützung anzunehmen. Wie fühlt es sich an, großzügig zu sein, auch wenn man anonym bleibt? Wie fühlt es sich an, sich für andere einzusetzen?

Jemand, der ein einsames Leben führt, kann diese Erfahrung als eine Einladung zu gemeinschaftlicher Verbundenheit empfinden. Jemand, der Teil einer Gemeinschaft ist, kann diese Erfahrung als Zelebrierung und Wertschätzung dessen erleben, was er aufgebaut hat und wovon er Teil ist. Die Gemeinschaft wird zu einem größeren Organismus. Sich einer größeren Einheit hinzugeben, hilft uns, unsere Ego-Abwehrmechanismen fallen zu lassen und uns in den Dienst der Vision des Ganzen zu stellen. Jeder hat eine Rolle zu spielen, und jede Rolle ist wichtig. Diese Erfahrung schafft Gleichheit und gegenseitigen Respekt.

Diese Erfahrung kann uns auch dabei helfen, ein Gleichgewicht zwischen der Zugehörigkeit zu einer Gemeinschaft und der Achtung des Persönlichen zu finden. Manchmal können gemeinschaftliche Aktivitäten dazu genutzt werden, um sich selbst auszuweichen. Die Einbindung in eine Gemeinschaft kann ein Gefühl der Verbundenheit und Vertrautheit vermitteln, das wir uns selbst nicht geben können. Wir haben vielleicht einen Moment der Einsicht und erkennen, dass wir nicht in der Lage sind, mit uns selbst allein zu sein. Paradoxerweise kann ein großes soziales Netzwerk manchmal nicht zu mehr, sondern zu weniger Verbindungen führen. Es kann hilfreich sein, sich von der Gemeinschaft zu lösen, um wieder zu sich selbst zu finden und die Fähigkeit zu erlangen, aus sich selbst heraus zu existieren.

Ein Ritualleiter kann den Reisenden dabei unterstützen, diese Art von Erfahrung mit einem kreativen Ausdruck oder Projekt fortzusetzen, das die Freude an der Zugehörigkeit zu einer Gemeinschaft zelebriert. Der Reisende kann auch dazu angeleitet werden, um Hilfe zu bitten oder sie selbst anzubieten. Das Ziel ist es, auf die gewonnenen Erkenntnisse zu reagieren, sei es, indem man der Gemeinschaft etwas anbietet oder sie um etwas bittet. Das übergeordnete Ziel ist es, ein Gleichgewicht im sozialen Engagement des Reisenden zu fördern: ein Gleichgewicht zwischen Gemeinschaftszeit und persönlicher Zeit sowie zwischen Geben und Nehmen.

Ein Ritualleiter kann den Reisenden dazu ermutigen, über seine Rolle in seinen Gemeinschaften und seinen Einfluss auf andere nachzudenken. Der Reisende sollte sich fragen: Welche Rolle spiele ich in meinen Gemeinschaften? Bin ich jemand, der für Unruhe sorgt? Bin ich ein Anführer oder ein Mitläufer? Wie bringe ich meine Art und meine Talente zum Ausdruck? Wie wirke ich mit? Wie präsentiere ich mich? Wie pflege und gestalte ich Gemeinschaft? Weitere Integrationsübungen sind:

- Rufe einen Freund an und bitte ihn um Unterstützung
- Unterstütze Freunde, die eine Operation oder Krankheit überstehen müssen, oder wende dich an jemanden in deiner Gemeinschaft, der Probleme hat
- Bringe Freunden Blumen oder selbstgemachte Geschenke mit oder koche für jemanden
- Organisiere eine Veranstaltung, eine Aktivität, ein Treffen, eine Feier, eine Spende oder eine Spendenaktion
- Übe, unerwünschte Einladungen abzulehnen und »nein« zu sagen, und schaffe dir Zeit für dich selbst

WELTWEITE MENSCHHEITSFAMILIE

In einer Erfahrung als Teil der weltweiten Menschheitsfamilie spürt man die grundlegende Verbindung zwischen allen Menschen. Das kann sehr beruhigend sein und jemanden aus seiner Einsamkeit herausholen. Es kann auch Großzügigkeit, Solidarität und Hilfsbereitschaft lehren. Es kann Wege aufzeigen, wie man Mitgefühl in die Tat umsetzen und konkrete Gesten des Gebens zeigen kann. Diese Erfahrung können Menschen machen, die vereinsamt und ohne Kontakt zu anderen leben oder egoistisch oder geizig sind.

Diese Erfahrung ermutigt jemanden, sich den Menschen in seiner Umgebung zu öffnen und dadurch seine Neigung zur Vereinsamung, die sein Leben beeinträchtigt hat, zu heilen. Andere Menschen machen diese Erfahrung, weil ihr Herz bereits von Natur aus offen und großzügig ist. In diesem Fall bestätigt diese Erfahrung ihr Wesen. Oft erinnern wir uns in einem Ritual daran, dass es unser Ziel ist, einander behilflich zu sein. Wir können uns mit einem inneren Mitgefühl in unserem Herzen verbinden, das sich danach sehnt, zu helfen.

Das Ziel der Integration ist es hier, die Erfahrung der Gleichheit und Einheit unter den Menschen durch Taten der Hilfsbereitschaft und Großzügigkeit gegenüber anderen Menschen zum Ausdruck zu bringen. Wenn wir einen Überfluss an Geld, Zeit oder Energie haben, sind wir dafür verantwortlich, diesen zu teilen. Ein Überfluss, den man für sich behält, kann ungesund werden. Ein Überfluss, den man teilt, fließt weiter. Fühlt sich der Reisende dazu berufen, etwas zu tun? Wie kann der Reisende das Gefühl der Verbundenheit würdigen? Wie kann dieses Gefühl in konkrete Handlungen umgesetzt werden? Weitere Integrationspraktiken sind:

- Betreue ein benachteiligtes Kind oder engagiere dich ehrenamtlich in einer Obdachlosenunterkunft, einer Suppenküche oder einem Hospiz oder schreibe Briefe an einen Häftling
- Werde politisch aktiv oder engagiere dich in Kreisen der Restorative Justice (Wiedergutmachungsverfahren), um dich für eine bessere Welt einzusetzen[6]
- Lerne und lehre gewaltfreie Kommunikation

- Versuche, großzügig zu anderen Menschen zu sein, ohne etwas dafür zu erwarten oder zu verlangen
- Adoptiere ein Kind irgendwo auf der Welt und unterstütze es finanziell oder spende Geld für Flüchtlinge in Katastrophengebieten

Amy war privilegiert und wohlhabend aufgewachsen. Als sie zu mir kam, erzählte sie mir, dass sie sich die meiste Zeit ihres Lebens einsam, anders und vom Rest der Menschheit getrennt gefühlt hatte. Während eines Frauen-Retreats mit mir kam sie mit ihrem Gefühl der intensiven Vereinsamung in Kontakt und erkannte, was für ein Hindernis ihr Privileg für sie gewesen war. Ihr Schmerz war groß, und sie war fest entschlossen, etwas zu ändern.

Ich schlug ihr vor, sich in der Weihnachtszeit, wenn sie normalerweise mit ihren reichen Freunden zusammen war und »in der Stadt auf den Putz gehauen hat«, irgendwo in der Nähe als Freiwillige zu engagieren. Amy war einverstanden, und als sie mir davon erzählte, sagte sie, sie sei vor Dankbarkeit zu Tränen gerührt gewesen. Sie hatte beschlossen, einige Samstage in einer Obdachlosenunterkunft zu verbringen, und sagte, sie habe sich seit Langem nicht mehr so menschlich gefühlt. Sie beschloss, der Obdachlosenunterkunft eine monatliche Spende zukommen zu lassen und einmal im Monat ehrenamtlich dort zu arbeiten. Sie wusste, dass sie nicht die Situation aller Menschen in der Unterkunft ändern konnte, aber sie konnte sich selbst langsam verändern und aus dem Gefühl der Vereinsamung herauskommen, das sie ihr ganzes Leben lang geplagt hatte.

Das Spektrum der Gemeinschaft reicht von einer vereinsamten Person, die keine Freunde hat, bis hin zu einer Person, die vielen Gemeinschaften angehört und nicht allein sein kann. Dazwischen gibt es natürlich alles Mögliche. Es kann eine gesunde Beziehung zur eigenen Gemeinschaft geben, aber auch die Tendenz, Beziehungen zu sich selbst zu vermeiden und die Gemeinschaft als Ablenkung zu nutzen.

Wenn wir auf der Ebene der Gemeinschaft im Gleichgewicht sind, haben wir eine ehrliche Beziehung zu uns selbst. Wir gehen von einem Ort der Klarheit, Verantwortlichkeit und Verletzlichkeit aufeinander zu und können unsere Talente und Verletzungen zeigen. Wir können unsere Wahrheit aussprechen und uns unseren Mitmenschen gegenüber verletzlich zeigen. Wir sehen die Erkundung von Beziehungen als einen Weg zu Selbstfindung und Mitgefühl für uns selbst. Wir achten aufmerksam auf das Gleichgewicht zwischen Geben und Nehmen. Der Dienst am Nächsten ist Nahrung für die Seele, und wir streben danach, ein Gefühl der weltweiten Verbundenheit zu entwickeln. Gleichzeitig verstehen wir das Bedürfnis nach Einsamkeit und Zeit für uns selbst. Wir teilen unsere Liebe und Unterstützung mit anderen.

Von den Organen in unserem Körper bis hin zum Organismus unseres Planeten arbeiten alle Dinge zusammen und in einer symbiotischen Beziehung. Wenn wir in erweiterte Bewusstseinszustände eintreten, können wir diese Einheit wirklich wahrnehmen. Es gibt keine Trennung zwischen uns und den anderen; wir sind verschiedene Facetten des Organismus, der unser gemeinsamer Planet ist. Gleichzeitig sind wir eigenständige Wesen. Die Achtung unserer Einzigartigkeit und der Wahrheit darüber, wer wir als Individuen sind, ist für die Heilung von größter Bedeutung. Durch die Erkenntnis dieses Paradoxons – unserer Einzigartigkeit und unserer gegenseitigen Abhängigkeit – werden wir stärker und fühlen uns mehr mit unseren Mitmenschen und uns selbst verbunden.

Unser Überleben als Spezies im 21. Jahrhundert hängt davon ab, ob wir funktionierende Gemeinschaften aufbauen können. Dafür gibt es immer mehr Anzeichen: Angesichts von Armut und Klimawandel scheinen wir uns für eine Erneuerung der menschlichen Verbundenheit zu engagieren. Wir alle haben schon erlebt, wie Menschen sich für eine Sache zusammengeschlossen haben und was das für die Welt bedeuten kann. Persönliche Maßnahmen für Veränderungen sind zwar wichtig, aber eine Gemeinschaft, die aktiv etwas tut, ist unglaublich stark.

17

DER SPIEGEL DER NATUR

Integration umweltbezogener Erfahrungen

—

Hey, Sonne auf meinem Gesicht. Hey du, die den Morgen gemacht und über die Felder verteilt hat… Schau mal, wie ich den Tag mit Freude und Freundlichkeit beginne.
Mary Oliver[1]

Meine Klientin Jen war alleinerziehende Mutter von drei Kindern und fast sechzig Jahre alt. Ihre Beziehung zu ihrer Mutter war geprägt von Frust, Verlassenheit und Verrat. Als Kind wurde Jen von ihrem psychisch gestörten älteren Bruder gequält und fühlte sich von ihrer Mutter nicht beschützt. Während sie mit dem kürzlichen Tod ihrer Mutter und der Komplexität ihrer Trauer umging, merkte sie, dass sie sich immer mehr auf ihre Fehler als Mutter fixierte und sich gleichzeitig als vernachlässigtes Kind und als schlechte Mutter für ihre Kinder sah.

Ich führte sie in einem Trommelritual im Wald in der Nähe meines Zuhauses an, um die verschiedenen Aspekte ihrer Rolle als Mutter und ihrer Beziehung zu ihrer Mutter zu erkunden. Sie fühlte sich sofort dazu hingezogen, sich auf die Erde zu legen. Sie fing an zu weinen, zu lachen, roch an der Erde und rieb sich Blätter über das Gesicht. Später erzählte sie mir, dass sie sich dort sicher und geborgen gefühlt habe. Sie wusste, dass die Erde ihren Kummer aufnehmen und ihr neue Lebenskraft spenden konnte. Der Archetyp der Mutterschaft schwang in »den Zellen ihres Körpers« mit, wie sie später sagte. Sie konnte sich selbst vergeben, als sie erkannte, was für eine fähige Mutter sie war und wie sehr sie sich ihren Kindern verpflichtet fühlte. Sie konnte Frieden mit der Art von Frau schließen, die ihre Mutter ihr gegenüber sein konnte. Sie fühlte sich auch in ihrer Fähigkeit, ihre Kinder zu lieben und für sie da zu sein, gestärkt.

Um ihre neu entdeckte Beziehung zur Natur fortzusetzen, beschloss sie, mehr Zeit bewusst in der freien Natur zu verbringen, wo sie ihr Gefühl der Verbundenheit mit der Freude am Liegen auf Felsbrocken, am Ufer von Flüssen und auf Wiesen erkunden konnte. Später entschied sie sich, ihre Integration zu vertiefen, indem sie die Pflanzung von Hunderten von Bäumen an einem Ort finanzierte, der aufgeforstet werden musste.

Jens Erfahrung war nicht nur heilsam für sie als Mutter und für ihre Beziehung zu ihrer eigenen Mutter, sondern öffnete ihr auch die Beziehung zur Erde als Archetyp der Großen Mutter. Im modernen Leben kann eine solche Begegnung ein unmittelbares

Gefühl der Verbundenheit mit der Natur und der größeren Umwelt hervorrufen, das eher in einem naturverbundenen Lebensstil vorkommt.

Naturverbundene Kulturen gibt es in Dörfern oder kleinen Städten inmitten der Natur, wo die Leute das Land für ihren Lebensunterhalt bewirtschaften und ihr ganzes Leben dem Rhythmus der Feldfrüchte und der Jahreszeiten folgt. Indigene Gruppen betrachten das Land als Heimat der Geister, Kräfte und Energien ihres Ortes, von denen sie glauben, dass sie einen tiefgreifenden Einfluss auf ihr Wohlergehen haben. Die Natur ist Teil ihrer Psyche, ihrer Kosmologie und ihrer Spiritualität.

Wenn ein Ritual in einer natürlichen Umgebung durchgeführt wird und eine Verbindung zur Erde spürbar ist, hält die Erde die Teilnehmer auch nach Beendigung des Rituals weiterhin. Die Menschen kehren auf ihre Felder zurück, essen die Lebensmittel, die sie angebaut haben, trinken aus ihren Brunnen und bereiten Tees aus Kräutern zu, von denen sie wissen, dass sie ihren Körper regenerieren und reinigen. Sie bringen vielleicht dem Geist des Flusses Opfer dar, verbrennen Salbei für den Himmel oder öffnen, wenn sie der Tradition der San Pedro in Südamerika angehören, ihr heiliges Bündel – ihren Altar aus Steinen, Schnitzereien, Stöcken, Amuletten und Kräutern – für die Sterne.

Julieta hat mir erzählt, dass man nach einer Reise sehr durchlässig ist. Deshalb soll man sich ein paar Tage lang nicht mit Abfall beschäftigen und zu Hause bleiben, um sich vor unvorhersehbaren Begegnungen auf der Straße zu schützen. Das Zuhause wird zu einem sicheren Gefäß für die körperlichen Nachwirkungen der Reise. Julieta würde wieder sagen, dass es die Natur ist, die Heilung bringt. Sie, die den heiligen Pilzen als Medizin für Menschen Leben schenkt, ist die wahre Heilerin. Die Weisheit der Erde und der Pilze kann Menschen auf allen Ebenen ihres Seins wieder in einen gesunden Zustand zurückversetzen.

Wir haben diese tiefere Verbindung vielleicht verloren, aber wir nehmen unsere Umgebung auf andere Weise wahr. Wir wissen normalerweise, wo wir leben und wie unsere Nachbarschaft aussieht. In einem erweiterten Bewusstseinszustand ist es üblich, über die weitere Umgebung nachzudenken, über unsere heimischen Flüsse und Wasserscheiden, Berge und Seen, unsere Stadt, unser Land und den Zustand des Planeten und seine ökologische Krise.

Manchmal merken wir, dass unser Wohnort chaotisch oder langweilig ist und Farbe, Kunst und Schönheit braucht. Wie wir unsere Umgebung wahrnehmen, kann ein Spiegelbild unseres inneren Zustands sein. Ist er harmonisch oder chaotisch? Manchmal führt uns die Erkenntnis, wie langweilig, trist und leer unser Zuhause ist, dazu, unsere innere Leere wahrzunehmen.

Als Ritualleiterin finde ich diese Ebene der Integration besonders spannend; wenn wir nach einer Reise so durchlässig sind, können wir die heilende und ausgleichende Kraft der Natur besser aufnehmen. Wenn mir jemand von seiner Reise erzählt, höre ich genau hin, wie die Natur auf ihn gewirkt hat, und versuche intuitiv herauszufinden, was den Integrationsprozess unterstützen könnte. Aus meiner langjährigen Erfahrung weiß ich, wie heilend die Wiederverbindung mit der Natur sein kann, wie sie die Schönheit in der Psyche, im Körper und im Herzen eines Menschen nähren kann.

In indigenen Kulturen ist Heilung untrennbar mit der Natur verbunden. Der Ritualleiter sollte die Integration naturbasierter Rituale in das Leben des Reisenden unterstützen, unabhängig davon, ob die Erfahrung eine Verbindung oder eine Aufdeckung der persönlichen Entfremdung von der Natur war.

DER SCHMERZ, IN EINER UNGESUNDEN UMGEBUNG ZU LEBEN

Auf einer Reise merkt vielleicht jemand, der sich nicht so sehr um sein Zuhause, sein Büro oder seinen Garten kümmert, wie wichtig sein persönlicher Raum ist. Er versteht vielleicht, wie ein ungepflegtes Zuhause wirken kann und wie die unmittelbare Umgebung zu Depressionen, Verwirrung oder Angst führen kann. Jemand, der alles hortet oder nie aufräumt und überall Papierstapel oder Wäsche liegen lässt, sieht vielleicht, wie sein äußeres und inneres Umfeld sich gegenseitig beeinflussen. Wenn die Wohnung unordentlich, chaotisch oder ungepflegt ist, ist das ein direkter Hinweis darauf, dass jemand seine Umgebung vernachlässigt. Diese Menschen erkennen möglicherweise, dass sie mit einfachen Veränderungen ihrer äußeren Situation auch ihre innere Welt verändern können. Sie können lernen, mehr Gewahrsein und Sorgfalt in ihre Lebens- und Arbeitsumgebung zu bringen. Umgekehrt fühlen sich Menschen, die sich um ihren Wohnraum kümmern, vielleicht in ihrem Streben nach Schönheit und Harmonie bestätigt.

Ein Ritualleiter kann konkrete Maßnahmen vorschlagen, wie man sein Zuhause, sein Büro oder seinen Garten aufräumen und organisieren kann. Das Ziel ist, Veränderungen umzusetzen, die zeigen, dass man die Auswirkungen von äußerem Chaos verstanden hat, und gleichzeitig den Reisenden bei der Erkenntnis zu unterstützen, wie sich die Veränderungen in seiner Umgebung energetisch und emotional auf ihn auswirken.

Der Ritualleiter kann bestimmte Maßnahmen und Verpflichtungen vorschlagen, die der Klient insbesondere in Bezug auf sein Zuhause umsetzen könnte. Er kann ihn dazu ermutigen, ein Gefühl von Schönheit und Ausgeglichenheit in seine persönliche Umgebung zu bringen. Das Leben in einer ausgeglichenen Umgebung, auch wenn sie einfach ist, nährt die Seele eines Menschen. Man könnte Folgendes ausprobieren:

- Gehe durch die Zimmer deines Zuhauses und achte darauf, wie sie sich anfühlen
- Entferne Gegenstände oder Produkte, die sich ungesund anfühlen
- Bringe Schönheit in dein Zuhause, indem du Kunstwerke aufhängst und bunte Kissen herstellst oder kaufst
- Stelle frische Blumen auf den Tisch oder einen Korb mit frischem Obst auf die Arbeitsfläche
- Bringe natürliche Elemente wie Muscheln, Steine oder Zweige in dein Zuhause
- Wähle einen kleinen Bereich wie eine Schublade oder einen Schrank aus, den du aufräumen und organisieren möchtest

- Nimm dir jede Woche Zeit für das Putzen und Verschönern
- Erwäge den Kauf regionaler und biologischer Produkte

Meine Klientin Ann meinte, ihr Leben sei »beige«. Ich fand es seltsam, dass sie ihr Leben so beschrieb. Sie meinte, Farben seien ihr zu gewagt, deshalb ziehe sie sich in blassem Taupe an und ihre Wohnung sei komplett in Beige gehalten. Beige sei elegant, meinte sie. Während einer Klangreise, an der sie teilnahm, um mehr Vitalität in ihr Leben zu bringen, erkannte sie, wie flach sich die Welt um sie herum anfühlte und wie sehr sie diese Flachheit beeinträchtigte. Sie fühlte sich langweilig und trist. Sie sehnte sich nach etwas Wilderem und Gewagterem, hatte aber Angst vor diesem unbekannten Terrain. Als Teil ihrer Integrationsphase beschloss sie auf meinen Vorschlag hin, ein rotes Tuch zu kaufen, das sie über ihr beiges Sofa legen würde, und jeden Tag ein farbiges Kleidungsstück zu tragen. Die Ergebnisse waren verblüffend: Sie war begeistert davon, wie sie sich fühlte, sobald sie nach Hause kam und das rote Tuch sah, und ihr indigoblauer Pullover gab ihr einen »Schub«. Schließlich strich sie ihr Wohnzimmer in einem hellen Lavendelton und berichtete, dass sie Freude an den Farben in ihrer Umgebung entdeckt hatte.

UNSERE VERANTWORTUNG FÜR DIE NATUR ERKENNEN

Als Menschen ist es ganz normal, dass wir uns am Boden zerstört fühlen, wenn wir die Zerstörung unserer Natur sehen. Eine Reise kann uns helfen, den Schmerz der Erde selbst zu spüren, die wie ein lebender Organismus an einer schlimmen Krankheit leidet. Diese Erfahrung kann uns die Augen öffnen und uns dazu bringen, unsere narzisstische Selbstzufriedenheit hinter uns zu lassen. Die Reise kann uns dazu einladen, unsere Augen zu öffnen und unsere Beziehung zur Natur wiederherzustellen.

Wenn eine Reise Einblicke in die Qualen der ökologischen Zerstörung gebracht hat, ist es hilfreich, die Person zu ermutigen, mit dem Schmerz zu bleiben, da dies ihre Fähigkeit zu fühlen erhöht. Der Ritualleiter kann ihr helfen, Wege zu finden, ihre Angst vor dem ungesunden Zustand des Planeten durch Rituale, Gedichte, Malerei oder andere Ausdruckskünste zum Ausdruck zu bringen. Es ist heilsam, den inneren Schmerz nach außen zu kehren und ihn als Ausdruck zu zeigen. Tatsächlich ist dies der Antrieb für viele künstlerische Meisterwerke. Es ist unklug, unsere Trauer über den Zustand des Planeten zu unterdrücken, da sie sonst in Unheil oder Depressionen versinkt. Es ist gesund, die Fülle des eigenen Herzens zu spüren, auch wenn es voller Trauer oder Schmerz ist. Dies kann den Reisenden dazu inspirieren, seine persönliche Beziehung zur Natur zu verändern und mit mehr Aufrichtigkeit zu handeln.

Das Ziel nach so einer Reise ist, die aus den Erlebnissen entstandenen Ideen in die Tat umzusetzen. Der Ritualleiter sollte die Person ermutigen, mehr Verantwortung für das Gleichgewicht des Planeten zu übernehmen. So kann jeder aktiv zu seinem eigenen Wohlbefinden beitragen. Es geht darum, das persönliche Engagement und die Lebenskraft zu mobilisieren, um die Umwelt zu schützen. Individuelle Entscheidungen für mehr Nachhaltigkeit tragen zum Gleichgewicht des Ganzen bei. Jeder, der seinen Teil dazu beiträgt, schafft Veränderung. Weitere Vorschläge zur Unterstützung der Integration sind:

- Lies, informiere dich und beteilige dich an der Arbeit von Vorreitern dieser Bewegung in deinem Land und deiner Region, wie zum Beispiel Joanna Macy's *The Work That Reconnects*[2]
- Schau dir die Arbeit von Charles Eisenstein[3] oder Naomi Klein[4] an
- Schließe dich der Pachamama Alliance[5] an
- Nimm an nationalen und internationalen Treffen wie der Bioneers-Konferenz teil, um ein Gefühl der Solidarität, Unterstützung und Inspiration zu bekommen, oder schau dir deren Websites und Aktionen an[6]
- Nimm an Veranstaltungen, Vorträgen oder Ritualen in deiner Umgebung teil, die das Bewusstsein für ökologische Themen schärfen
- Engagiere dich bei politischen Aktionen, die den Umweltschutz vor Ort unterstützen
- Sammle Müll ein, wenn du in der Natur spazieren gehst oder wanderst
- Überlege dir, biologisch abbaubare, ungiftige Reinigungsmittel zu verwenden
- Verwende möglichst wenig Verpackungen (Plastiktüten) und beteilige dich am Recycling

Einer meiner Klienten, Orion, wollte eine Visionssuche machen. Er saß vier Tage lang neben einem Baum. Zuerst fühlte er sich allein. Es dauerte einen Tag, bis ihm der Baum und die Wiese vertraut wurden, als wäre er unter Freunden. Nach zwei Tagen fing Orion an, die Erde zu »hören«, und was er hörte, war ihr Schmerz. So wunderschön sie unter seinem Baum auch aussah, er spürte auch ihre Zerbrechlichkeit und wie verschmutzt sie war. Ihm wurde selbst schlecht, als würde diese Vergiftung in ihn übergehen. Den Rest seiner Zeit auf dieser Visionssuche schwankte er zwischen überwältigender Ekstase und in den Eingeweiden sitzendem Schmerz. Danach brauchte Orion ein paar Tage, um wieder in seinen normalen Zustand zurückzufinden. Seine Integration konzentrierte sich auf seine persönlichen Entscheidungen, insbesondere in Bezug auf die von ihm verwendeten Schadstoffe. Er dachte über Reinigungsmittel, Recycling und Fahrgemeinschaften nach. Er schloss sich sogar einer politischen Kampagne für nachhaltige Fischereitechniken an. Diese Maßnahmen standen in direktem Zusammenhang mit seiner Visionssuche. Er hatte das Gefühl, dass seine Visionssuche sein Leben auf eine höhere Ebene ökologischer Verantwortung ausgerichtet hatte.

EINS WERDEN MIT DEN ELEMENTEN

Auf einer Reise hat man oft das Gefühl, mit der Natur eins zu werden. Das zeigt, dass man die intuitive Lehre der Natur braucht und seine Verbindung zur Natur vertiefen sollte. Man versteht vielleicht, wie die Natur als Spiegel für unsichtbare menschliche Eigenschaften wirkt. Die Ähnlichkeiten zwischen dem menschlichen Leben und der Natur (ihre Zyklen, Jahreszeiten, Ausdehnungen und zusammenziehenden Bewegungen) zu erkennen, kann jemandem ein tiefes Gefühl der Verbundenheit verschaffen. Durch die Beobachtung des natürlichen Auf und Ab von Tag und Nacht, unserer Zeit der Aktivität und unserer Zeit der Ruhe und Erholung kann man Weisheit erlangen. Die Art und Weise, wie Dinge wachsen, ist die Art und Weise, wie Menschen wachsen. Die Art und Weise, wie Dinge verfallen, kann uns etwas über den Tod lehren. Das Erkennen der Vergänglichkeit der Natur lehrt uns etwas über die Vergänglichkeit unseres Lebens.

Eine Reise kann auch zeigen, wie die Elemente Erde, Wasser, Feuer, Luft und Raum in unserem Körper sind. Sie kann eine persönliche Verbindung zu Teilen der Natur wie Bergen, Seen, Bäumen und Felsen aufzeigen. Wenn man mit diesen Elementen der Natur im Einklang ist oder das Gefühl hat, eins mit ihnen zu sein, kann man Unterstützung in bestimmten emotionalen Situationen finden und sich mit Eigenschaften wie Festigkeit, Fluss, Geduld und Belastbarkeit verbinden.

Der Ritualleiter kann den Reisenden dabei unterstützen, sich tiefer mit dem bestimmten Aspekt der Natur zu beschäftigen, der bei ihm aufgetaucht ist. Wenn jemand zum Beispiel eine Verbindung zu Bäumen spürt – zu ihrer Stabilität, Stärke oder Vitalität –, könnte der Ritualleiter vorschlagen, dass er Zeit mit einem Baum verbringt, ihn berührt, ihn zeichnet und ihn aus der Nähe sowie aus der Ferne betrachtet. Lass ihn spüren, wie die Wurzeln des Baumes in den Boden reichen, und verstehen, wie der Baum das Sonnenlicht aufnimmt und sich aus dem Boden seine eigene Nahrung und Nährstoffe holt, um seine Wurzeln zu versorgen.

Es geht darum, neugierig zu bleiben, alles zu erkunden und zu vertiefen, was auf der Reise ans Licht gekommen ist, indem man die Inhalte in den Alltag einfließen lässt. So wird Erfahrung zu verkörperter Weisheit. Weitere Vorschläge für die Integration dieser Art von Erfahrungen sind:

- Gehe in den Wald, an einen Fluss oder an den Strand und lausche still den Geräuschen der Natur
- Schreibe in einem Tagebuch über Naturthemen, die dich beschäftigen
- Schaue dir Naturdokumentationen an oder lies Bücher über das Leben in der Wildnis
- Setze dich im Mondlicht unter den Sternenhimmel

DIE INTELLIGENZ DER NATUR SPÜREN

Diese Art der Erfahrung erinnert uns daran, wie wir von der Natur lernen und uns an unsere eigene innewohnende Wildheit und Intelligenz erinnern können. Es ist eine Erfahrung der Verbindung mit dem Ganzen, unserem lebendigen Planeten, und des

Verständnisses, wie dieser Organismus sich selbst reguliert. Als ganzer Organismus reguliert die Erde sich selbst sowohl durch Katastrophen als auch durch friedliche Übergänge. Auf einer Reise kann man sich mit Vulkanen, reißenden Gewässern, Feuern, Überschwemmungen oder auch mit friedlicheren Orten wie einem Bach, einem Wald oder einer Wiese verbinden.

Wenn wir den Makrokosmos der Erde erkunden, lernen wir etwas über den Mikrokosmos, den jeder von uns darstellt. Diese Erfahrung machen wir, wenn wir lernen müssen, dass unsere persönliche Art, uns zu entwickeln und zu regulieren, ihren eigenen Rhythmus und ihre eigene Weisheit hat. Wir können dramatische Ereignisse, Krankheiten und Verluste durchleben und uns von all dem wieder erholen. Wir können wieder Frieden finden, so wie der Planet ein Erdbeben, einen Vulkanausbruch oder eine Überschwemmung erleben und sich danach wieder erholen kann. Die ausgleichende und regulierende Fähigkeit des Planeten zeigt uns, dass wir das auch können. Das Leben und Sterben des Planeten lehrt uns etwas über Leben und Tod. Der Organismus als Ganzes braucht alle Teile, die zusammenarbeiten.

Während der Integration geht es darum, die Reisenden dabei zu unterstützen, ihre Resonanz mit der Natur weiter zu vertiefen. Sie können weiter über ihre innere Weisheit und die Art und Weise, wie sie ihr Leben instinktiv regulieren, nachdenken. Sie können daran erinnert werden, dass alle lebenden Systeme nach Gleichgewicht streben. Wenn ein Organismus sein Gleichgewicht verliert, gibt es einen inneren Selbstregulierungsmechanismus, der versucht, die Homöostase wiederherzustellen. Unser Körper reguliert ständig Temperatur, Herzfrequenz, Blutdruck und vieles mehr als Reaktion auf die sich verändernde äußere Umgebung. Das Ziel des Ritualleiters ist es, den Reisenden dabei zu unterstützen, seinen Selbstregulierungsmechanismus zu aktivieren. Der Ritualleiter kann die Hindernisse und Hemmnisse für diesen natürlichen Prozess aufspüren und therapeutisch damit arbeiten. Weitere mögliche Integrationspraktiken sind:

- Gestalte einen Altar, der die Elemente Erde, Wasser, Feuer, Luft und Raum repräsentiert
- Besuche, wenn möglich, Menschen, die in enger Harmonie mit der Natur leben
- Lies etwas über Tiefenökologie,[7] Systemtheorie[8] oder die Autorin Dolores LaChapelle[9]

Wenn wir mit der Umwelt im Gleichgewicht sind, sehen und fühlen wir die Natur als Teil von uns selbst, nicht so sehr als etwas, mit dem wir uns verbinden, sondern wirklich als eine Erweiterung unseres eigenen Körpers. Unser Zuhause ist aufgeräumt, farbenfroh und spiegelt unseren persönlichen Sinn für Schönheit wider. Wir holen Zweige und Steine ins Haus, um unseren Wohnraum zu verschönern. Wir stellen Blumen auf den Tisch. Wir pflegen einen Garten und bauen unser Essen an. Wir halten Bienen und stellen aus den heilenden Wirkstoffen der Pflanzen, die wir pflegen, Elixiere her.

Wir spüren die Schönheit der Natur, aber auch den Schmerz, den sie aufgrund unserer ständig wachsenden Bedürfnisse erleidet. Auch wenn wir uns manchmal hilflos und traurig fühlen, bleiben wir offen für unsere Emotionen gegenüber diesem Zustand des Ungleichgewichts. Wir scheuen uns nicht, uns unserer Handlungen und ihrer Auswirkungen auf das fragile Gleichgewicht unseres Planeten bewusst zu sein. Wir achten darauf, was wir kaufen, woher es kommt, wie es hergestellt wurde und wie es entsorgt wird. Wir sind bereit, Opfer zu bringen, um respektvoll mit der Natur umzugehen. Wir verzichten vielleicht auf die Klimaanlage oder kaufen ein Elektroauto, auch wenn Benzin billig ist. Wir spenden vielleicht Geld an Organisationen, die sich für den Umweltschutz einsetzen.

Wir finden Trost in den Farben des Sonnenuntergangs, Inspiration im Frühlingserwachen, Ruhe auf einer schattigen Wiese und Energie in den Wellen des Meeres. Wir baden in Flüssen und sitzen am offenen Feuer. Wir wandern in der Stille der Wüste und erkunden die Dunkelheit von Höhlen. Wir stimmen uns auf die Jahreszeiten, das Tageslicht und die Nacht ein.

Wir erkennen, dass die Zeit, die wir in der Natur verbringen, für unser körperliches und emotionales Wohlbefinden von zentraler Bedeutung ist. Vielleicht ist es die nährende Präsenz der Natur, die unsere tiefsten Wunden und unser Gefühl der Vereinsamung wirklich heilt. Schließlich bietet uns die Natur das erholsamste, erfüllendste und ewigste Gefühl der Präsenz, das wir finden können, wenn wir das Glück haben, in der Nähe einer blühenden wilden Natur oder geschützten Landschaft zu leben. Die Erfahrung einer tiefen Verbundenheit mit der Natur und ihrer tiefgründigen Intelligenz hilft uns, unsere innewohnende Ganzheit wieder zu erinnern.

Der ganze Integrationsprozess ist ein Prozess der Selbstermächtigung, Transformation und Befreiung. Die Aufgabe des Ritualleiters ist es, sich daran zu erinnern und den Prozess von Anfang bis Ende zu unterstützen. In den letzten fünf Kapiteln wurde der Integrationsprozess anhand des ganzheitlichen Modells für ein ausgeglichenes Leben und anhand verschiedener Kategorien transformativer Erfahrungen beschrieben. Es ist eindeutig, dass alles, was sich während einer Reise offenbart, für den nächsten Schritt in der Entwicklung eines Menschen von entscheidender Bedeutung ist. Der Inhalt muss gewürdigt, zum Ausdruck gebracht und voll und ganz unterstützt werden.

Ein gründlicher Ansatz zur Integration berührt alle Aspekte des Lebens eines Reisenden, da er neue Einsichten und Entdeckungen einfließen lässt. Für jede Heilung, die aus einer erweiterten Bewusstseinserfahrung resultiert, kann die Integration auf alle fünf Aspekte des Lebens angewendet werden. Wenn jemand während einer Reise beispielsweise Kummer empfindet, kann der Ritualleiter die Integration in erster Linie auf der emotionalen Ebene fördern, indem er Empathie zeigt, zuhört und zur Verbalisierung durch Briefe oder andere Praktiken ermutigt. Als Nächstes könnte der Ausdruck dieses Kummers durch körperliche Bewegung erkundet werden. Ausdruckskünste, Rituale oder Gebete können das Gewahrsein auf den spirituellen Aspekt lenken. Das Teilen der Erfahrung mit Freunden oder Familienmitgliedern hilft dabei, sie in das Gemeinschaftsleben einzubinden. Schließlich kann eine stärkende Verbindung zur Natur dabei helfen, diese Erfahrung des Kummers auf der Ebene der Umwelt zu integrieren.

Auf diese Weise findet die Integration auf allen Ebenen des Lebens statt, einschließlich aller fünf Aspekte des ganzheitlichen Modells. Alles, womit wir uns während einer Reise verbinden, kann in unser gesamtes Leben eingewoben werden und zu einer tiefgreifenden ganzheitlichen Neuausrichtung beitragen. Dies hilft, das Gleichgewicht wiederherzustellen und die Ganzheit und gegenseitige Abhängigkeit von Körper, Geist und Emotionen, Seele, Gemeinschaft und Umwelt zu unterstützen.

18

SCHLUSSFOLGERUNG

Teilhabe der Welt an unserer Transformation

> Wenn die Welt durch menschliche Anstrengungen geheilt werden soll, dann bin ich überzeugt, dass dies durch ganz normale Menschen geschehen wird, Menschen, deren Liebe zum Leben größer ist als ihre Angst. Menschen, die sich dem Netz des Lebens öffnen können, das uns ins Leben gerufen hat.
> JOANNA MACY[1]

Alle Menschen haben ihre Wunden, Ängste und Schwächen, und alle wissen, was es heißt, zu leiden. Wir alle haben den Wunsch nach Frieden, Sicherheit und Glück. Wir wollen den Schmerz unserer Wunden heilen und ein Leben voller Erfüllung und Freiheit führen. Es ist unser tiefstes Bedürfnis, unsere angeborene Ganzheit wiederzufinden und zu wissen, dass letztendlich alles gut ist. Der Weg der Heilung besteht jedoch nicht nur darin, unsere Verletzungen zu überwinden. Es geht darum, einen Weg zu Verständnis und Mitgefühl zu finden und gleichzeitig unseren Schmerzen zu begegnen.

Ich habe mein Leben damit verbracht, tief in mein eigenes Bewusstsein zu schauen, von meinen Lehrern zu lernen und andere auf ihrem jeweiligen Weg zu unterstützen, immer inspiriert von den Möglichkeiten, die an den Grenzen der Heilung existieren. Wenn ich darüber nachdenke, wie ich zu dieser Arbeit gekommen bin, sehe ich, dass ich nach Freiheit von äußerer Unterdrückung und innerem Schmerz gesucht habe – meine Kindheit war geprägt von Liebe und Angst, dem frühen Verlust meines Vaters, meiner kurzen, aber qualvollen Zeit mit Drogen und einer Nahtoderfahrung in meinen frühen Zwanzigern.

Mit mehr Hintergrundwissen und Möglichkeiten verstehe ich jetzt, was ich aus den schmerzhaften Erfahrungen gelernt habe. Meine Erfahrungen von überwältigender Panik und Verwirrung haben mir Mitgefühl für mich selbst und für das Leiden und die Verwirrung anderer Menschen beigebracht. Die Herausforderungen meines Lebens haben mich dazu inspiriert, mich durch Therapie und verschiedene Heilungsrituale weiter mit mir selbst auseinanderzusetzen, und sie haben mich dazu gebracht, Rat bei Älteren und Lehrern zu suchen. Jetzt sehe ich, dass trotz meiner Reue über einige meiner destruktiven Entscheidungen, meiner Frustration über meine negativen Muster und meiner Reihe erfolgloser Beziehungen die Juwelen meines Lebens in den chaotischsten Momenten verborgen waren. Damals wusste ich nur, wie ich weitermachen konnte, geleitet von einer inneren Kraft und Widerstandsfähigkeit.

Die Widerstandsfähigkeit habe ich von meinen Lehrern gelernt, angefangen bei meiner Mutter, von der ich den Überlebensinstinkt geerbt habe, immer wieder aufzustehen, wenn mich die Umstände zurückgeworfen haben. Trotz aller Widrigkeiten, die sie erdulden musste, wurde sie 97 Jahre alt, voller Leidenschaft und Lebensfreude, und erzählte mir immer von ihren Freunden, ihrem Gemeinschaftsleben und den Konzerten, die sie besuchte. Ich habe Widerstandsfähigkeit von Pablo gelernt, einem indigenen Mann aus einem Reservat der amerikanischen Ureinwohner, der trotz schwieriger Anfänge großzügig und mutig seine Arbeit mit der Welt geteilt hat. Ich habe Widerstandsfähigkeit von Julieta gelernt, die trotz ihrer Kindheit in Armut ihr Leben und ihre Arbeit mit Mut und Vitalität gemeistert hat. Julieta hatte fast immer ein verschmitztes Lächeln auf den Lippen.

Zusammen mit den vielen anderen Lehrern und Wegbegleitern auf meinem Weg haben sie mich alle mit ihrem Kämpfergeist inspiriert, und obwohl sie auf ihre Weise unvollkommen und verletzt waren, haben sie das Leben in seiner ganzen tragischen Schönheit immer wieder bejaht. Sie haben mir gezeigt, was möglich ist, wenn die Lebenskraft eine klare Richtung hat. Wie wir alle wurden sie von ihren Überlebensstrategien angetrieben, die aus der Not geboren waren. Gleichzeitig wurden sie wie alle Menschen von der Ausstrahlung des unbeugsamen menschlichen Geistes geleitet.

Es ist dieser menschliche Geist, der mich immer weiter vorangebracht hat und den ich auch in den Menschen sehe, die zu mir kommen, um sich beraten und begleiten zu lassen. Menschen wollen sich weiterentwickeln und wachsen, lernen und sich verändern. Dieser Wunsch inspiriert mich, mich einem Klienten nach dem anderen, einer Seele nach der anderen zu widmen, zuzuhören, nachzudenken, zu begleiten und mein Bestes zu geben, um jeden einzelnen mit derselben Liebe zu unterstützen, die ich von meinen Lehrern empfangen habe. Dieser Geist treibt mich dazu, mich zu öffnen und diese Lehren und diese Methode jetzt mit anderen zu teilen.

Wenn du ein professioneller Arzt, Therapeut, Begleiter oder Ritualleiter bist, hast du jetzt einen Rahmen, mit dem du die Vorbereitung und Integration eines Klienten anleiten kannst, egal ob er sich auf eine Visionssuche, eine Ritual mit entheogenen Pflanzen, ein Meditationsretreat oder eine andere bewusstseinserweiternde Methode begibt.

Ich habe die Rolle und die Aufgaben eines Ritualleiters definiert: Es ist seine Aufgabe, direkte persönliche Erfahrungen zu sammeln, sich in allen Methoden, die er anwenden möchte, umfassend ausbilden zu lassen und sich an angemessene Grenzen und ethische Richtlinien zu halten. Seine Arbeit sollte, wie ich wiederholt betont habe, auf den Eigenschaften Weisheit, Kreativität und Liebe basieren.

Das ganzheitliche Modell für ein ausgeglichenes Leben und seine Bestandsaufnahmen sind eine Linse, durch die man die vielen Aspekte des Lebens eines Klienten erkunden und herausfinden kann, wo seine Stärken und Schwächen liegen. Mit diesem Material hat ein Ritualleiter jetzt einen Rahmen, aus dem er seinen Klienten praktisch bei der Vorbereitung auf eine Reise unterstützen kann, sowie eine Landkarte, die ihn über die Arten der Erfahrungen informiert, die in einem erweiterten Bewusstseinszustand auftreten können, und ihm Anleitungen gibt, wie er einen Reisenden in Echtzeit am besten unterstützen kann. Schließlich hat der Ritualleiter nun eine Orientierung, um die unschätzbare Integrationsphase nach einer Reise zu begleiten, mit konkreten

Übungen in seinem Werkzeugkasten, um das transformative Potenzial dieser Erfahrungen bestmöglich zu nutzen.

Für alle mutigen Reisenden ohne Ritualleiter: Nutze das Gelernte, um deinen eigenen Rahmen für die Vorbereitung und Integration zu schaffen, und hole dir Referenzpunkte, die dir dabei helfen, die Geheimnisse deines Bewusstseins zu entschlüsseln. Ich hoffe, dass du durch diese Geschichten und Lehren das transformative Potenzial dieser außergewöhnlichen Zustände erkennst und dass diese integrative Methode dir dabei hilft, dich ihnen mit Sorgfalt zu nähern. Wie du vielleicht schon gemerkt hast, gibt dieses Buch keine Anleitung, wie man eine Reise in einen erweiterten Bewusstseinszustand tatsächlich durchführt, da dies jahrelange Erfahrung und Training erfordert und nicht in einem einzigen Buch vermittelt werden kann. Wenn dich das anspricht, empfehle ich dir, eine Tradition zu finden, die dich anspricht, und als Reisender unter der Anleitung eines ausgebildeten Experten von vorne anzufangen. Unsere Fähigkeit, die Erfahrung einer anderen Person zu unterstützen, ist durch die Breite unserer eigenen Erfahrung begrenzt. Wenn du jemandem helfen möchtest, die Weiten seines Bewusstseins zu erkunden, fang bei dir selbst an. Allerdings kann jeder ausgebildete Therapeut, Begleiter oder Ritualleiter mit therapeutischer Ausbildung und Beratungsfähigkeiten den Vorbereitungs- und Integrationsprozess eines anderen unterstützen. Das ist dringend notwendig.

Ich finde, jeder Mensch hat das Recht, auf seine eigene Art nach Heilung und Wachstum zu suchen, und dass Heilpraktiker, Begleiter und Ritualleiter das Recht haben, von alten Heilmethoden zu lernen, um anderen auf ihrem Weg zur Heilung bestmöglich zu helfen. Ärzte der chinesischen Medizin, des Ayurveda und der Kräuterkunde sind mittlerweile besser in die moderne Gesundheitsversorgung integriert. Mit Respekt und Anerkennung ist es an der Zeit, das Heilungspotenzial erweiterter Bewusstseinszustände sowie die lebendigen indigenen Traditionen, die sie seit jeher erhalten, einzubeziehen. Wir leben in einer Gesellschaft, die sich im Niedergang befindet. Wir haben Menschen, die unter Angstzuständen, Depressionen und einer Vielzahl von Beschwerden leiden. Wir haben ein medizinisches System, das durch Millionen von Regeln und Vorschriften eingeschränkt ist. Regelmäßige Psychotherapie ist wunderbar, wenn sie funktioniert, aber sie ist zeitaufwändig und nur in dem Maße wirksam, wie der Therapeut sich seiner selbst bewusst ist und seine eigene Heilungsarbeit geleistet hat. Selbst dann stoßen viele Menschen an die Grenzen dessen, was eine Therapie leisten kann, und benötigen einen Ansatz, der tiefer in ihre Psyche vordringt. Ich wünschte wirklich, es gäbe mehr zugängliche Lösungen. Das wäre einfacher. Aber was im aktuellen Bereich der Heilung verfügbar ist, wirkt nicht für jeden transformativ genug. Die Tiefe der Heilung, die durch erweiterte Bewusstseinszustände erreicht werden kann, wenn sie von einem ausgebildeten Ritualleiter gut vorbereitet und integriert wird, ist auf eine erhabene Weise lebensverändernd.

Diese Erfahrungen eröffnen neue Welten, aber am Ende muss jeder selbst entscheiden, was er mit dem macht, was er in sich entdeckt. Dieser Weg ist keine Lösung, wenn man nicht entschlossen ist, der Führung der eigenen Seele zu folgen und gesündere Lebensweisen zu finden.

Die Veränderungen, die durch erweiterte Bewusstseinszustände möglich sind, beschränken sich nicht nur auf den konzeptuellen oder intellektuellen Bereich. Sie sind tiefgreifend und umfassend, beeinflussen die Physiologie eines Menschen und verändern sein Schwingungsfeld. Diese Veränderungen beeinflussen, wie jemand in all seinen Interaktionen und Beziehungen auftritt, da er beginnt, die Fäden ungesunder Familiendynamiken auseinanderzuziehen. Ich habe bei meinen Klienten immer wieder gesehen, dass, wenn eine Person sich aufrichtig für den Weg der Heilung durch Bewusstseinserweiterung entscheidet, sich dafür entscheidet, die tiefen Wunden, die sie zurückhalten, zu heilen und sich für eine direkte Erfahrung des Heiligen zu öffnen, die Auswirkungen in der gesamten Familie spürbar sind.

Auch wenn jeder von uns seine eigene Version davon hat, wie es sich anfühlt, verloren zu sein, verbindet uns alle das Verlangen nach Heilung. Indem wir uns unserem eigenen Leiden und dem Leiden anderer öffnen, lernen wir Mitgefühl und die Kraft der Liebe. Wenn wir unsere eigene Heilungsarbeit leisten und uns von unserem Leiden lösen, schaffen wir einen inneren Raum, in dem neue Möglichkeiten entstehen können. Wenn Verständnis entsteht und Mitgefühl wächst, entspannt sich etwas Grundlegendes, und unsere Bewältigungsmechanismen lösen sich auf. Wir können Frieden in die Konflikte in uns selbst bringen. Anstatt in unbewussten Ego-Strategien stecken zu bleiben, können wir bewusst den Weg des wachsenden Gewahrseins wählen und erkennen, dass dem Entfalten des Lebens möglicherweise eine tiefere Intelligenz zugrunde liegt.

Wir alle wollen glücklich sein, unsere Lebensreise genießen und unsere persönliche Verbindung zum Göttlichen vertiefen, aber ich glaube, dass wir auch anderen helfen wollen, ihre eigene Heilung und ihr Wachstum zu finden. Sobald wir uns wohlfühlen in unserer Einzigartigkeit und Ganzheit, fühlen wir uns nicht mehr gehemmt oder von Angst zurückgehalten. Wenn wir selbstbewusst und zufrieden mit unserem Leben sind, wollen wir ganz natürlich das Wohlergehen anderer unterstützen. Je mehr Lebenskraft uns zur Verfügung steht, um sie kreativ zu nutzen, desto neugieriger werden wir auf andere und desto offener sind wir dafür, einander zuzuhören und zu schätzen. Das wiederum hilft unseren Partnerschaften, Familien und Gemeinschaften, mit mehr Zusammenhalt, Freude und Liebe zu gedeihen. Ob wir es zunächst wissen oder nicht, wir heilen uns selbst genauso wie andere.

Die meisten von uns merken irgendwann, dass wir mehr bewirken wollen als nur in unserer Familie und Gemeinde. Wir merken, dass wir nicht allein sind, sondern Teil von etwas Größerem. Es ist unsere eigene innere Heilung, die uns die Augen öffnet, sodass wir uns selbst in anderen sehen können. Als der große indische Weise Ramana Maharshi gefragt wurde: »Wie sollen wir mit anderen umgehen?«, antwortete er einfach: »Es gibt keine anderen.«

Wir erkennen, dass wir miteinander verbundene Wesen sind, die im großen Netz des Lebens miteinander verwoben sind.

Wenn wir aufwachen und den Zustand der Welt wahrnehmen und erkennen, wie wir alle sie beeinflussen, erkennen wir die Notwendigkeit, global zu denken. Wie bringen wir die zunehmende Klarheit in unserer persönlichen Welt in die Außenwelt? Wie setzen wir unser Gewahrsein in Handlungen um, die sich positiv auf andere auswirken? Wie schenken wir der Welt unsere Gaben? Unsere innere Reise inspiriert uns, für die gesamte Menschheit zu arbeiten. Wir können uns dafür entscheiden, lokal zu handeln, aber wir müssen auch über nationale und internationale Politik sowie über unseren gesamten Planeten nachdenken. Unsere heutige Welt, die voller Herausforderungen ist, braucht dringend bewusste, kreative und mitfühlende Menschen.

Nur wenn wir unser individuelles Bewusstsein heilen, können wir uns als Spezies weiterentwickeln. Das zu erkunden kann schwierig sein, aber der Mut, den wir aufbringen, um in unsere innere Welt einzutauchen, ist unser Sieg über die Angst. Auch wenn der Weg zweifellos kurvenreich ist, führt uns unsere klare Absicht zur Ganzheit. Unsere Sehnsucht nach Harmonie bringt uns zu Mitgefühl. Auf diesem Weg lernen wir, unseren Platz in der menschlichen Familie einzunehmen und die Geschenke unserer inneren Erkundungen in Handlungen in der Außenwelt umzusetzen.

Egal, wo wir geboren wurden oder wie wir aufgewachsen sind, wir sind alle auf dieser Erde zu Hause und nehmen ihre Lehren und Weisheiten auf. Wir sind Teil der Natur; wir bestehen aus Erde, Wasser, Feuer, Luft und Geist. Wir leben, wachsen und entwickeln uns weiter, und wie die Natur ist auch unser Leben ein Tanz der Zyklen. Wo auch immer wir herkommen, jeder von uns ist ein Mensch mit einem Körper, einer Familie, Träumen, Ängsten, Verletzlichkeiten und einer Sehnsucht nach Sicherheit und Frieden. Auch wenn wir in der modernen, industrialisierten Welt vielleicht die Verbindung zu den Ritualen unserer Vorfahren verloren haben, können wir in unserem Bestreben, uns an das Verlorene zu erinnern, respektvoll von indigenen Kulturen mit ihren ununterbrochenen Weisheitslinien lernen.

Zum Abschluss unserer gemeinsamen Zeit möchte ich dir, lieber Leser, Folgendes mit auf den Weg geben: Wenn du ein wirklich erfülltes Leben führen willst, lerne zuerst dich selbst kennen. Stelle dich dem, was in dir steckt. Wir alle haben ein komplexes Erbe erhalten und können nur versuchen, das Beste aus dem zu machen, was uns gegeben wurde. Wir wissen, dass wir nicht perfekt sind, und gerade durch unsere Unvollkommenheit erkennen wir, dass wir zur Menschheit gehören. Finde heraus, wer du wirklich bist – deine Vergangenheit, deine Gegenwart und deine Wünsche für die Zukunft. Lerne, dich selbst zu akzeptieren, mit deinen Narben, deinen Schwächen und deinen Unvollkommenheiten. Lerne, deine Stärke und deine Schönheit zu zelebrieren. Und schließlich lerne, dich selbst in deiner ganzen Komplexität zu lieben, vollständig und bedingungslos. Der Weg zur Selbstfindung ist ein zutiefst menschliches Unterfangen.

Unsere Zeit auf dieser Erde ist kurz und voller großartiger und äußerst herausfordernder Abenteuer. Wir können die Erde als unsere Lehrerin betrachten. Sie lehrt uns, großzügig und kreativ zu sein und in Ausgewogenheit und Wechselseitigkeit zu leben. Denn wer ist schließlich die beständigste und liebevollste Präsenz in unserem ganzen Leben? Wie Julieta so oft sagte: »Wenn wir die Niños Santos essen, ist es die Erde selbst, die uns heilt. Ihre heiligen Pflanzen lehren uns, wie wir leben sollen. Sie weiß, was wir brauchen. Sie ist unsere Mutter.«

BIBLIOGRAPHIE

Danzico, Matt, »Brains of Buddhist Monks Scanned in Meditation Study«, BBC News 24. April, 2011 (15. Oktober 2018. www.bbc.com/news /world-us-canada-12661646).

Eisenstein, Charles, The More Beautiful World Our Hearts Know Is Possible, North Atlantic Books, Berkeley, CA 2013.

Eliade, Mircea, und Willard R. Trask, Shamanism: Archaic Techniques of Ecstasy, Princeton University Press, Princeton, NJ 1964.

Estrada, Álvaro, María Sabina: Her Life and Chants, Ross-Erikson, Santa Barbara 1981.

Garrison, Kathleen A., Thomas A. Zeffiro, Dustin Scheinost, R. Todd Constable, and Judson A. Brewer, »Meditation Leads to Reduced Default Mode Network Activity beyond an Active Task«, in: Cognitive, Affective, & Behavioral Neuroscience 15, no. 3 (2015): 712–20. https://doi.org/10.3758/s13415-015-0358-3.

Harner, Sandra, Ema's Odyssey: Shamanism for Healing and Spiritual Knowledge, North Atlantic Books, Berkeley, CA 2014.

Hirshfield, Jane (Hg.), Women in Praise of the Sacred: 43 Centuries of Spiritual Poetry by Women, Harper Perennial, New York 1995.

Josipovic, Zoran, and Bernard J. Baars, »Editorial: What Can Neuroscience Learn from Contemplative Practices?«, in: Frontiers in Psychology 6 (2015), https://doi.org /10.3389/fpsyg.2015.01731.

Kurtz, Ron, Body-centered Psychotherapy: The Hakomi Method: The Integrated Use of Mindfulness, Nonviolence, and the Bod, LifeRhythm, Mendocino, CA 2007.

Lewis-Williams, David, The Mind in the Cave: Consciousness and the Origins of Art, Thames & Hudson, London 2004.

Lewis-Williams, David J., and Jean Clottes, »The Mind in the Cave—the Cave in the Mind: Altered Consciousness in the Upper Paleolithic«, in: Anthropology of Consciousness 9, no. 1 (1998): 13–21. https://doi.org/10.1525/ac.1998.9.1.13.

Oliver, Mary, Why I Wake Early: New Poems, Beacon Press, Boston 2005.

Pollan, Michael, »My Adventures with the Trip Doctors«, in: New York Times, 15. Mai 2015, (15. Oktober 2018, www.nytimes.com/interactive/2018/05/15 /magazine/ health-issue-my-adventures-with-hallucinogenic-drugs-medicine.html).

Riso, Don Richard, The Enneagram: Discovering Your Personality Type, Thorsons, London 1995.

Uzunov, Blagoy Angelov, und Maya Petrova Stoyneva-Gärtner, »Mushrooms and Lichens in Bulgarian Ethnomycology«, in: Journal of Mycology 2015 (Oktober 2015): 1–7. https://doi.org/10.1155/2015/361053.

ANMERKUNGEN

TITELSEITE

María Sabina (1894–1985) war eine Mazatec-Curandera, die 1955 erstmals die Pilze mit einer nicht-mexikanischen Person teilte. Während ihrer Nachtwachen, die sie »Veladas« nannte, sprach sie aus dem Stegreif Gedichte und drückte sich dabei in der Sprache der Pilze aus.

EINLEITUNG

Welten verweben

Siehe z. B. Richard E. Schultes, Albert Hofmann und Christian Rätsch, Plants of the Gods: Their Sacred, Healing, and Hallucinogenic Powers, Healing Arts Press, Rochester, VT 2001.

Dr. Salvador Roquet (1920–1995) war ein mexikanischer Psychiater, der Einzel- und Gruppenheilungssitzungen leitete, bei denen psychotherapeutische Interventionen mit dem Einsatz von LSD, Ketamin, Psilocybin-Pilzen und Samen der Prunkwinde kombiniert wurden. Mehr dazu in Alberto Villoldo, "An Introduction to the Psychedelic Psychotherapy of Salvador Roquet", in: Journal of Humanistic Psychology 17, Nr. 4 (1977), S. 45–58.

Die Hakomi-Methode der Experientiellen Therapie wurde in den späten 1970er Jahren von Ron Kurtz entwickelt und ist ein achtsamkeitsbasierter, körperzentrierter Ansatz, der östliche und westliche Psychologie miteinander verbindet. Das Hakomi-Institut bietet weiterhin Schulungen für Therapeuten und Körpertherapeuten auf der ganzen Welt an. Weitere Informationen gibt es unter hakomiinstitute.com.

KAPITEL 1

Ursprüngliche Rituale: Erweiterte Bewusstseinszustände für Heilung und Wachstum

1 Pema Chödrön, When Things Fall Apart: Heart Advice for Difficult Times, Thorsons Classics, London 2017, S. 1.

2 Siehe z. B. Vincenzo Formicola et al., »The Upper Paleolithic Triple Burial of Dolní Věstonice: Pathology and Funerary Behavior«, in: American Journal of Physical Anthropology 115, Nr. 4 (2001), S. 372-379. Siehe auch Leore Grosman et al., »A 12,000-Year-Old Shaman Burial from the Southern Levant (Israel)«, in: Proceedings of the National Academy of Sciences of the United States of America 105, Nr. 46 (2008), S. 17665-17669.

3 Siehe z. B. Johnjoe McFadden, »Conscious Electromagnetic (CEMI) Field Theory«, in: Neuro Quantology 5, Nr. 3 (2007), S. 262-270.

4 Siehe z. B. Shelli Joye et al., »The Pribram-Bohm Holoflux Theory of Consciousness: an Integral Interpretation of the Theories of Karl Pribram, David Bohm, and Pierre Teilhard De Chardin« (PhD diss., California Institute of Integral Studies, 2016), ProQuest Dissertations and Theses.

5 Siehe z. B. Mirza N. Baig et al., »The Eastern Heart and Galen's Ventricle: A Historical Review of the Purpose of the Brain«, in: Neurosurgical Focus 23, Nr. 1 (2007), S. E3.

6 J. W. N. Sullivan, »Interviews with Great Scientists. VI. Max Planck«, in: The Observer, 25. Januar 1931, 17.

7 »Dieser kurze Überblick legt nahe, dass die Beweise der Bilder selbst sowie ihr Kontext darauf hindeuten, dass ein Teil der franko-kantabrischen Höhlenkunst aus dem Jungpaläolithikum zumindest teilweise eng mit verschiedenen schamanischen Praktiken verbunden war.« Aus David J. Lewis-Williams und Jean Clottes, »The Mind in the Cave – the Cave in the Mind: Altered Consciousness in the Upper Paleolithic«, in: Anthropology of Consciousness 9, Nr. 1 (1998), S. 13-21, https://doi.org/10.1525/ac.1998.9.1.13. Siehe auch David Lewis-Williams, The Mind in the Cave: Consciousness and the Origins of Art, Thames & Hudson, New York, 2004.

8 Die Kröte Bufo alvarius (Syn. Incilius alvarius), auch bekannt als Coloradokröte oder Sonora-Wüstenkröte, ist in Nordmexiko und im Südwesten der USA beheimatet und scheidet ein milchiges Sekret aus, das 5-HO-DMT enthält, ein Tryptamin, das eng mit Psilocin verwandt ist (5-Hydroxy-DMT) und DMT ähnelt. Es wurden viele Bücher über die Erfahrungen von Menschen mit dieser starken Substanz geschrieben, wie z. B. James Orocs Tryptamine Palace: 5-MeO-DMT and the Sonoran Desert Toad (Park Street Press, Rochester, VT 2009). Weitere Informationen für Wissenschaftler finden sich in Alan K. Davis et al., »The Epidemiology of 5-methoxy-N, N-dimethyltryptamine (5-MeO-DMT) Use: Benefits, Consequences, Patterns of Use, Subjective Effects, and Reasons for Consumption«, in: Journal of Psychopharmacology 32, Nr. 7 (2018), S. 779-792. Die Sekrete eines im Amazonas-Regenwald heimischen Frosches, Phyllomedusa bicolor, auch Kambo oder Sapo genannt, werden zur Reinigung und Entschlackung verwendet, indem das Gift des Frosches unter die Haut des Empfängers eingebracht wird.

9 Siehe z. B. B. Lowy, »New Records of Mushroom Stones from Guatemala«, in: Mycologia 63, Nr. 5 (1971), S. 983-993.

10 UNESCO-Welterbezentrum, »Tassili N'Ajjer«, UNESCO-Welterbezentrum, whc.unesco.org/en/list/179; Brian Akers et al., »A Prehistoric Mural in Spain Depicting Neurotropic Psilocybe Mushrooms?« in: Economic Botany 65, Nr. 2 (2011), S. 121–28. Die bulgarischen Ethnobotaniker Blagoy Angelov Uzunov und Maya Petrova Stoyneva-Gärtner stellen fest: »Nach unseren Recherchen geht die Verwendung von Pilzen als Entheogene auf bulgarischem Gebiet auf die Jungsteinzeit und die Bronzezeit zurück.« »Mushrooms and Lichens in Bulgarian Ethnomycology«, in: Journal of Mycology 2015, Oktober 2015, 2, https://doi.org/10.1155/2015/361053.

11 Der Begriff »Schamanismus« stammt aus der tungusischen Sprachfamilie, der genaue Ursprung ist jedoch unbekannt. Pflanzen, Pilze, Kräuter, Trommeln, Träume oder andere Methoden wurden in der Vergangenheit verwendet, um in schamanische Bewusstseinszustände zu gelangen. Siehe z. B. E. Crundwell, »The Unnatural History of the Fly Agaric«, in: Mycologist 1, Nr. 4 (1987), S. 178-181. Siehe auch

Henry N. Michael, Studies in Siberian Shamanism Nr. 4, herausgegeben für das Arctic Institute of North America, University of Toronto Press, Toronto 1963.

12 Harrison Pope, »Tabernanthe Iboga: An African Narcotic Plant of Social Importance«, in: Economic Botany 23, Nr. 2 (1969), S. 174-184.

13 Siehe z. B. Dennis McKenna, »Ayahuasca: An Ethnopharmacologic History«, in: The Ayahuasca Experience: A Sourcebook on the Sacred Vine of Spirits, hrsg. von Ralph Metzner, Park Street Press, South Paris, ME 2014.

14 Siehe z.B. Francisco Javier Carod-Artal und Carolina B. Vázquez-Cabrera, »Mescalina y Ritual Del Cactus De San Pedro: Evidencias Arqueológicas y Etnográficas En El Norte De Perú«, in: Revue Neurologique 42, Nr. 8 (2006), S. 489-498.

15 Siehe z. B. Pokharia et al., »Neolithisch-frühgeschichtliche (2500–200 v. Chr.) Pflanzennutzung: Die Archäobotanik der Ganga-Ebene, Indien«, in: Quaternary International 443 (2017), S. 223-237. Siehe auch Ethen Russo, »Cannabis in India: Ancient Lore and Modern Medicine«, in: Cannabinoids as Therapeutics, hrsg. von Raphael Mechoulam, Meilensteine in der Arzneimitteltherapie, Birkhäuser Verlag, Basel 2005.

16 Daniele Piomelli und Antonino Pollio, »In Upupa O Strige. A Study in Renaissance Psychotropic Plant Ointments«, in: History and Philosophy of the Life Sciences 16, Nr. 2 (1994), S. 241-273. Siehe auch Michael J. Harner, »The Role of Hallucinogenic Plants in European Witchcraft«, Kap. 8 in: Hallucinogens and Shamanism, Oxford University Press, Oxford 1973, Neuauflage USA, 1978, S. 125-150.

17 Siehe Clark Heinrich, Magic Mushrooms in Religion and Alchemy, Park Street Press, Rochester, VT 2002. Siehe auch Jerry B. Brown und Julie M. Brown, The Psychedelic Gospels: The Secret History of Hallucinogens in Christianity, Park Street Press, (Rochester, VT 2016.

18 Raymond A. Bucko, The Lakota Ritual of the Sweat Lodge: History and Contemporary Practice, herausgegeben von der University of Nebraska Press in Zusammenarbeit mit dem American Indian Studies Research Institute, Indiana University, Bloomington, IN 1998.

19 Nicholas J. Conard et al., »New Flutes Document the Earliest Musical Tradition in Southwestern Germany«, in: Nature 460, Nr. 7256 (2009), S. 737-740.

20 Dr. Zoran Josipovic, ein Forscher und Lehrbeauftragter an der New York University, der fMRT-Gehirnscans an buddhistischen Mönchen durchgeführt hat, erklärt: »Wenn man sich in einen Zustand der Einheit entspannt, verändern sich die neuronalen Netzwerke bei erfahrenen Praktizierenden, da sie die psychologische Barriere zwischen sich und ihrer Umgebung abbauen. Und diese Reorganisation im Gehirn kann zu dem führen, was einige Meditierende als tiefe Harmonie zwischen sich und ihrer Umgebung bezeichnen.« Matt Danzico, »Brains of Buddhist Monks Scanned in Meditation Study«, in: BBC News online, 24. April 2011, abgerufen am 15. Oktober 2018, www.bbc.com/news/world-us-canada-12661646. Siehe auch Zoran Josipovic und Bernard J. Baars, »Editorial: Was kann die Neurowissenschaft von kontemplativen Praktiken lernen?« in: Frontiers in Psychology 6 (2015), https://doi.org/10.3389/fpsyg.2015.01731.

21 »Nun taucht der Schamanismus – die älteste aller spirituellen Praktiken, die lange Zeit von mächtigen Staatsreligionen und der Politik verdeckt wurde – wieder auf und öffnet die Türen zu individuellen direkten spirituellen Erfahrungen. Während er in weiten Teilen der Welt verloren gegangen ist, überlebt er hartnäckig in einigen abgelegenen Grenzgebieten.« Aus Sandra Harner, Ema's Odyssey: Shamanism for Healing and Spiritual Knowledge, North Atlantic Books, Berkeley, CA 2014.

22 Der Begriff »generationenübergreifendes Trauma« bezieht sich auf faszinierende Studien, die zeigen, wie die Auswirkungen von Traumata und Stress an die nächsten zwei Generationen vererbt werden. Siehe z. B. Rachel Lev-Wiesel, »Intergenerational Transmission of Trauma across Three Generations: A Preliminary Study«, in: Qualitative Social Work 6, Nr. 1 (2007), S. 75-94.

23 William James (1842–1910), der als Vater der amerikanischen Psychologie gilt, bezog die Erforschung spiritueller Zustände und des mystischen Bewusstseins in seine Forschung ein.

24 Abraham Maslow (1908–1970), der amerikanische Psychologe und Professor, der für die Entwicklung der Maslowschen Bedürfnispyramide bekannt ist, bezog die Erforschung von Gipfelerlebnissen in seine Studien ein, die er als »Momente höchsten Glücks und größter Erfüllung« bezeichnete, nachzulesen in seinem Buch Religions, Values, and Peak Experiences, Penguin Books Limited, London 1964.

25 Stanislav Grof (geb. 1931) ist ein US-amerikanischer Psychiater tschechischer Abstammung, der sich in seiner jahrzehntelangen Forschung und klinischen Arbeit auf das Heilungspotenzial von außergewöhnlichen Bewusstseinszuständen konzentriert hat. Zusammen mit Anthony Sutich (1907–1976) hat er den Begriff der transpersonalen Psychologie eingeführt, der ab 1970 in akademischen Zeitschriften auftauchte. Weitere Literatur zur transpersonalen Psychologie: Michael Daniels, Shadow, Self, Spirit: Essays in Transpersonal Psychology, Imprint Academic, Exeter 2005; Harris L. Friedman und Glenn Hartelius, The Wiley-Blackwell Handbook of Transpersonal Psychology, John Wiley & Sons, West Sussex, UK 2015.

26 Die Multidisciplinary Association for Psychedelic Studies (MAPS) ist eine von Rick Doblin gegründete gemeinnützige Organisation, die sich für die Entwicklung »medizinischer, rechtlicher und kultureller Kontexte einsetzt, damit Menschen von der sorgfältigen Verwendung von Psychedelika und Marihuana profitieren können.« Weitere Informationen zu aktuellen und früheren Forschungsarbeiten gibt es unter maps.org/research.

27 Roland R. Griffiths et al., »Psilocybin Can Occasion Mystical-Type Experiences Having Substantial and Sustained Personal Meaning and Spiritual Significance«, in: Psychopharmacology 187, Nr. 3 (2006), S. 268-283.

28 In den letzten Jahren haben Zeitungen wie die New York Times und The Guardian, Zeitschriften wie Oprah, Playboy, Rolling Stone und Time sowie Websites wie chacruna.net, erowid.org, maps.org und vice.com viele Artikel veröffentlicht oder gesammelt, die für Laien über den kontrollierten Gebrauch von Entheogenen geschrieben wurden. Siehe auch Rick Doblin, »Ending America's War on Drugs

Would Finally Unleash the Therapeutic Potential of Psychedelics«, in: Time, 30. Mai 2018, abgerufen am 24. Oktober 2018, http://time.com/5295544/war-on-drugs-ptsd-mdma-rick-doblin/. Tom Shroder, »Can Psychedelic Trips Cure PTSD and Other Maladies?«, in: Washington Post, 17. November 2014, https://www.washingtonpost.com/national/health-science/can-acid-trips-cure-ptsd-and-other-maladies/2014/11/17/3eaeb59a-5ded-11e4-8b9e-2ccdac31a031_story.html. Michael Pollan, How to Change Your Mind: What the New Science of Psychedelics Teaches Us about Consciousness, Dying, Addiction, Depression, and Transcendence, Penguin Press, New York 2018.

29 Siehe z. B. Alex Gamma et al., »3,4-Methylenedioxymethamphetamine (MDMA) Modulates Cortical and Limbic Brain Activity as Measured by [H215O]-PET in Healthy Humans«, in: Neuropsychopharmacology 23, Nr. 4 (2000), S. 388-395.

30 Siehe z. B. Torsten Passie et al., »The Pharmacology of Psilocybin«, in: Addiction Biology 7, Nr. 4 (2002), S. 357-364.

31 Siehe z. B. Fernanda Palhano-Fontes et al., »The Psychedelic State Induced by Ayahuasca Modulates the Activity and Connectivity of the Default Mode Network«, in: PLoS One 10, Nr. 2 (2015), e0118143. Siehe auch Robin L. Carhart-Harris et al., »Neural Correlates of the Psychedelic State as Determined by FMRI Studies with Psilocybin«, in: Proceedings of the National Academy of Sciences of the United States of America 109, Nr. 6 (2012), S. 2138-2143.

32 Siehe z. B. Véronique A. Taylor et al., »Impact of Meditation Training on the Default Mode Network during a Restful State", in: Social Cognitive and Affective Neuroscience 8, Nr. 1 (2013), S. 4-14. Siehe auch Kathleen A. Garrison et al., »Meditation Leads to Reduced Default Mode Network Activity beyond an Active Task«, in: Cognitive, Affective, & Behavioral Neuroscience 15, Nr. 3 (2015), S. 712-720, https://doi.org/10.3758/s13415-015-0358-3.

33 Siehe z. B. J. Trost et al., »Rhythmic Entrainment as a Musical Affect Induction Mechanism«, in: Neuropsychologia 96, Nr. C (2017), S. 96-110.

34 Siehe z. B. Susan A. Jackson, »Toward a Conceptual Understanding of the Flow Experience in Elite Athletes«, in: Research Quarterly for Exercise and Sport 67, Nr. 1 (1996), S. 76-90. Siehe z. B. J. Nakamura und M. Csikszentmihalyi, »The Concept of Flow«, in: Handbook of Positive Psychology, hrsg. von C. R. Snyder und Shane J. Lopez, Oxford University Press, New York 2002, S. 89-105.

35 R. Griffiths et al., »Psilocybin Can Occasion Mystical-Type Experiences Having Substantial and Sustained Personal Meaning and Spiritual Significance«, in: Psychopharmacology 187, Nr. 3 (2006), S. 268-283.

36 Stanislav Grof, Realms of the Human Unconscious: Observations from LSD Research, Viking Press, New York 1975, S. 6.

37 Weitere Informationen zu den Ergebnissen von MDMA-Studien finden sich unter maps.org/research/mdma. Für eine Sammlung persönlicher Berichte von Traumaüberlebenden, die teilweise dank einer MDMA-Therapie geheilt wurden, könnte das folgende Buch für den Leser von Interesse sein: Anne Other, Trust Surrender

Receive: How MDMA Can Release Us from Trauma and PTSD, Lioncrest Publishing, Austin, TX 2017.

38 Term coined by John Welwood. John Welwood, «Principles of Inner Work: Psychological and Spiritual," in: Journal of Transpersonal Psychology 16, no. 1 (1984), S. 63-73.

39 Schwitzhütten sind heilige Heilungsrituale, die von einheimischen Ritualleiters oder Personen durchgeführt werden, die eine entsprechende Ausbildung erhalten haben und über eine direkte Erlaubnis verfügen, sie zu leiten. Es kann schwierig sein, öffentlich zugängliche Informationen über die Teilnahme zu finden. Du kannst in deinem Yogastudio vor Ort, auf einem Permakultur-Bauernhof oder in der Tanzszene nachfragen, ob dort jemand bekannt ist, der Schwitzhütten leitet. Darüber hinaus kann eine Online-Suche hilfreich sein, um eine Gruppe vor Ort zu finden, die Schwitzhütten für Neulinge anbietet.

40 Erkundige dich nach 5 Rhythmen, Biodanza, Soul Motion oder Ecstatic Dance. Es werden Veranstaltungen auf der ganzen Welt angeboten.

KAPITEL 2
Geburtshelfer der Seele: Die Rolle des Ritualleiters

1 Lynn Wilcox, Sayings of the Sufi Sages, T.O. Shahmaghsoudi Pub., Washington, DC 1997, S. 36.

2 Mircea Eliade zufolge »kommt das Wort durch das Russische zu uns, vom tungusischen šaman.« Mircea Eliade und Willard R. Trask, Shamanism: Archaic Techniques of Ecstasy, Princeton University Press, Princeton, NJ 1964, S. 4.

3 »Die 5 Rhythmen – Fließendes Stakkato, Chaos, Lyrische Stille® – sind Seinszustände. Sie sind eine Landkarte zu allen Orten, an die wir gelangen wollen, auf allen Ebenen des Bewusstseins – innerlich und äußerlich, vorwärts und rückwärts, physisch, emotional und intellektuell.« 5Rhythms | What Are the 5Rhythms?, www.5rhythms.com/gabrielle-roths-5rhythms/what-are-the-5rhythms/.

4 Sensory Awareness besteht aus »einfachen Sinnesexperimenten, die [den Schülern] helfen, sich besser auf die gefühlten Empfindungen und die Dynamik von Schwerkraft, Atmung, Gleichgewicht, Energie, Bewegung und andere Aspekte einzustellen und darauf zu reagieren.« »Über uns«, Sensory Awareness Foundation, sensoryawareness.org/about/. Für weitere Informationen siehe Charles V. W. Brooks et al., Reclaiming Vitality and Presence: Sensory Awareness as a Practice for Life, North Atlantic Books, Berkeley, CA 2007. Die von Stanislav und Christina Grof entwickelte Methode des Holotropen Atmens besteht aus kurzen, intensiven Atemzügen, gefolgt von langen, tiefen Atemzügen, um einen tranceähnlichen Zustand herbeizuführen, in dem Heilung stattfinden kann. Praktizierende berichten, dass sie Zugang zu außergewöhnlichen Bewusstseinszuständen mit Visionen, Einsichten und Heilung erhalten. Weltweit werden Workshops von ausgebildeten »facilitators« angeboten. Informationen dazu sind zu finden unter www.holotropic.com. Siehe Stanislav Grof und Christina Grof, Holotropes Atmen: Ein neuer Ansatz zur Selbsterforschung und Therapie, Nachtschatten Verlag, Solothurn 2013, englisch: Holotropic Breathwork: A New Approach to Self-Exploration and Therapy, State University of New York Press, Albany 2010. Ilse Middendorf war eine deutsche Atemtherapeutin, Autorin und Begründerin des Erfahrbaren Atems. Sie lehrte ihre Schüler, ihren Atem zu beobachten, um tiefe Einblicke in persönliche Gewohnheitsmuster zu gewinnen. Ihre Arbeit wird weltweit von Schauspielern, Ärzten, Psychotherapeuten und Heilern anerkannt. Siehe Ilse Middendorf, Der erfahrbare Atem: Eine Atemlehre, Junfermann-Verlag, Paderborn 1990.

5 «Code of Ethics for Spiritual Guides," Council on Spiritual Practices, csp.org/docs/code-of-ethics-for-spiritual-guides.

KAPITEL 3

Den Weg erhellen: Das ganzheitliche Modell für ein ausgeglichenes Leben

1 Das Enneagramm ist ein komplexes Modell der menschlichen Psyche, eine Typologie von neun Persönlichkeitstypen und den Beziehungen zwischen ihnen. Die Ursprünge des Enneagramms sind unklar, doch das heutige Verständnis des Systems geht auf die Arbeit des Philosophen Gurdjieff (1866/77–1949) und des Psychiaters Claudio Naranjo zurück. Siehe Don Richard Riso, The Enneagram: Discovering Your Personality Type, Thorsons, London 1995.

2 Der Begriff Mitakuye Oyasin wird vom Volk der Lakota als Ausdruck der Anerkennung der Einheit und Harmonie mit allen Lebensformen verwendet. Es bedeutet »Alle meine Verwandten« oder »Wir sind alle miteinander verwandt« und wird während Gebeten und Rituale gesprochen, um die Einheit aller Lebewesen auf der Erde zu würdigen – ob Geist, Pflanze, Tier, Gestein, Fluss usw. Es handelt sich nicht um eine beiläufige Begrüßung, und die direkten Worte Mitakuye Oyasin sollten nur von Personen ausgesprochen werden, denen die Lakota die Erlaubnis oder den Segen dazu erteilt haben.

3 Alvaro Estrada, María Sabina: Her Life and Chants, RossErikson, Santa Barbara, CA 1981.

KAPITEL 4

Das Zuhause verlassen: Die Grundlagen der Vorbereitung

1 Timothy Leary, The Psychedelic Experience: A Manual Based on the Tibetan Book of the Dead, Citadel Underground, New York 2017, Einleitung.

KAPITEL 5

Fleisch und Knochen: Körperliche Vorbereitung

1 Martha Graham, Blood Memory, Doubleday, New York 1991), S. 7.

2 Die Zusammensetzung des Kykeon, dem Getränk, mit dem das heilige Fasten am Höhepunkt der eleusinischen Mysterienrituale gebrochen wurde, ist zwar unbekannt, aber in R. G. Wasson, Albert Hofmann und Carl A. P. Ruck, *Der Weg nach Eleusis*, Nachtschatten Verlag 2023, wird für Mutterkorn als Zutat plädiert.

KAPITEL 6

Nach innen gehen: Mentale und emotionale Vorbereitung

1 Naomi Shihab Nye, Words under the Words: Selected Poems, Eighth Mountain Press, Portland, OR 1995, S. 43.

2 Siehe zum Beispiel Barbara Tedlock, Dreaming: Anthropological and Psychological Interpretations, University Press, Cambridge, Großbritannien 1987; David Dean Shulman et al., Dream Cultures: Explorations in the Comparative History of Dreaming, Oxford University Press, New York, 1999.

3 Das I-Ging oder Buch der Wandlungen ist ein alter chinesischer Text und ein System, um den Willen der Götter zu ergründen. Eines von 64 Hexagrammen und die dazugehörigen Interpretationen werden durch das Werfen von Münzen oder Schafgarbenstängeln ermittelt.

4 Peter A. Levine, Waking the Tiger: Healing Trauma: The Innate Capacity to Transform Overwhelming Experiences, North Atlantic Books, Berkeley, CA 1997; Peter A. Levine, In an Unspoken Voice: How the Body Releases Trauma and Restores Goodness, North Atlantic Books, Berkeley, CA 2010; Bessel van der Kolk, The Body Keeps the Score: Brain, Mind, and Body in the Healing of Trauma, Penguin Books, New York 2015.

5 Somatic Experiencing ist ein körperbasierter Ansatz zur Traumaverarbeitung, der von Dr. Peter Levine entwickelt wurde. Informationen zu Trainingsangeboten und Therapeuten findest du unter traumahealing.org.

6 Achtsamkeitsbasierte Stressreduktion (Mindfulness-Based Stress Reduction MBSR)) ist ein achtwöchiges Trainingsprogramm mit Meditation, Körperwahrnehmung und Bewegung, das 1979 von Jon Kabat-Zinn entwickelt wurde, um Stress, Schmerzen und andere Beschwerden zu lindern.

7 Jack Kornfield, The Wise Heart: A Guide to the Universal Teachings of Buddhist Psychology, Bantam Books, New York 2009; Jack Kornfield, Path with Heart: A Guide through the Perils and Promises of Spiritual Life, Bantam, New York 1993; Jack Kornfield, After the Ecstasy, the Laundry: How the Heart Grows Wise on the Spiritual Path, Random House Publishing Group, New York 2000. Jon Kabat Zinn, Wherever You Go, There You Are: Mindfulness Meditation in Everyday Life, Hachette Books, New York 2014; Jon Kabat-Zinn, Full Catastrophe Living: Using the Wisdom of Your Body and Mind to Face Stress, Pain, and Illness, Bantam Books Trade Paperbacks, New York 2013; Jon Kabat-Zinn and Stan Richardson, Mindfulness for Beginners: Reclaiming the Present Moment—and Your Life, Sounds True, Boulder, CO 2016. Tara Brach, Radical Acceptance: Embracing Your Life with the Heart of a Buddha, Bantam Books, New York 2003; Tara Brach, True Refuge: Finding Peace and Freedom in Your Own Awakened Heart, Bantam Books, New York 2016. Thich Nhat Hạnh, The Heart of the Buddha's Teaching: Transforming Suffering into Peace, Joy & Liberation: The Four Noble Truths, the Noble Eightfold Path, and Other Basic Buddhist Teachings, Harmony Books, New York 2015; Thich Nhat Hạnh, Peace Is Every Step (New York: Bantam/AJP, 2013). Pema Chödrön, When Things Fall Apart: Heart Advice for Difficult

Times, Shambhala, Boulder, CO 2016; Pema Chödrön, The Places That Scare You: A Guide to Fearlessness in Difficult Times, Shambhala, Boston 2005. Byron Katie and Stephen Mitchell, Loving What Is: Four Questions That Can Change Your Life, Three Rivers Press, New York 2003; Byron, Katie, A Thousand Names for Joy: Living in Harmony with the Way Things Are, Three Rivers Press, New York 2008.

8 Metta ist eine Praxis aus dem Theravada-Buddhismus, die allerdings aus dem Hinduismus adaptiert wurde. Sie soll die Fähigkeit des Herzens für Liebe und Mitgefühl wecken. Dazu gehören eine Visualisierung und ein wohlwollendes Gebet oder eine Absicht für das eigene Wohlbefinden, die sich auch auf andere ausdehnt.

9 C. G. Jung and Marie-Louise von Franz, Man and His Symbols, Paw Prints, 2009; C. G. Jung and Sonu Shamdasani, The Red Book = Liber Novus: A Reader's Edition, W. W. Norton, New York 2012; C. G. Jung and Aniela Jaffé, Memories, Dreams, Reflections, Stellar Classics, United States 2013.

10 Joseph Campbell, The Hero with a Thousand Faces, New World Library, Novato, CA 2008; Joseph Campbell, Myths to Live By, Penguin Compass, New York 2003; Joseph Campbell and Phil Cousineau, The Hero's Journey: Joseph Campbell on His Life and Work, New World Library, Novato, CA 2014.

11 Stanislav Grof and Christina Grof, Holotropic Breathwork: A New Approach to Self-Exploration and Therapy, State University of New York Press, Albany 2010; Stanislav Grof, LSD: Doorway to the Numinous, Park Street Press, Rochester, VT 2009; Stanislav Grof, Healing Our Deepest Wounds: The Holotropic Paradigm Shift, Stream of Experience Productions, (Newcastle, WA 2012.

12 Michael Meade, The Water of Life: Initiation and the Tempering of the Soul, Greenfire Press, Seattle, WA 2006; Michael Meade, The World behind the World: Living at the Ends of Time, Greenfire Press, Seattle, WA: 2008; Michael Meade, Fate and Destiny: The Two Agreements of the Soul, Greenfire Press, Seattle, WA 2013.

13 Ariel Spilsbury, The 13 Moon Oracle: Journey through the Archetypal Faces of the Feminine Divine, Mandala Publishing, San Rafael, CA 2006.

KAPITEL 7

Annäherung an den Altar: Spirituelle Vorbereitung

1 Die 13 indigenen Großmütter waren ein Rat aus Ältesten-Botschafterinnen verstehender indigener Gemeinschaften und Traditionen. Sie veranstalteten Rituale und Rituale, reisten um die Welt und lehrten aus weiblicher Perspektive über die heiligen und indigenen Wege. Ihr Fokus lag auf der Heilung der Kluft zwischen Altem und Modernem, Natur und urbanem Leben, insbesondere in Bezug auf Umweltschutz und Menschenrechte.

2 Der Tag der Toten, oder Día de los Muertos, ist ein mexikanischer Feiertag, an dem Familien zusammenkommen, um ihre verstorbenen Angehörigen zu ehren. Die Familien errichten Altäre mit Fotos, Erinnerungsstücken und Gegenständen der Verstorbenen. Der Feiertag wird in den ersten beiden Novembertagen begangen.

3 Unter vielen anderen sind die alten Religionen Mesopotamiens, der Polytheismus des alten Ägypten, die Druiden des heidnischen keltischen Europas, die Eleusinischen Mysterien des antiken Griechenlands, der Mithraismus des vorchristlichen Roms, die altnordische Religion der nordgermanischen Völker usw. zu nennen. Zu den noch lebendigen Traditionen zählen der Zoroastrismus aus Persien, die oft animistischen und schamanistischen Traditionen der Ureinwohner Amerikas aus der Zeit vor Kolumbus, das vorchristliche Polynesien und Subsahara-Afrika sowie natürlich der Hinduismus in Indien, der Konfuzianismus in China, der Shintoismus in Japan, der Buddhismus in seinen vielen Ausprägungen usw.

4 Siehe zum Beispiel die Arbeit von Marija Gimbutas (1921–1994). Marija Gimbutas und Miriam R. Dexter, The Living Goddesses, University of California Press, Berkeley, CA 2005; Marija Gimbutas, The Language of the Goddess, Thames & Hudson, London 1989.

KAPITEL 8

Pflege des Netzes: Vorbereitung der Gemeinschaft

1 Malidoma Patrice Somé, Of Water and the Spirit: Ritual, Magic, and Initiation in the Life of an African Shaman, Penguin Books, London 1995.

KAPITEL 9

Unsere Wurzeln nähren: Vorbereitung der Umgebung

1 John Muir, aus: Alaska Days with John Muir, hg. von Samuel H. Young, Fleming H. Revell Company, New York 1915, S. 216.

2 Siehe z. B.: Tasian Tein et al., »Alaska Native Collections—Sharing Knowledge," Arctic Studies Center, National Museum of Natural History, Smithsonian Institution, 1996.

KAPITEL 10

Das Unbekannte betreten: Reise in einen erweiterten Bewusstseinszustand

1 Izumi Shikibu, aus: Women in Praise of the Sacred: 43 Centuries of Spiritual Poetry by Women, hg. von Jane Hirshfield, HarperPerennial, New York 1995.

KAPITEL 12

Nach Hause zurückkehren: Die Kunst der Integration

1 Eleanor Roosevelt, You Learn by Living: Eleven Keys for a More Fulfilling Life, Olive Editions, New York 2016, Vorwort.

KAPITEL 14

Die innere Wahrheit: Verstandeszentrierte Erfahrungen integrieren

1 Entwickelt von Francine Shapiro in den 1990er Jahren als Psychotherapie zur Behandlung von Traumata. Francine Shapiro, Eye Movement Desensitization and Reprocessing (EMDR) Therapy: Basic Principles, Protocols, and Procedures, 3. Auflage, Guilford Press, New York 2018.

2 EFT wurde 1995 von Gary Craig entwickelt und ist eine Energiepsychologie, die man selbst anwenden kann. Dabei klopft man auf bestimmte Punkte und sagt positive Sätze, um Traumata und andere psychische Probleme zu lösen. Gary Craig, The EFT Manual, Energy Psychology Press, Fulton, CA 2011.

KAPITEL 15
Die äußerste Küste: Geistzentrierte Erfahrungen integrieren

1 Gnostisches Nag Hammadi, aus dem gnostischen Evangelium: Nag Hammadi Library (2.–4. Jh.); Jane Hirshfield, »The Thunder: Perfect Mind«, in: Women in Praise of the Sacred: 43 Centuries of Spiritual Poetry by Women, hg. von Jane Hirshfield, HarperPerennial, New York 1995.

2 Siehe zum Beispiel Stephen Ross et al., »Schnelle und anhaltende Symptomreduktion nach Psilocybin-Behandlung bei Angstzuständen und Depressionen bei Patienten mit lebensbedrohlichem Krebs: Eine randomisierte kontrollierte Studie«, in: Journal of Psychopharmacology 30, Nr. 12 (2016), S. 1165–80.

3 Siehe zum Beispiel Daisetz Teitaro Suzuki, An Introduction to Zen Buddhism, Stellar Books, Seattle, WA 2014. Dzogchen: Siehe zum Beispiel Seine Heiligkeit der Dalai Lama, Dzogchen, Shambhala Publications Inc., Boulder, CO 2004. Mahamudra: Siehe zum Beispiel Dakpo Tashi Namgyal, Seine Heiligkeit der Dalai Lama und Lobsang P. Lhalungpa, Mahamudra The Moonlight—Quintessence of Mind and Meditation, Wisdom Publications, Somerville, MA 2014. Kashmiri Shaivism: Siehe zum Beispiel Christopher D. Wallis, Tantra Illuminated: The Philosophy, History, and Practice of a Timeless Tradition, Mattamayūra Press, Boulder, CO 2013. Advaita Vedanta: Siehe zum Beispiel Prabhavananda Śaṅkara und Christopher Isherwood, Shankaras Juwel der Unterscheidung (Viveka-Chudamani) , Vedanta Press, Hollywood, CA 1978. Kabbala: Siehe zum Beispiel Arthur Green, Ehyeh: A Kabbalah for Tomorrow, Jewish Lights Publishing, Woodstock, VT 2016.

KAPITEL 16
Die Schönheit der gegenseitigen Abhängigkeit: Gemeinschaftszentrierte Erfahrungen integrieren

1 Charles Eisenstein, The More Beautiful World Our Hearts Know Is Possible, North Atlantic Books, Berkeley, CA 2013, S. 201.

2 Die Gestalttherapie, die Fritz Perls (1893–1970) und andere in den 1940er Jahren und vor allem am Esalen Institute in den 1960er Jahren entwickelt haben, ist ein psychotherapeutischer Ansatz, der die Erfahrung im Hier und Jetzt, im Kontext der Situation und der Beziehungen einer Person, in den Vordergrund stellt. Frederick S. Perls et al., Gestalttherapie: Erregung und Wachstum in der menschlichen Persönlichkeit, Gestalt Journal, Gouldsboro, ME 1994.

3 Die Familienaufstellungsarbeit, die von Bert Hellinger entwickelt wurde, ist eine Gruppentherapie, die sich mit ungelösten generationenübergreifenden Familientraumata beschäftigt, die der Ratsuchende erlebt hat. Die anderen Teilnehmer hel-

fen dabei, indem sie wichtige Familienmitglieder repräsentieren. Joy Manné, Family Constellations: A Practical Guide to Uncovering the Origins of Family Conflict, North Atlantic Books, Berkeley, CA 2009.

4 Auf delos-inc.com steht: Voice Dialogue, 1972 von Hal und Sidra Stone entwickelt, »ist die grundlegende Methode, um mit den vielen Teilen von uns in Kontakt zu kommen, sie kennenzulernen und mit ihnen zu arbeiten«, um Freiheit, Wahlmöglichkeiten und Ganzheitlichkeit zu fördern. Hal Stone et al., Embracing Our Selves: The Voice Dialogue Manual, New World Library, Novato, CA 1998.

5 Die Gewaltfreie Kommunikation, entwickelt von Marshall Rosenberg (1934–2015), ist eine Methode, die davon ausgeht, dass alle Menschen die gleichen Bedürfnisse und die Fähigkeit zu Mitgefühl haben, dass alle Handlungen Versuche sind, Bedürfnisse zu erfüllen, und dass Gefühle auf erfüllte oder unerfüllte Bedürfnisse hinweisen. GFK ermöglicht es Menschen, mit Mitgefühl auf die Bedürfnisse und Gefühle anderer zu hören, was oft zu Verbundenheit, Wahlmöglichkeiten und Frieden führt. Marshall B. Rosenberg, Gewaltfreie Kommunikation: Eine Sprache des Lebens, 2. Auflage, PuddleDancer Press, Encinitas, CA 2003.

6 Aus restorativejustice.org: »Restorative Justice ist eine Theorie der Gerechtigkeit, die sich darauf konzentriert, den durch kriminelles Verhalten verursachten Schaden wiedergutzumachen. Das funktioniert am besten durch kooperative Prozesse, bei denen alle Beteiligten, die dazu bereit sind, zusammenkommen können…« Dieser Ansatz, der aus nordamerikanischen, maorischen und anderen indigenen Traditionen stammt, basiert auf der Fähigkeit von Gemeinschaftskreisen, ein Gleichgewicht zwischen denjenigen herzustellen, die durch Verbrechen geschädigt wurden, und denjenigen, die Verbrechen begangen haben.

KAPITEL 17

Der Spiegel der Natur: Integration umweltbezogener Erfahrungen

1 Mary Oliver, Why I Wake Early: New Poems, Beacon Press, Boston 2005, S. 3

2 »The Work That Reconnects« ist eine Methode für Gruppenprozesse. Auf ihrer Website https://workthatreconnects.org heißt es: »Das Hauptziel ist es, uns wieder miteinander und mit den Selbstheilungskräften im Netz des Lebens zu verbinden und uns zu motivieren und zu befähigen, unser Leben, unsere Gemeinschaften und unseren Planeten aus der Kontrolle von Unternehmen und Kolonialherrschaft zurückzugewinnen.« Siehe Joanna Macy und Molly Young Brown, Coming Back to Life: The Updated Guide to the Work That Reconnects, New Society Publishers, Gabriola Island, BC 2014.

3 Charles Eisenstein ist ein amerikanischer Philosoph, Autor und Redner, der Themen wie Wirtschaft und Klimawandel aus einer wissenschaftlich fundierten spirituellen Perspektive betrachtet. Er möchte seinem Publikum helfen, die größten Probleme, mit denen wir konfrontiert sind, neu zu denken und die Menschheit aus ihrer tragischen Trennung von der Natur und ihrer eigenen Natur wieder zu ihr zurückzuführen. Siehe z. B. Charles Eisenstein, Climate: A New Story, North Atlantic Books, Berkeley,

CA 2018; Charles Eisenstein, The Ascent of Humanity, North Atlantic Books, Berkeley, CA 2013; Charles Eisenstein, The More Beautiful World Our Hearts Know Is Possible, North Atlantic Books, Berkeley, CA 2013.

4 Naomi Klein ist eine kanadische Sozialaktivistin, Kritikerin, Filmemacherin und Professorin, die sich in Vorträgen und Schriften mit Wirtschaft, Unternehmenskapitalismus und Klimawandel beschäftigt. Seit 2018 ist sie Gloria Steinem-Stiftungsprofessorin für Medien, Kultur und Feministische Studien an der Rutgers University in New Brunswick. Siehe z. B. Naomi Klein, The Battle for Paradise: Puerto Rico Takes on the Disaster Capitalists, Haymarket Books, Chicago 2018; Naomi Klein, Will the Flower Slip through the Asphalt: Writers Respond to Capitalist Climate Change, Left-Word Books, New Delhi 2017; Naomi Klein, This Changes Everything: Capitalism vs. the Climate, Simon & Schuster, New York 2015.

5 Die Pachamama Alliance ist eine Organisation, die sich für die ökologische und wirtschaftliche Stärkung von Gruppen im Amazonas-Regenwald einsetzt. Sie veranstaltet Workshops und Intensivkurse, die indigenes Wissen mit Lehren über ökologische Nachhaltigkeit, soziale Gerechtigkeit und spirituelle Praxis verbinden. Mehr dazu findet man unter www.pachamama.org.

6 Bioneers ist eine umweltorientierte gemeinnützige Organisation, die Medien und Veranstaltungen organisiert und vor allem für ihre jährliche Konferenz in Nordkalifornien bekannt ist, bei der führende Stimmen aus aller Welt zu Themen wie Klimawandel, Permakultur, Restorative Justice und progressive Politik zusammenkommen: www.bioneers.org.

7 Der Begriff der Tiefenökologie wurde in den 1970er Jahren von Arne Næss (1912–2009) geprägt. Es handelt sich dabei um eine Philosophie, die der gesamten Natur und allem Leben einen eigenen Wert und ein gleiches Recht auf Existenz zuspricht, unabhängig vom Nutzen für den Menschen. Siehe z. B. Alan R. Drengson und Inoue Yuichi, The Deep Ecology Movement: An Introductory Anthology, North Atlantic Books, Berkeley, CA 1995; Andrew Dobson, The Green Reader: Essays Toward a Sustainable Society, Mercury House, San Francisco 1991.

8 Die Systemtheorie ist die interdisziplinäre Untersuchung natürlicher und künstlicher Systeme. Diese Herangehensweise, bei der Synergien und emergente Verhaltensweisen zwischen voneinander abhängigen Teilen betrachtet werden, beeinflusst Wissenschaftler und Philosophen in vielen Bereichen. Siehe z. B. Gregory Bateson, Steps to an Ecology of Mind: Collected Essays in Anthropology, Psychiatry, Evolution, and Epistemology, Ballantine Books, New York 1972; Ludwig von Bertalanffy, Problems of Life: An Evaluation of Modern Biological Thought, Watts & Co., London 1952.

9 Dolores LaChappelle (1926–2007). Skifahrerin, Bergsteigerin, Forscherin, Autorin, Philosophin; eine der führenden Figuren der Tiefenökologie-Bewegung (Deep Ecology Movement). Siehe Dolores LaChappelle, Sacred Land, Sacred Sex: Rapture of the Deep: Concerning Deep Ecology and Celebrating Life, Finn Hill Arts, Kirkland, WA 1988.

KAPITEL 18

Schlussfolgerung: Teilhabe der Welt an unserer Transformation

1 Joanna Macy, »Schooling Our Intention: A Talk by Joanna Macy," Tricycle, Winter 1993.

DANK

Wir möchten uns bei unseren Familien, Lehrern, Beratern, Freunden und Studenten bedanken, die uns bei der Entstehung und Veröffentlichung dieses Buches unterstützt haben. Unser besonderer Dank gilt Hisae Matsuda, Catherine Hiller, Naama Grossbard, Chris Mays und Jed Fox für ihre kreative Unterstützung und ihre sorgfältige Hilfe bei der Überarbeitung des Manuskripts. Vielen Dank an Jacques Rossouw für seine Hilfe beim Cover-Design.

ÜBER DIE AUTORINNEN

Françoise Bourzat ist Ritualleiterin und Beraterin für Bewusstseinsentwicklung. Sie hat einen Master-Abschluss in Somatischer Psychologie am New College of California und ist in der Hakomi-Methode ausgebildet. Sie lebt in der San Francisco Bay Area und verwebt in ihrer Praxis seit mehr als 30 Jahren das Heilungspotenzial erweiterter Bewusstseinszustände mit der Psychologie. Nachdem sie als junge Frau die Welt bereist hatte, fand Françoise in den frühen 1980er Jahren ihren Weg nach San Francisco. Dort begegnete sie ihrem ersten Lehrer, der als Vorreiter die Schnittstelle zwischen indigenen Heilweisen und Psychotherapie erforschte. Später begegnete sie ihrer Lehrerin der letzten 20 Jahre, einer Mazatec-Indigena, die Heilrituale mit heiligen Pilzen hoch oben in den Bergen im Süden von Mexiko leitete. Aus den Jahren ihrer eng begleiteten Ausbildung bei ihrer Mazatec-Lehrerin sowie aus der Ausbildung in weiteren indigenen Traditionen hat Françoise einen ganzheitlichen Ansatz entwickelt, der westliche und indigene Methoden der Heilung und des Wachstums miteinander verbindet. Sie bildet Therapeuten und Begleiter aus, unterrichtet am California Institute of Integral Studies (CIIS) und in verschiedenen Ländern.

Kristina Hunter ist Heilritualleiterin, Autorin und ausgebildete Hakomi-Therapeutin und lebt in der San Francisco Bay Area. Mehr als zehn Jahre lang hat sie die Welt bereist und das transformative Potenzial erweiterter Bewusstseinszustände studiert. Ihre Arbeit erkundet die Schnittstelle zwischen Psychologie, Pflanzenmedizin und buddhistischer Meditation. Sie bietet individuelle Beratungen und Unterstützung bei der Integration psychedelischer und initiatorischer Erfahrungen. Zudem bietet sie Mentoring und Beratung für Heilpraktiker an, die erweiterte Bewusstseinszustände in ihre Praxis integrieren möchten.